图解统计与概率

从数据基础到贝叶斯统计，用概率预测未来，看穿统计与概率的本质

〔日〕牛顿出版社　编
《科学世界》杂志社　译

科 学 出 版 社
北 京

图字：01-2021-6739 号　　　审图号：京审字（2023）G 第 2012 号

内 容 简 介

近来，被称为“数据科学家”的研究者备受关注，充分运用数据进行分析，变得越来越重要。这种活用数据的基础便是“统计与概率”。

统计与概率，不仅对于研究者，对于生活在现代社会的所有人来说都是可以在现实生活中发挥重要作用的知识。在日常生活中，正确解读数据，从而进行合理的判断，也是依靠概率和统计的思考方法。

在本书中，以我们身边的话题作为案例，介绍以统计与概率为基础的重要数学方法，并对于因人工智能的蓬勃发展而备受瞩目的“贝叶斯统计”，也介绍其思考方法与应用实例。此外，本书还对概率论起源于 17 世纪欧洲的博彩问题，以及“统计大师”汉斯·罗斯林博士的访谈、随机和随机数的深奥的问题等进行了介绍，希望与读者一同洞悉统计与概率的本质。

图书在版编目（CIP）数据

图解统计与概率/日本牛顿出版社编;《科学世界》杂志社译. —北京：科学出版社，2023.10

ISBN 978-7-03-075717-3

Ⅰ. ①图…　Ⅱ. ①日…　②科…　Ⅲ. ①数理统计—图解②概率论—图解　Ⅳ. ①O21-64

中国国家版本馆 CIP 数据核字（2023）第 103398 号

责任编辑：王亚萍 / 责任校对：刘　芳
责任印制：李　晴 / 排版设计：楠竹文化

科 学 出 版 社 出版
北京东黄城根北街 16 号
邮政编码：100717
http://www.sciencep.com

北京盛通印刷股份有限公司 印刷
科学出版社发行　各地新华书店经销
*
2023 年 10 月第　一　版　开本：889×1194　1/16
2023 年 10 月第一次印刷　印张：10　3/4
字数：280 000

定价：88.00 元

（如有印装质量问题，我社负责调换）

资料

随机数表

这是 0 到 9 的数字随机组合的表，使用物理随机数生成器制作而成。正如所见，两两成组，每行 20 组。

93	90	60	02	17	25	89	42	27	41	64	45	08	02	70	42	49	41	55	98
34	19	39	65	54	32	14	02	06	84	43	65	97	97	65	05	40	55	65	06
27	88	28	07	16	05	18	96	81	69	53	34	79	84	83	44	07	12	00	38
95	16	61	89	77	47	14	14	40	87	12	40	15	18	54	89	72	88	59	67
50	45	95	10	48	25	29	74	63	48	44	06	18	67	19	90	52	44	05	85
11	72	79	70	41	08	85	77	03	32	46	28	83	22	48	61	93	19	98	60
19	31	85	29	48	89	59	53	99	46	72	29	49	06	58	65	69	06	87	9
14	58	90	27	73	67	17	08	43	78	71	32	21	97	02	25	27	22	81	74
28	04	62	77	82	73	00	73	83	17	27	79	37	13	76	29	90	70	36	47
37	43	04	36	86	72	63	43	21	06	10	35	13	61	01	98	23	67	45	21
74	47	22	71	36	15	67	41	77	67	40	00	67	24	00	08	98	27	98	56
48	85	81	89	45	27	98	41	77	78	24	26	98	03	14	25	73	84	48	28
55	81	09	70	17	78	18	54	62	06	50	64	90	30	15	78	60	63	54	56
22	18	73	19	32	54	05	18	36	45	87	23	42	43	91	63	50	95	69	09
78	29	64	22	97	95	94	54	64	28	34	34	88	98	14	21	38	45	37	87
97	51	38	62	95	83	45	12	72	28	70	23	67	04	28	55	20	20	96	57
42	91	81	16	52	44	71	99	68	55	16	32	83	27	03	44	93	81	69	58
07	84	27	76	18	24	95	78	67	33	45	68	38	56	64	51	10	79	15	46
60	31	55	42	68	53	27	82	67	68	73	09	98	45	72	02	87	79	32	84
47	10	36	20	10	48	09	72	35	94	12	94	78	29	14	80	77	27	05	67
73	63	78	70	96	12	40	36	80	49	23	29	26	69	01	13	39	71	33	17
70	65	19	86	11	30	16	23	21	55	04	72	30	01	22	53	24	13	40	63
86	37	79	75	97	29	19	00	30	01	22	89	11	84	55	08	40	91	26	61
28	00	93	29	59	54	71	77	75	24	10	65	69	15	66	90	47	90	48	80
40	74	69	14	01	78	36	13	06	30	79	04	03	28	87	59	85	93	25	73

从数据基础到贝叶斯统计，用概率预测未来，看穿统计与概率的本质

1 概率的基础

2 想了解更多概率知识

3 随机和随机数的奇妙世界

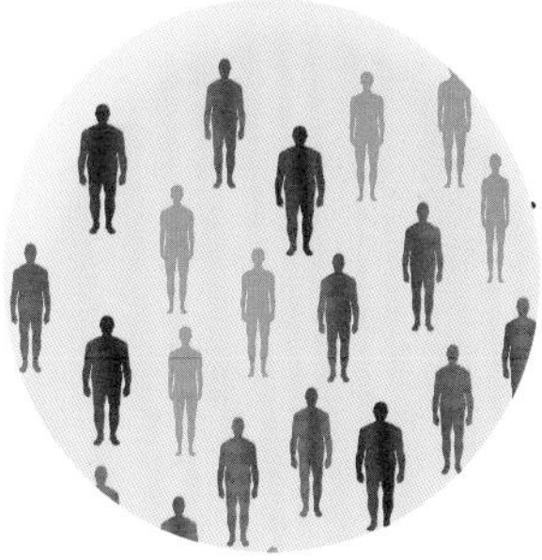

4 统计的基础

5 想了解更多统计知识

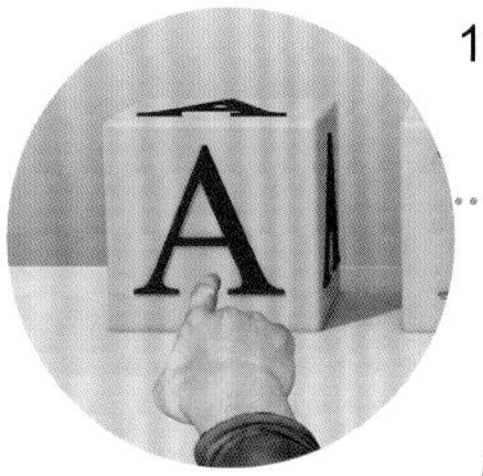

6 贝叶斯统计

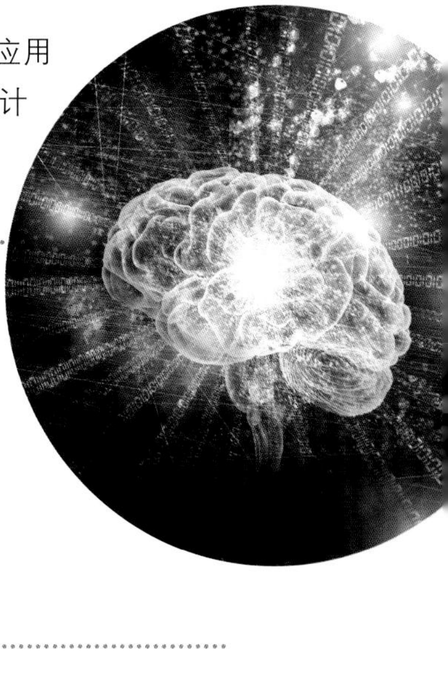

7 IT统计学的基础知识

绪论①

发生这些事件的概率是多少？

谁都不知道，未来会发生什么。生活中到处都是偶然发生的事件，未来的事，也许“只有神才知道”。

不过，通过数学计算，或者分析以前发生的事情，我们也可以用数值来表示“某一事件发生的可能性有多大”，这被称为“概率”。

例如，最先分到手的 5 张扑克牌恰巧就是皇家同花顺的概率为 0.000154%（下图），而在地球附近公转的直径 1 千米的小行星 1950DA 于 2880 年撞击地球的概率为 0.012%（右页下图）。谁能想到，可能会给人类带来巨大损失的事件的发生概率竟然比拿到皇家同花顺的概率高出约 80 倍！

分到皇家同花顺的概率是多少？

……0.000154%
（约 65 万分之 1）

皇家同花顺由 10、J（11）、Q（12）、K（13）、A（1）这 5 张相同花色的牌组成，是得克萨斯扑克中最大的牌。假设花色为黑桃，计算结果表明，分到这 5 张扑克牌的概率为（利用第 10 页介绍的“乘法定理”计算）

$$\frac{5}{52}\times\frac{4}{51}\times\frac{3}{50}\times\frac{2}{49}\times\frac{1}{48}=\frac{1}{2598960}$$

因为扑克牌的花色有 4 种，所以，总概率是这一结果的 4 倍。

一架载有 300 名乘客的飞机内，乘客中有医生的概率是多少？

……53%

假设一架飞机载有 300 名乘客，一位乘客突发急病。如果飞机上的乘客全都是日本人的话，请计算乘客中至少有 1 人是医生的概率。

日本全国的医生总人数为 31.948 万人（截至 2016 年年底），日本总人口为 1.27 亿人，两者相除，某个日本人是医生的概率大约为 0.25%。利用第 15 页介绍的“对立事件”进行计算，“300 名乘客都不是医生”的概率为 $(1-0.0025)^{300}\approx0.47$。因此，“乘客中至少有 1 人是医生”的概率为 1-0.47=0.53，即 53%。

生三胞胎的概率是多少？

……0.013%（大约 7700 分之 1）

人口动态调查结果显示，2016 年日本全国的分娩量为 98.7654 万例，其中，三胞胎 129 例。如果利用这一统计结果来预测生三胞胎的概率，则其概率是 129/987654≈0.00013=0.013%。双胞胎的分娩量为 9998 例，概率约为 1.0%。

5 人交换礼物，成功的概率是多少？

……37%

5 人各自带来一份礼物，放在一起后再随机分给 5 人，礼物交换成功（即任何人都没有取回自己所带礼物）的概率大约为 37%。这个计算使用了第 16 页介绍的“蒙特莫特数”。不可思议的是，无论人数增加到多少，礼物交换成功的概率几乎不变。

直径 1 千米的小行星撞击地球的概率是多少？

……0.012%（大约 8300 分之 1）

直径约 1 千米的小行星 1950DA 于 2880 年撞击地球的概率是由美国国家航空航天局（NASA）喷气推进实验室（JPL）公布的。不过，基于今后不断更新的轨道数据分析，撞击概率有可能接近于零。

数据来源：https://cneos.jpl.nasa.gov/sentry/

绪论②

概率“预测未来”，统计“分析现实”

高中数学课通常都是把统计与概率放在一起“配对”讲解的，因此，我们很容易把两者混淆。统计与概率到底有什么区别呢？

统计是对现实世界中实际发生的事件，或生活在现实世界中的人类行为与特征等进行调查，并将其数值化，以数据的形式表现出来，再从数学上分析这些数据能够反映些什么。国家实施的各种调查、媒体进行的舆论调查、电视收视率、问卷调查的结果等都是统计的例子。

概率则是对尚未发生的未来事件，从数学上计算并预测各个事件发生的可能性。掷骰子与转轮盘的点数等是最具代表性的例子，有时也会根据统计结果来计算概率，如降水概率等。

第 1 部分　概率

→ 第 8 页

研究概率的数学称为“概率论”。概率论与赌博有着密不可分的关系，有人认为，概率论起源于赌博※。

意大利科学家伽利略·伽利雷（1564～1642）是概率论的创始人之一。当时，参加赌博的人都被一个问题所困扰，那就是“3 个骰子的总点数是 9 的时候多还是 10 的时候多”。伽利略发现，总点数为 9 的模式有 25 种，总点数为 10 的模式有 27 种，因此，总点数为 10 的概率更高一些。

以费马大定理（又称费马最后定理）闻名于世的法国数学家皮埃尔·德·费马（1601～1665）与名字被用作压强单位的法国数学家布莱士·帕斯卡（1623～1662）因在围绕赌博问题的相互通信中奠定了概率论的基础而广为人知。

本书的第 1 部分（第 1～3 章）将介绍统计学的基础——概率论的基本内容。

※　为了更好地说明概率论，本书以赌博为例，但赌博属违法行为，严禁赌博。

第 2 部分　统计

→ 第 68 页

统计学是研究统计的学问，与概率论一样，统计学也是在 17 世纪前后创立的。

英国商人约翰·格朗特（1620～1674）是统计学的创始人之一。他仔细调查了埋葬在伦敦教会的死者的记录，结果发现每 100 人中有 36 人死于 6 岁以下，且伦敦市区与农村有明显的社会特征差异。

之后，在吸收众多学者的研究成果及概率论成果的基础上，统计学的方法越发完善。借助统计学，可以对获得的数据进行适当分析，因此，统计学也成为近代科学、工学及医学等研究的重要基础。

第 2 部分第 4、5 章以现代社会中常见的事例为例，具体介绍统计学的重要思想。

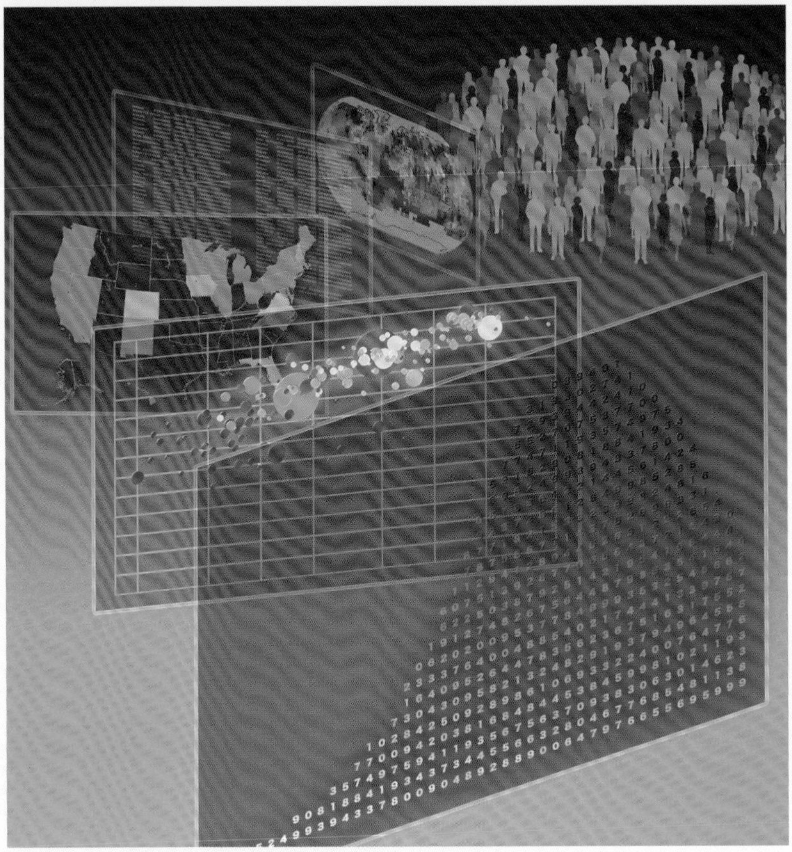

第 3 部分　贝叶斯统计

→ 第 140 页

近年来，随着信息技术和人工智能的快速发展与普及，贝叶斯统计受到越来越多的关注。

贝叶斯统计是以英国牧师托马斯·贝叶斯（1702～1761）发现的“贝叶斯定理”为基础而发展完善的。创建于 18 世纪的贝叶斯定理历经二百多年的漫长岁月，直至今天依然引人注目。

第 3 部分第 6、7 章通过列举用贝叶斯定理解开的概率问题来介绍贝叶斯统计的思想与应用实例。

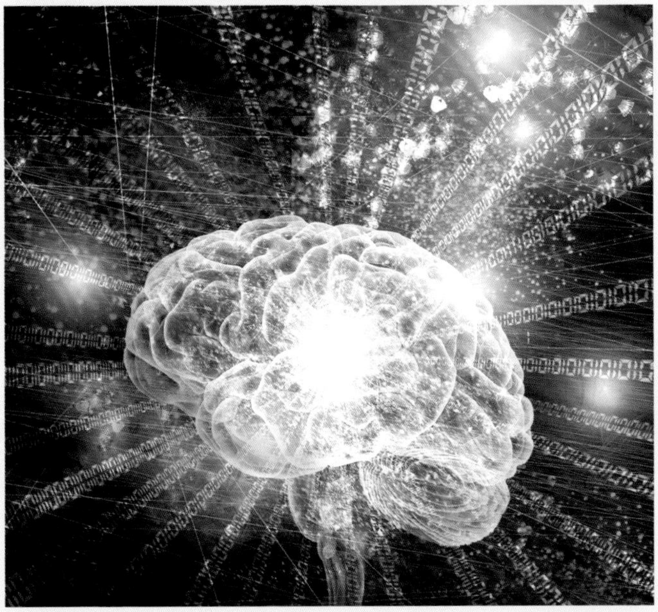

1 概率的基础

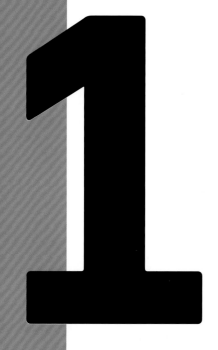

古今中外，无数人因赌博而身败名裂，自取灭亡。概率论告诉我们，赌博是一场从整体上来看赌徒必输的游戏。

那些说“我不赌博”的人也不必显示出一副事不关己的样子，其实，我们身边许多司空见惯的事件背后都隐藏着赌博的要素。例如，以一定的概率抽取到稀有奖品的抽奖游戏、高喊“购物 20 次，免单 1 次”的宣传活动等。

本章将列举我们身边与概率有关的话题，让我们一起学习和掌握称得上是统计基础的概率论知识吧！

GET!
SS
爱因斯坦
自由落体

只有一次机会中奖，先抽中奖机会大还是后抽中奖机会大？

售卖机中有 100 个扭蛋（又称胶囊玩具）。只有 1 个扭蛋能换到昂贵的奖品，其余 99 个扭蛋都不能中奖。100 人抽奖，每人只能抽取 1 次，到底先抽中奖机会大，还是后抽中奖机会大呢？也许大家会认为，如果有人先中奖的话，后面的人就不能中奖了，所以还是先抽为好。但也有人认为，越往后，不中奖扭蛋的数量越少，所以后抽更好。

其实，无论先抽还是后抽，甚至不管第几个抽，中奖概率都相同，都是 $\frac{1}{100}$，这被称为“抽签原理”。

首先，因为 100 个扭蛋中只有 1 个能中奖，所以第 1 个人的中奖概率为 $\frac{1}{100}$。由于第 1 个人是从 100 个中抽取 99 个空奖，第 2 个人要从 99 个中抽取 1 个中奖，所以，第 2 个人中奖的概率为 $\frac{99}{100}\times\frac{1}{99}=\frac{1}{100}$（这里使用了右侧介绍的乘法定理）。第 3 个人中奖的概率为 $\frac{99}{100}\times\frac{98}{99}\times\frac{1}{98}=\frac{1}{100}$。继续计算下去的话，我们就会发现，无论是第几个抽，中奖概率都是 $\frac{1}{100}$。

抽 100 次，肯定能中奖

这个例子的关键之处在于已经抽出来的扭蛋不能重新放回售卖机中。因此，如果抽 100 次，必定能中奖。不过，如果把已经抽出来的扭蛋又重新放回售卖机，情况就会改变。关于这一点，我们将在第 14 页的“手机抽奖”的例子中进行说明。

无论先抽还是后抽，概率都相同

已经抽出的没有中奖的签或扭蛋不再放回箱子时，中奖概率与抽奖顺序无关，都是相同的。尽管这一事实好像违背了我们的直觉，但根据乘法定理的计算结果，中奖概率的确是相同的。

抽奖次数与中奖概率的关系

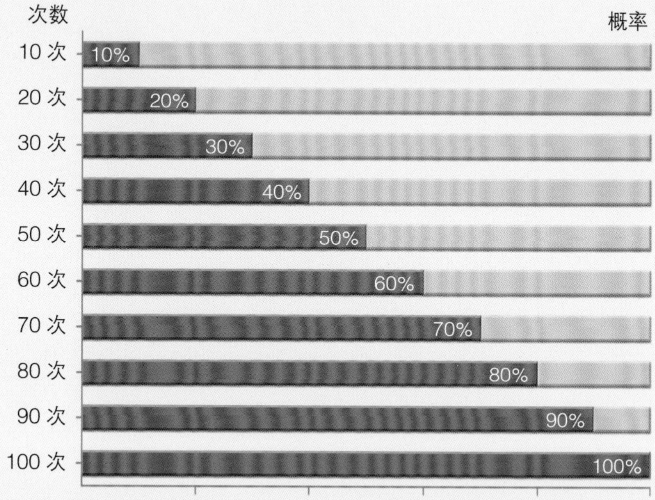

100 个扭蛋中只有 1 个中奖，且一旦抽出后就不能再放回箱子。那么，抽 10 次的中奖概率为 10%，抽 20 次的中奖概率为 20%，抽 30 次的中奖概率为 30%……以此类推，抽 100 次的中奖概率为 100%，所以抽 100 次的话，必定能中奖。

乘法定理

假设 A 发生的概率（例如，第 1 个人没有中奖的概率）为 a，B 发生的概率（例如，第 2 个人中奖的概率）为 b。这时，用 a 乘以 b（乘积）可以计算出 A 与 B 都发生的概率（第 1 个人未中奖、第 2 个人中奖的概率，在本例中，$\frac{99}{100}\times\frac{1}{99}=\frac{1}{100}$），这被称为“乘法定理”。

加法定理

假设 A 发生的概率（例如，第 1 个人中奖的概率）为 a，B 发生的概率（例如，第 2 个人中奖的概率）为 b。A 与 B 不会同时发生时，用 a 加上 b（总和）可以计算出 A 或 B 中的一个发生的概率（在本例中，$\frac{1}{100}+\frac{1}{100}=\frac{1}{50}$），这被称为“加法定理”。

100 个扭蛋中只有 1 个中奖，其余 99 个为空奖。

第 1 个人中奖的概率

$$=\frac{1}{100}=1\%$$

第 2 个人中奖的概率

$$=\frac{99}{100}\times\frac{1}{99}=\frac{1}{100}=1\%$$

第 3 个人中奖的概率

$$=\frac{99}{100}\times\frac{98}{99}\times\frac{1}{98}=\frac{1}{100}=1\%$$

第 4 个人中奖的概率

$$=\frac{99}{100}\times\frac{98}{99}\times\frac{97}{98}\times\frac{1}{97}=\frac{1}{100}=1\%$$

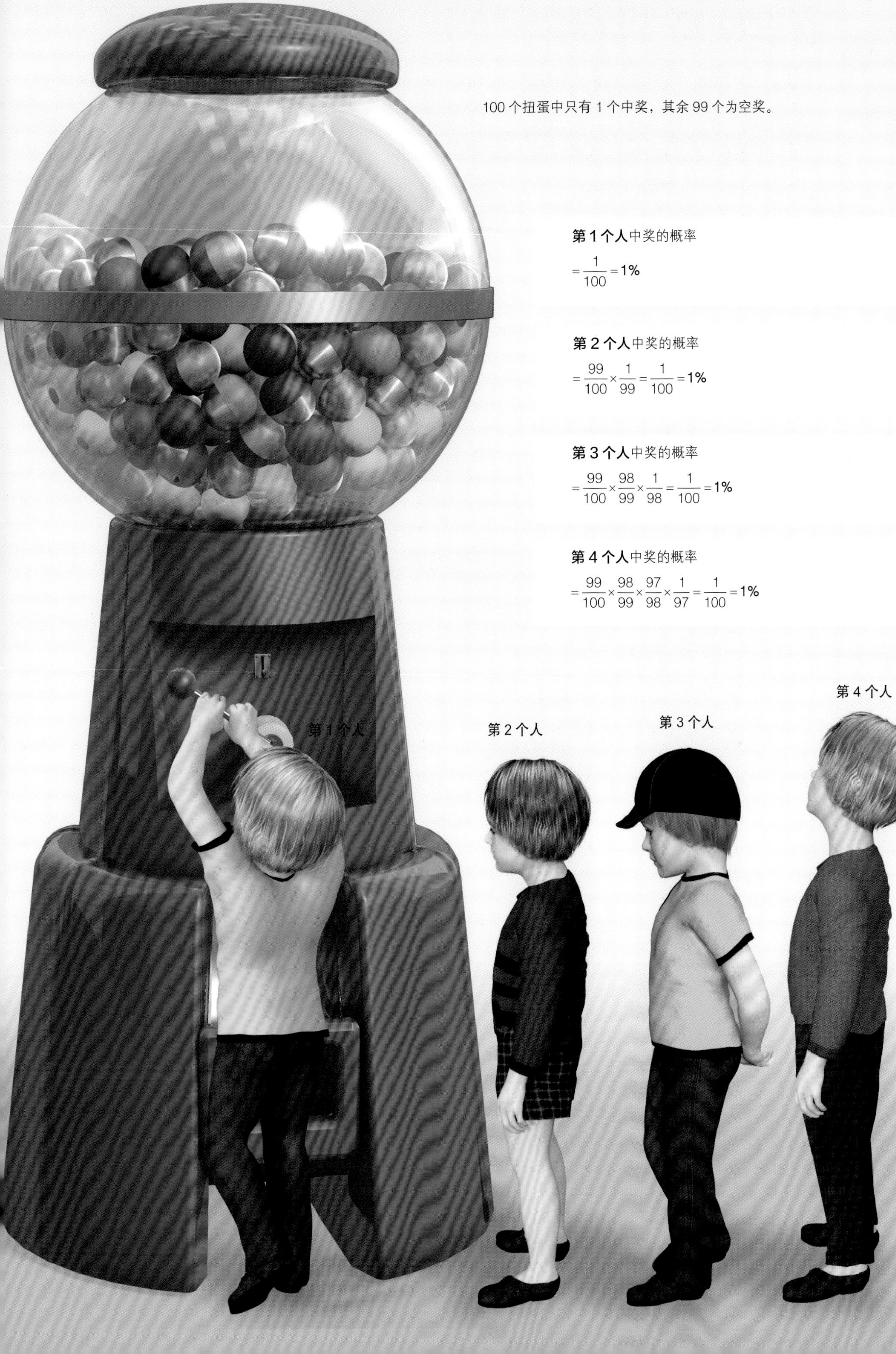

9名队员，打多少场比赛才能试完所有的击球次序？

一个棒球队的教练正在考虑应该如何确定9名队员的击球次序。考虑来、考虑去，他想到了一个办法：试试所有可能的击球次序，然后根据结果确定一种最佳击球次序。假设一天打一场比赛，多少天才能试完所有的击球次序呢？

答案是36.288万天，大约需要994年！首先，第1名队员的击球顺序有9种，第2名队员为8种，第3名队员为7种……依此类推，9名队员的击球次序总共为9×8×7×6×5×4×3×2×1=362880种，除以365天，大约为994年。

排列与组合是计算概率的基础

如上所示，从n个元素中依次选出r个元素时的排列方式的总数，称为从n个元素中取出r个元素的排列数，表示为P_n^r（或nPr）。以棒球的击球次序为例，确定9名队员的击球次序与从9人中选择9人依次排列是同一个意思，可以用P_9^9表示。根据右侧介绍的计算方法，$P_9^9=362880$。

此外，应该与排列数同时记住的还有组合数，表示为C_n^r（或nCr），是指从n个元素中选出r个元素时的组合方式的总数。组合与排列的区别在于：排列与顺序有关，组合与顺序无关。以棒球队的击球员为例，从9名队员中选出9人的组合总数为C_9^9。根据右侧框内介绍的方法进行计算，理所当然地$C_9^9=1$。计算概率时，如何正确计算排列数与组合数至关重要。

可能的击球次序一共有多少种？

图片是每场比赛都变换9名队员击球次序的示意图。利用右页下方的排列计算公式，可以计算出所有可能的击球次序，结果为36.288万种。

第1场比赛

第 2 场比赛　第 3 场比赛　第 4 场比赛　第 5 场比赛　第 6 场比赛　第 7 场比赛　……

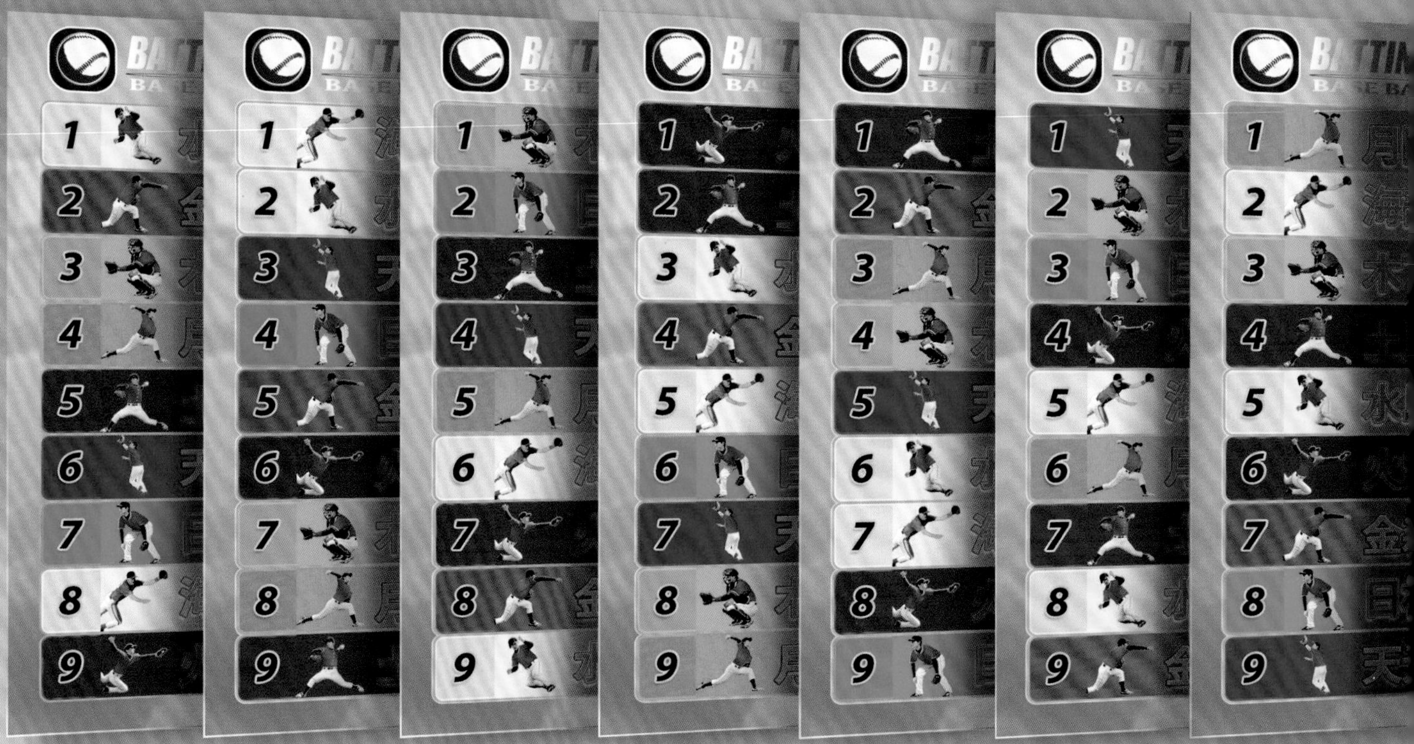

排列的计算公式

$$nPr = \underbrace{n(n-1)(n-2)\cdots(n-r+1)}_{r\text{个}}$$

$$= \frac{n!}{(n-r)!}$$

从 n 个元素中依次选出 r 个元素时的排列方式的总数称为“排列数”，可用上面的公式表示。！是表示阶乘的符号，如 5! ＝ 5×4×3×2×1。不过，0！并不是 0，而被定义为 1。

组合的计算公式

$$nCr = \frac{nPr}{r!} = \frac{n!}{r!(n-r)!}$$

从 n 个元素中选出 r 个元素时的组合方式的总数称为“组合数”，可用上面的公式表示。组合与排列不同，组合与顺序无关。

计算击球次序的总数

从 9 人中依次选出 9 人时的排列方式的总数（排列数）用 P_9^9（或 $9P9$）表示。用左侧的排列计算公式计算，则是

$$p_9^9 = \frac{9!}{(9-9)!} = \frac{9!}{0!}$$

9！表示 9×8×7×6×5×4×3×2×1，0！是 1。因此，

$$\frac{9!}{0!} = \frac{9\times8\times7\times6\times5\times4\times3\times2\times1}{1}$$

$$= \frac{362880}{1} = 362880$$

对立事件的概率

中奖率为 1% 的手机抽奖游戏，就算抽 100 次，也有 37% 的概率不会中奖

很多人都在手机上玩过“抽奖”游戏，运气好的话，会抽到能在游戏中使用的道具或某种技能。假设抽到稀有奖品的概率为 1%（$=\frac{1}{100}$），是不是可以认为，这种游戏与前面介绍的扭蛋相似，抽 100 次的话，一定会抽到稀有奖品呢？

答案是不会。在扭蛋游戏中，已抽出的扭蛋不会再重新放回箱子中，而在手机抽奖游戏中，无论抽了多少次，签的数量都不会减少，中奖概率也不会改变。

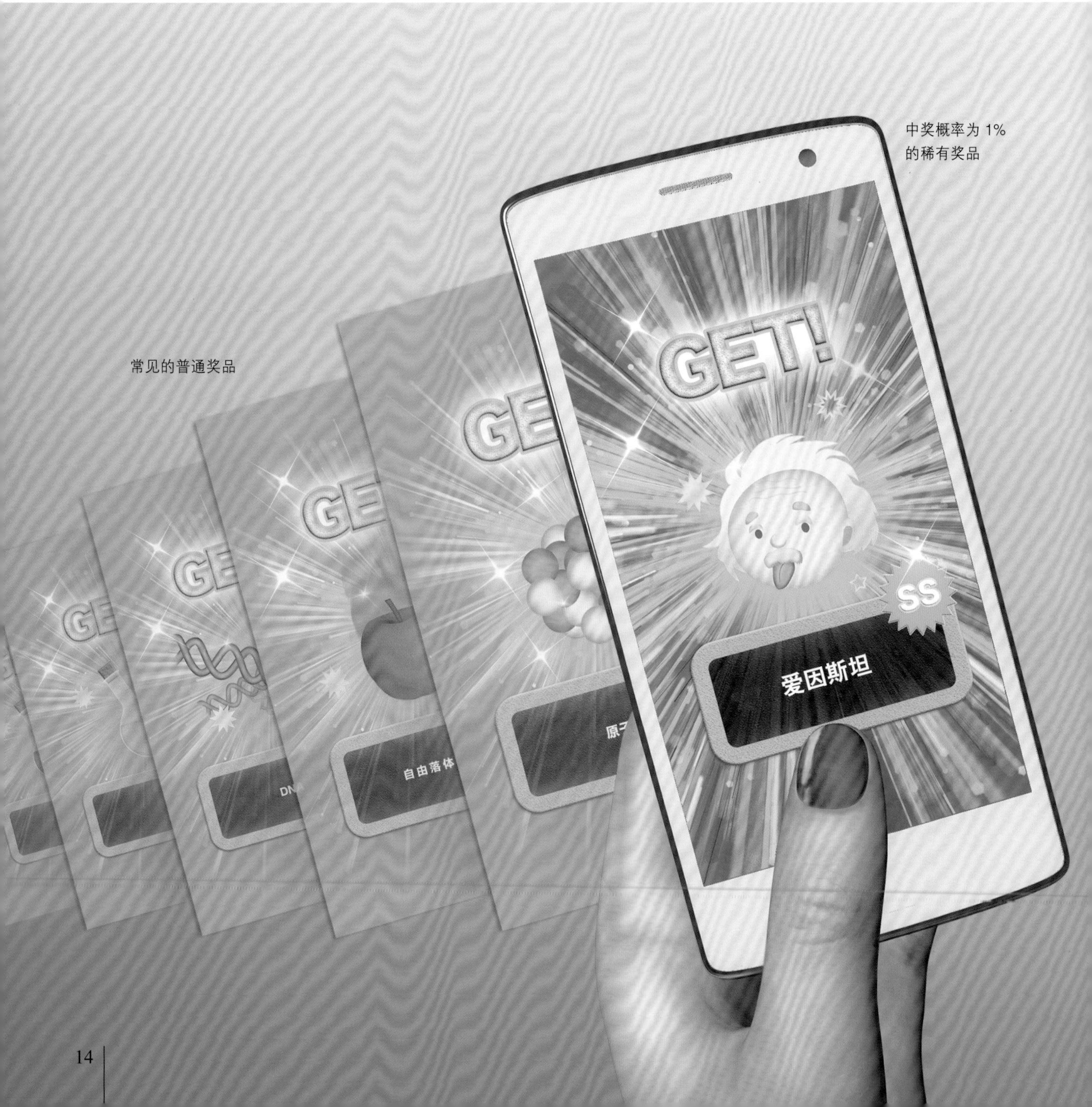

抽 100 次，至少中奖 1 次的概率是多少？

抽 1 次，没有中奖的概率为 $\frac{99}{100}$，所以，抽 100 次，100 次都不中奖的概率为 $\left(\frac{99}{100}\right)^{100} \approx 0.366$。也就是说，大约有 36.6% 的人，就算反复抽 100 次也不会抽到稀有奖品。

反过来说，抽 100 次至少中 1 次的概率是多少呢？这时就需要用到“对立事件”了。对立事件是指相对于某一事件 A，A 不发生。从整体概率中减去某一事件 A 发生的概率，就能得出对立事件发生的概率。因此，至少抽中 1 次的概率为 1–0.366=0.634。也就是说，在中奖概率为 1% 的手机抽奖游戏中，就算抽 100 次，抽到稀有奖品的概率也只有 63.4% 左右。

而且，手机抽奖的特点在于，不管抽奖次数增加到多少次，中奖概率永远也不可能达到 1（=100%），这一点与扭蛋游戏截然不同。

手机抽奖游戏的抽奖次数与至少抽中 1 次的概率之间的关系

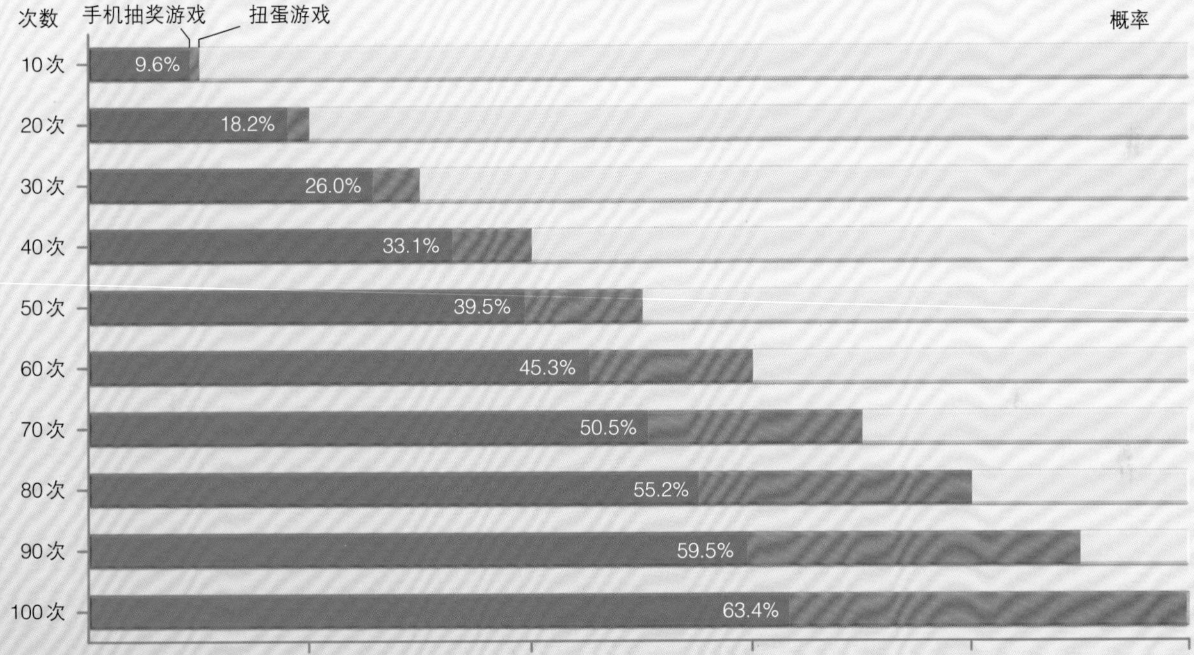

图表是第 11 页介绍的扭蛋游戏的中奖概率（粉色）与手机抽奖游戏的中奖概率（深蓝色）的对比。

无论抽多少次，手机抽奖游戏都不能保证中奖

在中奖概率为 1% 的手机抽奖游戏中（相当于把已抽出的签子又放回签筒），抽 10 次至少中 1 次的概率为 9.6%，抽 20 次中 1 次的概率为 18.2%，抽 30 次中 1 次的概率为 26.0%，抽 100 次中 1 次的概率为 63.4%。也就是说，就算抽 100 次，也有 36.6% 的概率次次落空。随着抽取次数越来越多，中奖概率的增大幅度也逐渐趋于平缓。要想抽中 1 次的概率高于 99%，则要抽 459 次。而且，无论抽多少次，中奖概率也绝不可能达到 100%。

扑克牌游戏中，每次出牌都不同的概率是多少？

假设A与B两人手里都有从A（1）到K（13）共13张扑克牌。洗牌后，两人每次同时出1张牌。出完26张牌后，两人每次出牌都不同的概率是多少呢？

早在1708年，法国数学家皮埃尔·雷蒙德·蒙特莫特（1678～1719）就提出了n张扑克牌的问题，因此，这个问题被称为“蒙特莫特配对问题”。

每次出牌都不同的概率是37%

计算这个概率有很大难度，曾经令很多知名数学家大为头疼。直到今天，这个问题也称得上概率论历史上最为重要的问题之一。1740年前后，瑞士著名数学家莱昂哈德·欧拉（1707～1783）终于成功解决了这个问题，并创建了被誉为世界上最完美、最令人着迷的公式——欧拉公式（$e^{i\pi}+1=0$）。

在13张扑克牌的问题中，A出牌的方式共有13！=6227020800种。我们考虑一下A的出牌与B的出牌每次都不同的总次数。这个数因蒙特莫特而被命名为“蒙特莫特数”。n=13的蒙特莫特数（C_{13}）为22亿9079万2932，除以13！后，两人每次出牌都不同的概率大约为37%。与此相反，其对立事件“至少1次出牌相同”的概率大约为63%。

实际上，当n超过5后，无论n增加多少，每次出牌都不同的概率大体保持不变，稳定在37%左右。37%是在各种情景下——例如，第5页介绍过的交换礼物——都会出现的令人倍感有趣的概率。

数字每次都不同的概率为37%

右页图片描绘了A与B两人手里各有13张牌，洗牌后两人每次同时各出一张牌的情景。“两人每次出牌都不同的概率是多少”这一问题被称为“蒙特莫特配对问题”。利用下面的“蒙特莫特数”可以解答这一问题，答案是大约37%。

什么是蒙特莫特数？

假设有n张牌，上面分别标有从1到n的数字。这时，应该怎样排序才能使牌上所标数字与这张牌所放的顺序不一致呢（例如，第5张牌不应该是上面标有5的那张牌）？这种排序方式的数量表示为C_n。

$$C_n = n!\left[1-\frac{1}{1!}+\frac{1}{2!}-\frac{1}{3!}+\cdots+(-1)^n\frac{1}{n!}\right]$$

C_n因蒙特莫特配对问题而被称为蒙特莫特数。n为1到16时，蒙特莫特数如下表所示：

n	$n!$	蒙特莫特数C_n	$C_n/n!$
1	1	0	0
2	2	1	0.5
3	6	2	0.333…
4	24	9	0.375…
5	120	44	0.366…
6	720	265	0.368…
7	5040	1854	0.367…
8	40320	14833	0.367…
9	362880	133496	0.367…
10	3628800	1334961	0.367…
11	39916800	14684570	0.367…
12	479001600	176214841	0.367…
13	6227020800	2290792932	0.367…
14	87178291200	32071101049	0.367…
15	1307674368000	481066515734	0.367…
16	20922789888000	7697064251745	0.367…

在蒙特莫特配对问题中，C_n除以n！所得结果就是A、B两人每次出牌都不同的概率。欧拉注意到，n趋于无穷大（∞）时，这个概率接近自然对数的底数——纳皮尔常数e=2.718…的倒数$\frac{1}{e}$=0.367…。也就是说，扑克牌的张数越多，两个人每次出牌都不同的概率越接近0.367…

互换礼物的成功率也是37%

第5页介绍的“5人互换礼物的成功率”也可以用蒙特莫特数计算。C_5(=44)除以5!(=120)，结果约为37%。反过来说，有某个人最终又取回自己所带礼物的概率约为63%。无论人数增加到多少，这一概率都几乎保持不变。

A 出的第 1 张牌
B 出的第 1 张牌
A 出的第 2 张牌
B 出的第 2 张牌
A 出的第 3 张牌
相同!
B 出的第 3 张牌
Newton
GRAPHIC SCIENCE MAGAZINE
A 出的第 13 张牌
B 出的第 13 张牌

买彩票时，该买连号还是散号？

“掷骰子啦，下注啦，押 1 点还是其他点，猜中的话奖励 1 万元。”估计大家会毫不犹豫地把赌注押在 1 点以外的其他点上吧？原因在于出现 1 点的概率是 $\frac{1}{6}$，但出现其他点的概率为 $\frac{5}{6}$，是 1 点的 5 倍。

那么，如果把中奖条件修改为“押 1 点猜中后奖励 1 万元，押其他点猜中后奖励 3000 元”，大家又会如何选择呢？大概不少人会犹豫不决。

在这种情况下，“期望值”就成了进行合理判断的“风向标”。以赌博为例，期望值是指每次押注时你有望得到的奖金额。

计算一下彩票的期望值

表格显示了日本在 2018 年年底开出的各等级奖项的奖金额及中奖概率。1～200 组各有 10 万张彩票，共计 2000 万张，被称为“1 个单元”。花 300 日元买一张彩票时，所得奖金的期望值大约为 147.5 日元。

右页分别计算了在一个单元（2000 万张）内，以“10 张散号”和“10 张连号”两种方式购买彩票时，每套彩票（10 张）的期望值是多少。计算结果表明，以两种方式购买彩票的期望值相同，都是 1475 日元左右。不过，要想获得 1.5 亿日元以上的巨额奖金（含 1.5 亿日元），两种购买方式对应的概率就不同了。连号购买时，获得巨额奖金的概率为“1 千万分之 6”；散号购买时，获得巨额奖金的概率是 1 千万分之 15，是连号购买的 2.5 倍。但是，散号购买无论如何也不可能获得 10 亿日元（即同时中了一等奖和一等奖的前后奖），而连号购买则有 1 千万分之 4 的概率独揽最高的 3 份奖金。所以，如果想获得 10 亿日元，建议买连号；如果目标只是 1.5 亿日元，则建议买散号。

	奖金（日元）	1 个单元中所含的中奖彩票张数	概率	奖金 × 概率
一等奖	7 亿日元	1	0.00000005	35 日元
一等奖的前后奖（前面的号码，简称前奖）	1 亿 5000 万日元	1	0.00000005	7.5 日元
一等奖的前后奖（后面的号码，简称后奖）	1 亿 5000 万日元	1	0.00000005	7.5 日元
一等奖的错组奖	10 万日元	199	0.00000995	0.995 日元
二等奖	1000 万日元	3	0.00000015	1.5 日元
三等奖	100 万日元	100	0.000005	5 日元
四等奖	10 万日元	4000	0.0002	20 日元
五等奖	1 万日元	20000	0.001	10 日元
六等奖	3000 日元	200000	0.01	30 日元
七等奖	300 日元	2000000	0.1	30 日元
没有中奖	0 日元	17775695	0.88878475	0 日元
总计	—	2000 万张	1	147.495 日元

注：“前后奖”是日本彩票中所设定的一种独特的中奖方式，是指彩民所持的中奖号比一等奖的号码大 1 号或小 1 号（同一组中），即位于中奖号码的前后，故称为“一等奖的前后奖”。如某期一等奖为“123456”，则“123455”与“123457”即为当期的“一等奖的前后奖”。“错组奖”也是日本彩票的一种中奖方式。由于日本的彩票会分成不同的组，同期的大奖只会出现在一个组里。如果一个人所购号码与中奖号码相同，只不过是在同期的其他组里，便可以领到“错组奖”。

计算所有情况下的“奖金 × 概率”，相加后的总数就是期望值。以掷骰子为例，押 1 点的期望值为“1 万元 × $\frac{1}{6}$（出现 1 点的概率）+ 0 元 × $\frac{5}{6}$（出现其他点的概率）= 约 1667 元”，押 1 点之外的其他点的期望值为“0 元 × $\frac{1}{6}$（出现 1 点的概率）+3000 元 × $\frac{5}{6}$（出现其他点的概率）= 2500 元”，所以，押其他点的期望值较大。也就是说，押 1 点之外的其他点是更明智的选择。

如何计算彩票的期望值?

对于下注的人来说，所赢奖金的期望值大于赌资的话，则有利可图；与赌资持平则不输不赢；如果小于赌资，则是赔本生意。但遗憾的是，世界上几乎所有的赌博或彩票都不利于下注者。例如，用 300 日元买 1 张有望中巨奖的彩票，但这时的期望值只有不足 150 日元。

尽管如此，依然有很多人带着中巨奖的梦想锲而不舍地买彩票。那么，买连号彩票的期望值高，还是买散号彩票的期望值高呢？如下图所示，实际上两种情况下的期望值是相同的。不过，买散号时，获得超过 1.5 亿日元巨额奖金的概率是买连号彩票的 2.5 倍。

买“10 张散号彩票”时的期望值是多少?

在“1 套 10 张散号彩票”中，每张彩票都不在同一组，且号码不连续（第 1 位数从 0 到 9）。

① 含有一等奖的套票：在 200 万套中有 1 套（概率为 200 万分之 1）。
由于 10 张散号彩票的组数与号码都不同，所以，含有一等奖的套票中没有一等奖的前后奖及错组奖。奖金为 7 亿日元。

② 含有一等奖前奖的套票：在 200 万套中有 1 套（概率为 200 万分之 1）。
基于与①相同的理由，这套彩票中没有一等奖、一等奖的后奖及错组奖。奖金为 1.5 亿日元。

③ 含有一等奖后奖的套票：在 200 万套中有 1 套（概率为 200 万分之 1）。
基于与①同样的理由，这套彩票中没有一等奖、一等奖的前奖及错组奖。奖金为 1.5 亿日元。

④ 其他套票：在 200 万套中有 199 万 9997 套（概率为 200 万分之 199 万 9997）。

根据上述情况，散号购买时，共有 3 种情况可获得 1.5 亿日元以上的奖金。3 种情况发生的概率相加即为获得巨额奖金的概率，为 1 千万分之 15。通过“奖金 × 概率”的方式可计算出，购买 10 张散号彩票（3000 日元）时的期望值为 1474.95 日元。

买“10 张连号彩票”时的期望值是多少?

在“1 套 10 张连号彩票”中，所有彩票都在同一组，且号码连续（最后 1 位数从 0 到 9）。

① 含有一等奖的套票：在 200 万套中有 1 套（概率为 200 万分之 1）。
这套彩票中，3 张彩票同时中奖（分别中一等奖的前奖、一等奖和一等奖的后奖）的概率有 8/10，奖金 10 亿日元；2 张彩票同时中奖（分别中一等奖的前奖和一等奖，或者中一等奖和一等奖的后奖）的概率为 2/10，奖金 8.5 亿日元。由于这些彩票是同一组的，所以，不可能中一等奖的错组奖。

② 紧接在含一等奖套票之前的套票：在 200 万套中有 1 套（概率为 200 万分之 1）。
这套彩票中，有 1 张彩票以 1/10 的概率中一等奖的前奖。基于同样的理由，这套彩票中没有一等奖的错组奖。奖金为 1.5 亿日元。

③ 紧跟在含一等奖套票之后的套票：在 200 万套中有 1 套（概率为 200 万分之 1）。
这套彩票中，有 1 张彩票以 1/10 的概率中一等奖的后奖。基于同样的理由，这套彩票中没有一等奖的错组奖。奖金为 1.5 亿日元。

④ 其他套票：在 200 万套中有 199 万 9997 套（概率为 200 万分之 199 万 9997）。

根据上述情况，连号购买时，共有 4 种情况可获得 1.5 亿日元以上的奖金。4 种情况发生的概率相加即为获得巨额奖金的概率，为 1000 万分之 6。通过“奖金 × 概率”的方式可计算出，购买 10 张连号彩票（3000 日元）时的期望值为 1474.95 日元。

为什么越赌越输？

参加低概率中巨奖类型的赌博，如果不多次下注，实际所赢奖金与期望值之间就会出现巨大的“鸿沟”。与此相反，参加高概率中小奖类型的赌博时，即使下注次数不那么多，实际所赢金额也比较接近于期望值。

这里介绍的大数定律是由瑞士数学家雅各布·伯努利（1654～1705）证明的，他是第23页介绍的提出“圣彼得堡悖论”的丹尼尔·伯努利（1700～1782）的伯父。

下注次数越多，对庄家越有利

掷20个骰子时，点数会有所偏差，但如果掷1000个，则不容易出现偏差

掷骰子时，每个点数出现的概率都是$\frac{1}{6}$。不过，掷20个骰子时，出现各点的骰子数会有所不同，但如果把骰子总数增加到100个、1000个，各点出现的比例就会逐渐接近于$\frac{1}{6}$，这就是大数定律。

掷20个骰子的结果

掷100个骰子的结果

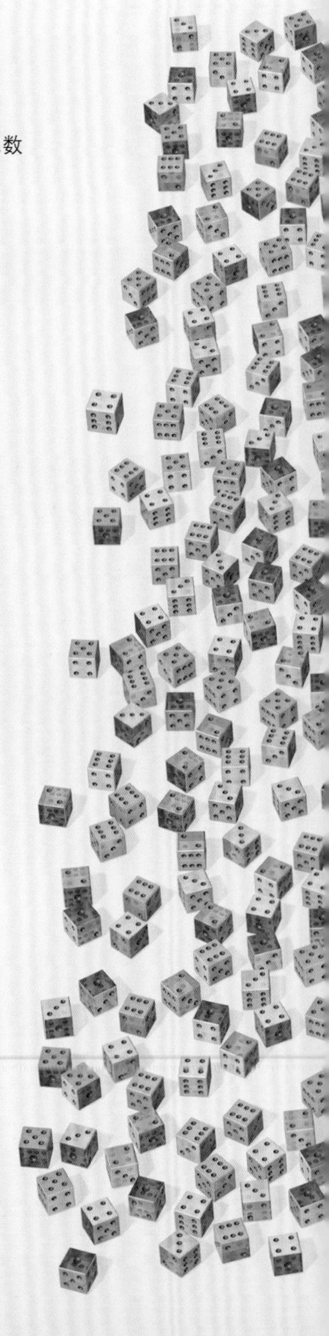

掷骰子时，每个点数出现的概率都是 $\frac{1}{6}$。虽然最开始会有一定的偏差，如投掷 6 次，每个点数都出现 1 次的情况就非常罕见。不过，在多次重复的过程中，每个点数出现的频率会逐渐接近 $\frac{1}{6}$，这就是“大数定律”。

只有在各个事件彼此“独立”的基础上，大数定律才成立。“独立”是指各个事件相互不影响，彼此之间没有关系。骰子的点数并非“出现1点后就比较容易出现6点”，可以说，无论掷多少次骰子，每次出现的点数都是独立的。

世界上存在的赌博基本上都是按照对庄家有利的原则设置的，参加者能得到的奖金期望值都被设定为低于赌注。

参加者越多，下注次数越多，庄家支付的金额越遵循大数定律，越接近于概率计算值，庄家越不会受到损失。也就是说，从概率论上来说，参加者是“越赌损失越大”。

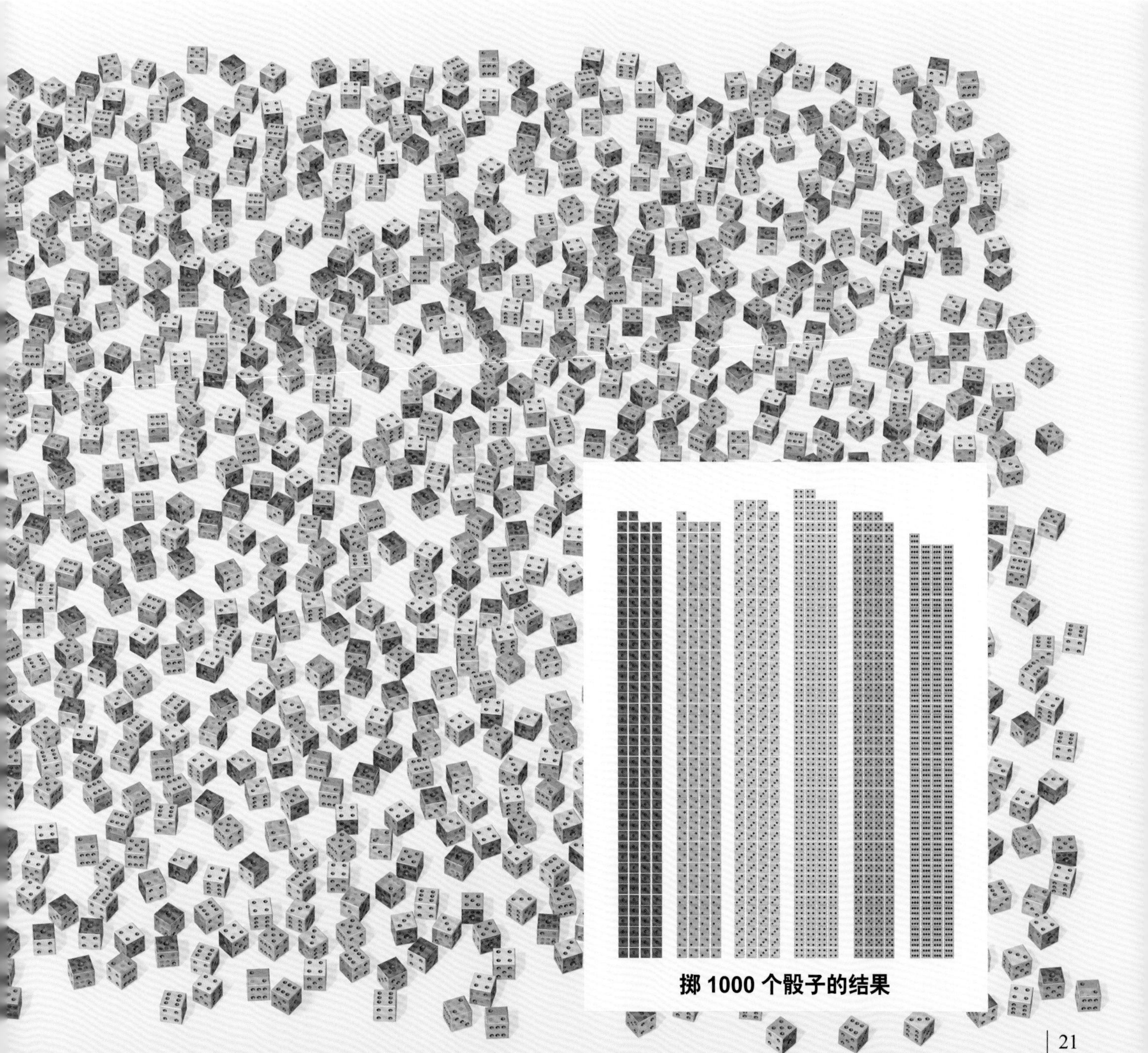

掷 1000 个骰子的结果

参加“购物 20 次免单 1 次”的营销活动，到底有多大好处？

某手机支付平台举行了一次促销活动。活动期间，只要用该支付平台付款，平台就会进行每 10 次消费（包括所有人，不是某一个参与者的 10 次消费）随机免单 1 次、20 次免单 1 次或 40 次免单 1 次的奖励。尽管实际返利往往有最高额度限制且条件非常复杂，但我们还是把返利条件简单地限定为“购物 20 次免单 1 次”来讨论一下这种活动的意义。

假设在“购物 20 次免单 1 次”的活动中有人购买了 5 万日元的商品。如果运气特别好被平台抽中，5 万日元的购物款将全部退还给参与者。乍一看，这是一个非常有吸引力的活动，但实际上，参与者能够得到的返利金额的期望值与司空见惯的“返利 5%”活动完全相同。对于做活动的企业来说，所需成本也与一律返利 5% 的成本几乎相同。

让我们具体计算一下。假设一位参与者 1 次购买了 5 万日元的商品。参加“购物 20 次免单 1 次”活

“全款返还”与“一律返利 5%”的对比

以“购物 20 次免单 1 次”的概率返还购物款的营销活动与“一律返利 5%”活动的对比结果表明，尽管两者实际上的期望值相同，但带给参与者的印象截然不同。

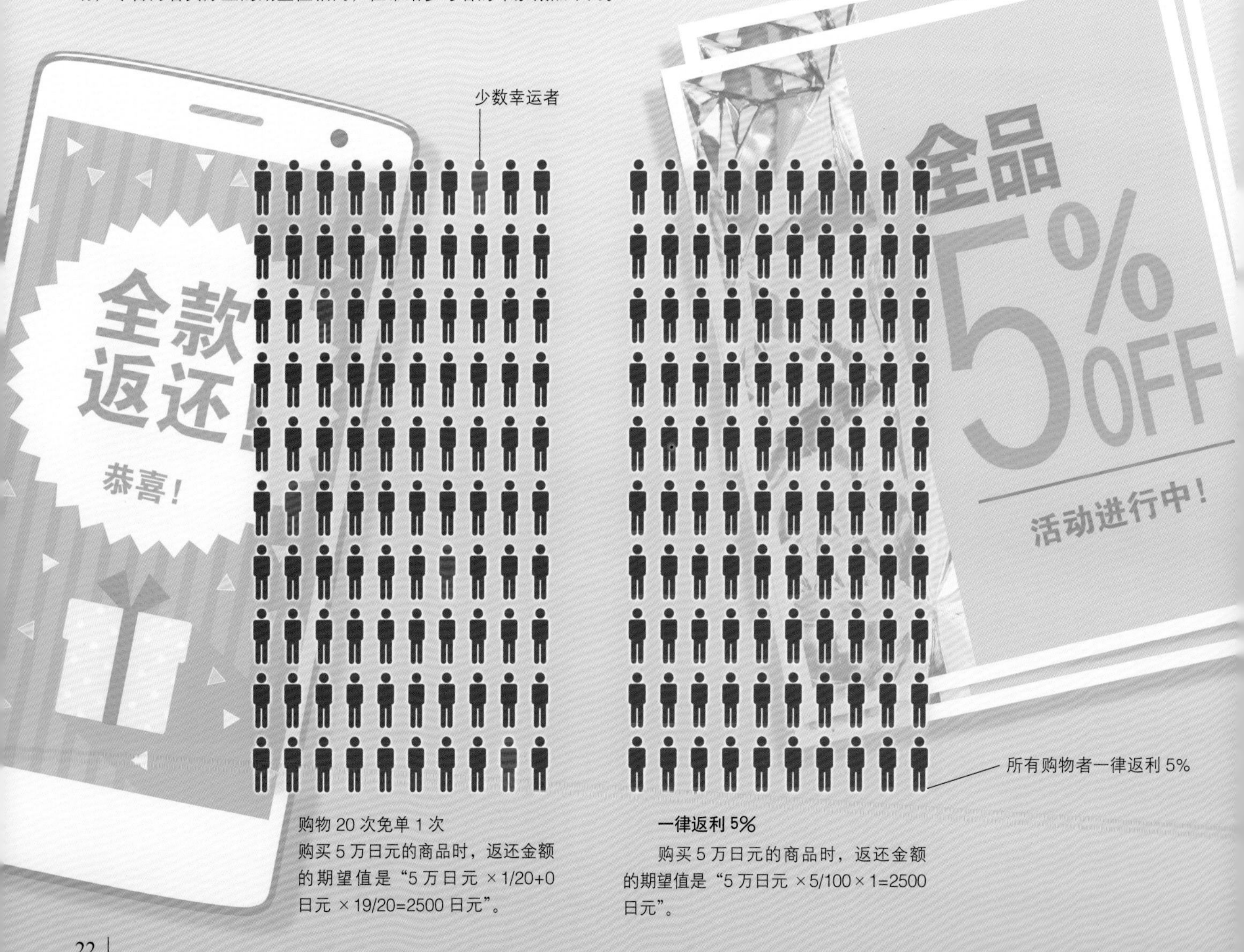

全款
返还！
恭喜！
少数幸运者
全品
5%
OFF
活动进行中！
所有购物者一律返利 5%
购物 20 次免单 1 次
购买 5 万日元的商品时，返还金额的期望值是“5 万日元 ×1/20+0 日元 ×19/20=2500 日元”。
一律返利 5%
购买 5 万日元的商品时，返还金额的期望值是“5 万日元 ×5/100×1=2500 日元”。

动，期望值是“5 万日元 × $\frac{1}{20}$ + 0 日元 × $\frac{19}{20}$ =2500 日元”。参加“返利 5%”活动，则期望值为“5 万日元 × $\frac{5}{100}$ ×1 = 2500 日元”，两者的金额完全相同。

期望值与“返利 5%”相同，为什么“购物 20 次免单 1 次”却更具吸引力？

尽管“购物 20 次免单 1 次”的期望值与“一律返利 5%”的期望值相同，为什么前者的促销效果更好、更有吸引力呢？因为，虽然期望值是人们用来做更好判断的指标之一，但并非万能指标。

参与者在活动期间多次购物，很有可能 1 次也不会中奖，但也有可能一下子就被抽中返还全部购物款。可见，不同的参与者，得到的返还金额有巨大差别，这就是该活动有巨大吸引力的原因。

对于实施活动的商家来说，参与者越多，购物次数越多，个人之间的返利差异就会被摊平。如果获免单机会的购物次数设置得过少，商家的退还金额有可能高于期望值。但大数定律表明，购物次数越多，商家实际需要支付的返利金额越接近于期望值（总购物额的 $\frac{1}{20}$，即 5%）。因此，返还金额与返利 5% 时是相同的。

尽管彩票中奖在很大程度上受到概率这一偶然性的支配，但如果多次购买，花费的成本也会在很大程度上符合计算结果。

奖金的期望值是“∞日元”！参与费用低于多少时，你才会参加？

下面再介绍一个期望值并非万能指标的例子。一个连续投硬币的游戏，硬币最先出现正面时可以赢得奖金。奖金设置如下：第 1 次投就正面朝上，奖金为 1 日元；第 1 次为反面，第 2 次为正面时，奖金翻番，为 2 日元；前两次为反面，第 3 次为正面时，奖金再次翻番，为 4 日元……以此类推，奖金不断增多。直到第 30 次才为正面时，奖金已高达 2^{29}=536870912 日元。那么，参与成本低于多少时，你才会参加这个游戏呢？

让我们计算一下期望值。如右图所示，奖金其实没有上限，为无穷大（∞）。如果仅考虑期望值，即便参加费高达 1 亿日元，对参加者来说也是非常划算的。

不过，实际上，想花费巨款参加这个游戏的人寥寥无几。尽管这个游戏的期望值无穷大，但大家并不会积极参加，这被称为“圣彼得堡悖论”。

反面

正面

第 1 次就出现正面时

概率 × 奖金 $=\frac{1}{2}\times1$日元

$=\frac{1}{2}$日元

第 2 次出现正面时

概率 × 奖金 $=\frac{1}{2}\times\frac{1}{2}\times2$日元

$=\frac{1}{2}$日元

第 3 次出现正面时

概率 × 奖金 $=\frac{1}{2}\times\frac{1}{2}\times\frac{1}{2}\times4$日元

$=\frac{1}{2}$日元

第 4 次出现正面时

概率 × 奖金 $=\frac{1}{2}\times\frac{1}{2}\times\frac{1}{2}\times\frac{1}{2}\times8$日元

$=\frac{1}{2}$日元

第 5 次出现正面时

概率 × 奖金 $=\frac{1}{2}\times\frac{1}{2}\times\frac{1}{2}\times\frac{1}{2}\times\frac{1}{2}\times16$日元

$=\frac{1}{2}$日元

⋮

把无数个结果相加起来的总和就是期望值，其金额无穷大。

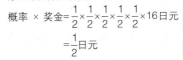

为什么倒入红茶中的牛奶会自由扩散?

假设有一条无限延伸的实数直线，请看右页上方的插图，P 点最初位于原点。投出一个硬币，如果正面朝上，则 P 点向右移动；如果反面朝上，则 P 点向左移动。多次重复投币，最初位于原点的 P 点将随着时间的推移而不断来回摇摆。

这种不规则的、无法预测的活动被称为“随机游走”。由于与喝醉酒的人摇摇晃晃地走路非常相似，所以也被称为“醉步”。

日常生活中到处都是随机游走的例子

由于向左或向右移动的概率各占一半，所以，大家可能会认为，无论过多久，P 点都会一直在原点附近来回徘徊。不过，实际计算的结果并非如此。从概率上看，P 点经常会逐渐远离原点。

在自然界或日常现象中，我们经常能看到与随机游走相同的活动。例如，把牛奶倒入盛有红茶的杯子中，即使不用勺子搅拌，牛奶也会随着时间的推移慢慢扩散，与红茶逐渐融在一起。这种扩散现象是牛奶的粒子因布朗运动（随机游走的一个例子）而发生不规则运动，从而离开原来的位置所导致的。

此外，无论是以前的股价变动还是近期的虚拟货币价格波动，大家普遍认为金融商品的价格波动也具有随机游走性，是根本无法预测的。最早是法国数学家路易·巴舍利耶（1870～1946）在 1900 年发现了这一点。此外，在实际分析谣言和传染病的扩散方式、模拟交通拥堵等现象时也会用到随机游走的概念。

什么是随机游走?

右页图片描绘了一～三维网格上的随机游走。在二维中向前后左右移动的概率分别为$\frac{1}{4}$，在三维中向前后左右上下移动的概率分别为$\frac{1}{6}$。

实际上，计算机模拟的结果表明，在任何情况下都有随着时间的推移而远离原点的倾向（由于是概率性活动，所以也可能会停留在原点附近，尽管这种情况概率非常低）。与红茶一边融合一边扩散的牛奶粒子等的扩散现象就是因随机游走而产生的。

一维的随机游走

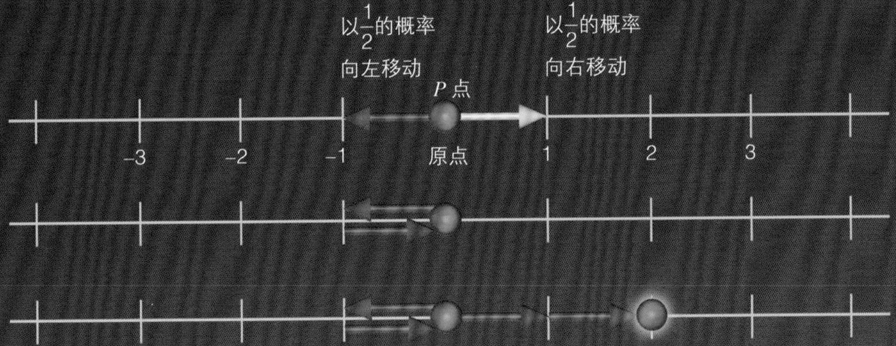

二维的随机游走

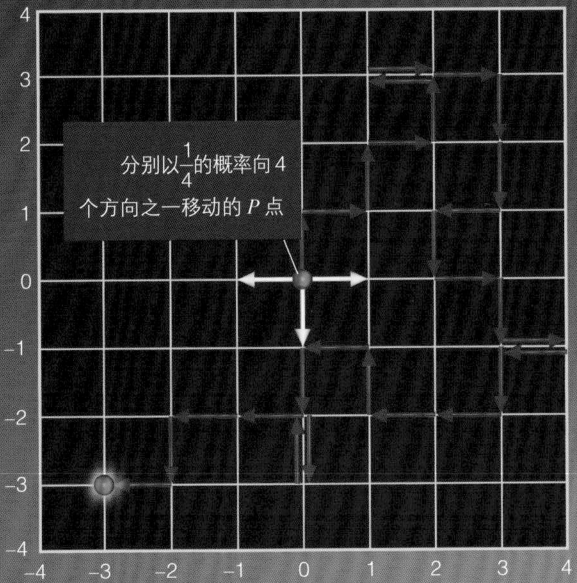

三维的随机游走

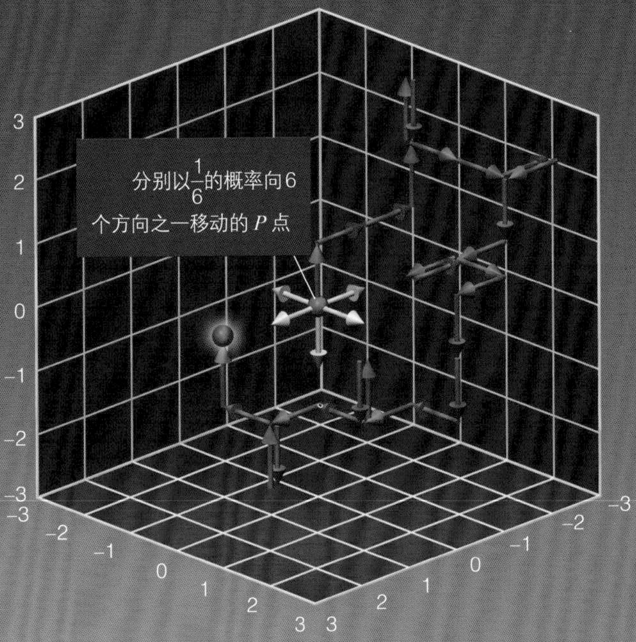

掌握这几点就行!

事件的概率

概率论中把“可能出现的事情”称为“事件”。如下所示，当某一事件为 A 时，数学上用符号 P 表示 A 发生的概率。“发生的次数”是指“可能发生的模式数”。

$$A\text{发生的概率} = P(A) = \frac{\text{发生}A\text{的次数}}{\text{所有可能发生的情况总数}}$$

乘法定理

“A 与 B 都发生”的事件用符号 $\cap$ 表示，写成 $A \cap B$，读为“A 交 B”。如下所示，A 与 B 都发生的概率可以用乘法（乘积）表示（乘法定理）。

$$A\text{与}B\text{都发生的概率} = P(A \cap B) = P(A) \times P(B)$$

加法定理

A 与 B 不同时发生（独立）时，“A 与 B 两者中至少发生一个”的事件用符号 $\cup$ 表示，写成 $A \cup B$，读为“A 并 B”。如下所示，A 与 B 至少发生一个的概率用加法（和）表示（加法定理）。

$$A\text{与}B\text{至少发生一个的概率} = P(A \cup B) = P(A) + P(B)$$

对立事件

“A不发生”的事件称为A的对立事件。在高中数学课中，A的对立事件可以在表示事件的字母上面加一个横杠，表示为$\overline{A}$。A的对立事件的概率写成$P(\overline{A})$，用1减去$P(A)$便可计算其值。

$$A\text{的对立事件的概率} = P(\overline{A}) = 1-P(A)$$

排列

在概率论中，从n个元素中选出r个元素依次排序时的模式数称为“排列数”，用符号P表示（如右所示）。

$$\text{从}n\text{个元素中选出}r\text{个元素的排列数} = P_n^r = \frac{n!}{(n-r)!}$$

组合

从n个元素中选出r个元素时的模式数称为“组合数”，如右所示，用符号C表示。组合与排列不同，与顺序无关。

$$\text{从}n\text{个元素中选出}r\text{个元素的组合数} = C_n^r = \frac{n!}{r!(n-r)!}$$

期望值

针对可能发生的事件$1\sim n$，每个事件的发生概率（$P_1\sim P_n$）与该事件发生时的所得数值（$X_1\sim X_n$）相乘，并把全部乘积相加的总值称为“期望值”。

$$\text{期望值} = P_1\times X_1 + P_2\times X_2 + P_3\times X_3 + \cdots\cdots + P_n\times X_n$$

2 想了解更多概率知识

在此章中，让我们一起来看一下为概率论奠基的伽利略、帕斯卡和费马等人所钻研的问题，他们是怎样解决当时困扰赌徒的问题？ 在本章的后半部分，还将详细解说概率的基本用语。

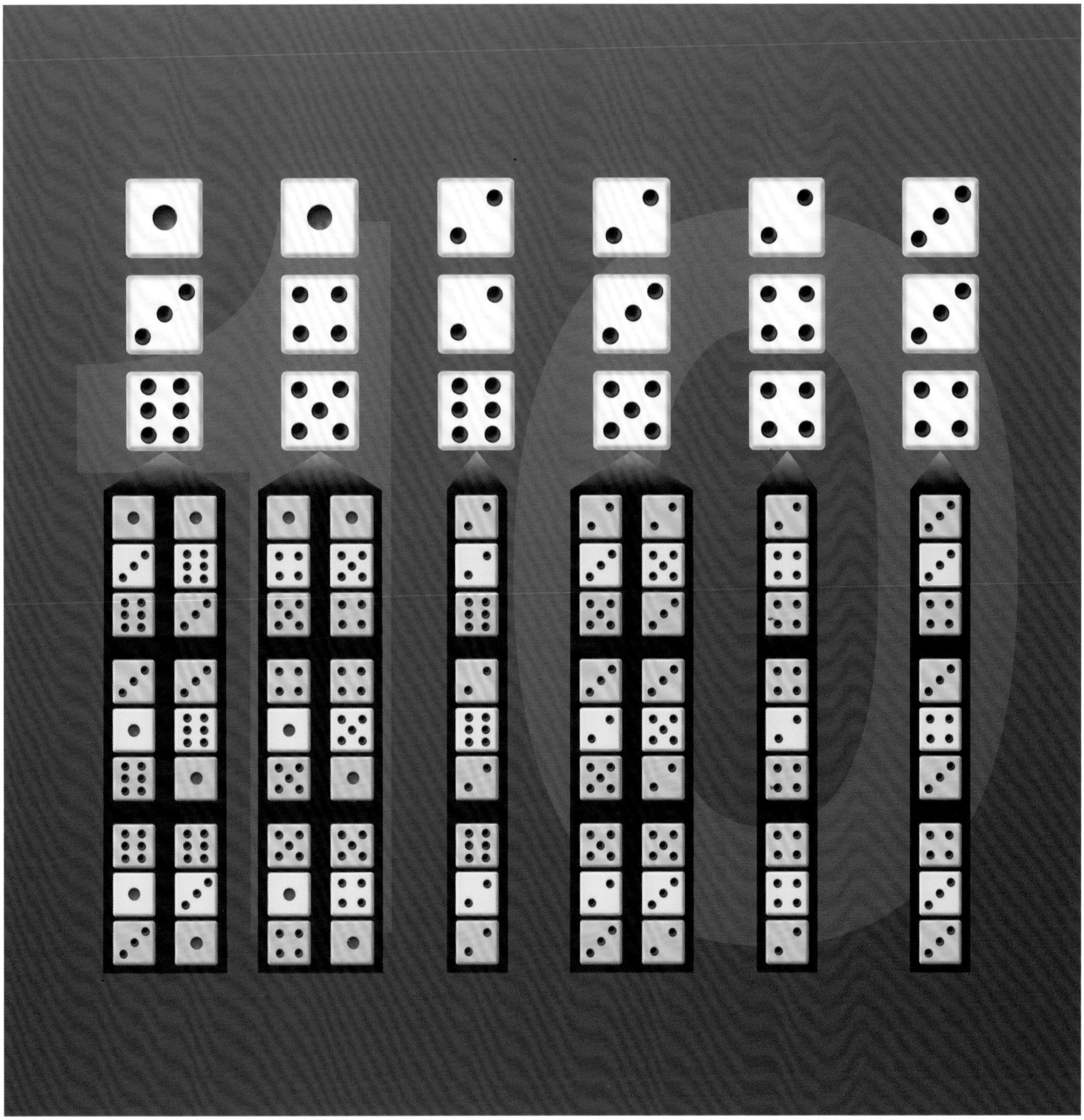

摇三粒骰子，最容易出现什么总点数？

在人类历史上早就有赌博的活动，很久之前就被认为是违法行为。深究起来，概率论与赌博其实有分不开的联系。有人认为，概率论产生自赌博活动。

在 17 世纪，那些着迷于用骰子赌博的人绞尽脑汁地在思考同时摇三粒骰子最容易出现的总点数是多少的问题。具体说来，也就是三粒骰子合起来的总点数为 9 或为 10，哪一种总点数出现的次数最多？

总点数为 9 的数字组合有 6 种，即（1，2，6）、（1，3，5）、（1，4，4）、（2，2，5）、（2，3，4）和（3，3，3）；而总点数为 10 的数字组合也有 6 种，即（1，3，6）、（1，4，5）、（2，2，6）、（2，3，5）、（2，4，4）和（3，3，4）。如此看来，

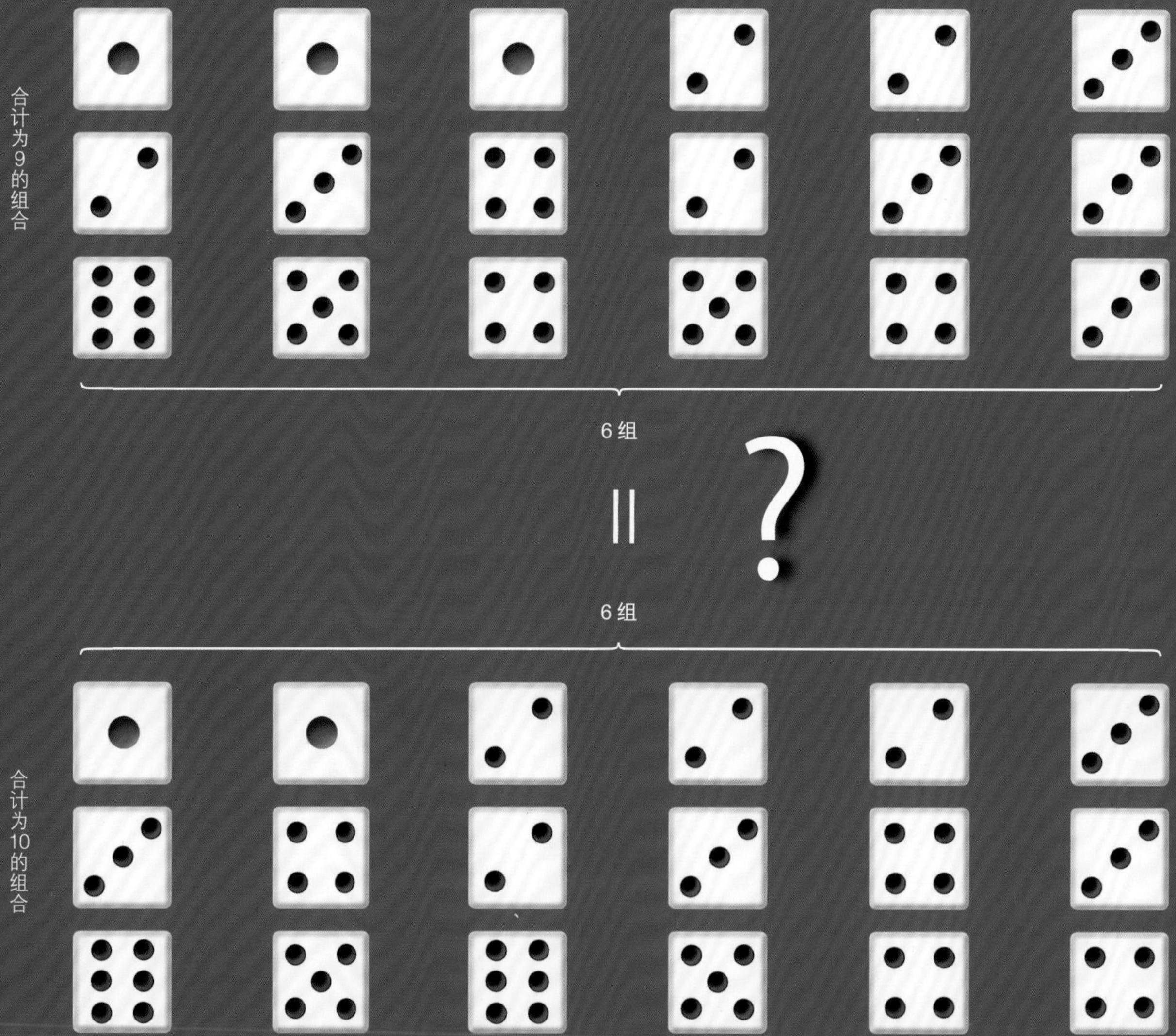

三个骰子的点数和的组合情况

如果不区分三个骰子的话，合计点数为 9 的组合数为 6，合计点数为 10 的组合数也是 6。但是，17 世纪的赌徒在经验上感觉合计为 10 的情况比合计为 9 的要多。

出现总点数9和10的概率似乎应该相同。然而，进行赌博的人根据他们的经验，都感到出现10的情况要比出现9的情况多。

即使组合数相同，概率也可能不同

给出这个问题答案的是意大利科学家伽利略·伽利雷（1565～1642）。伽利略注意到需要把三个骰子区分开。

为了简单说明，首先让我们来考虑只有两个骰子的情况。让我们来比较摇A和B两个骰子，和为2或3的情况。

作为数字组合来看，组成2的是（1，1），组成3的是（1，2），都是1组。但是，把两个骰子区分来看的话，则组成2的仅有“A是1，B是1”的1组情况，与之相对，组成3的有“A是1，B是2”和“A是2，B是1”的2组情况。因此，比起合计点数为2的情况，合计点数为3的概率会更高。

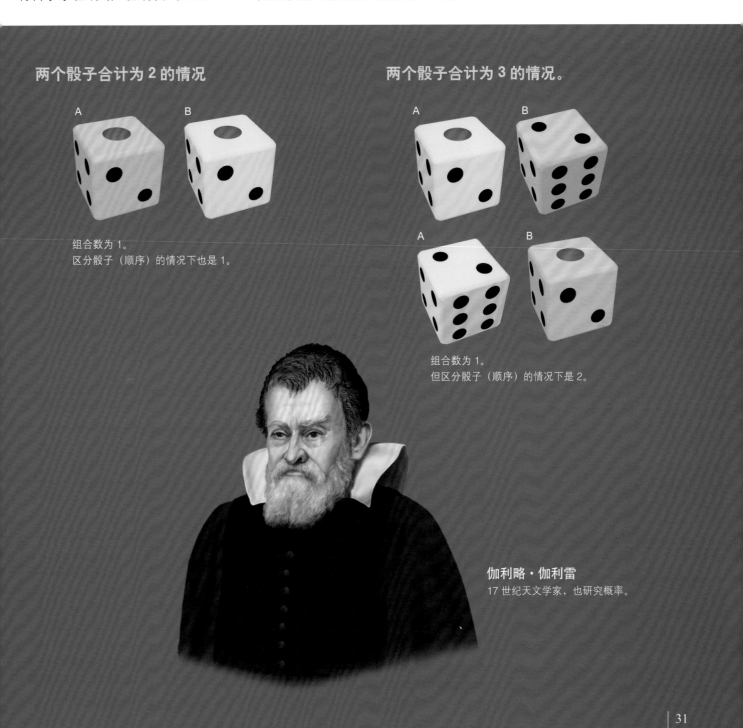

两个骰子合计为2的情况

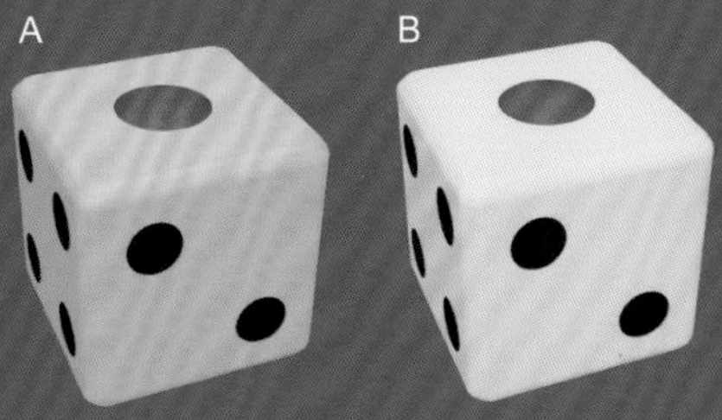

组合数为1。
区分骰子（顺序）的情况下也是1。

两个骰子合计为3的情况。

组合数为1。
但区分骰子（顺序）的情况下是2。

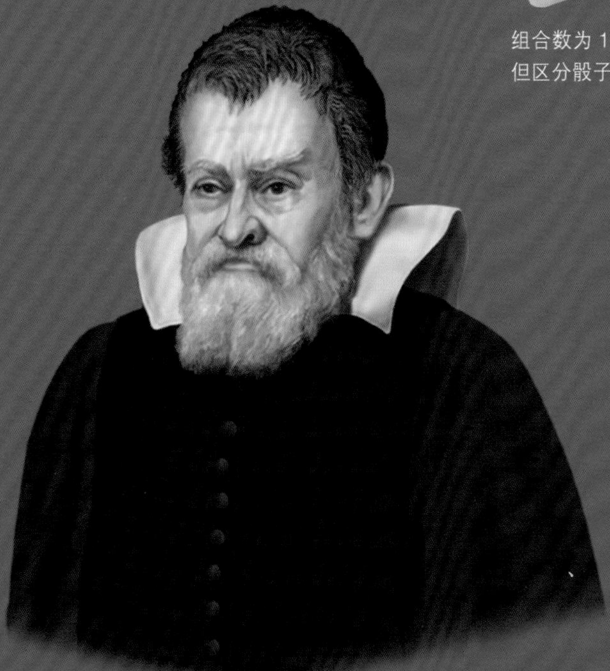

伽利略·伽利雷
17世纪天文学家，也研究概率。

排列和组合的情况

为了简化讨论，我们先来考虑只有两粒骰子的情况。比如，比较摇动两粒骰子 A 和 B 出现总点数 2 或 3 两种情况。出现总点数 2，只有一种数字组合，即（1，1）；出现总点数 3，也只有一种组合，即（1，2）。但是，这两种情况其实并不相同。在总点数为 2 时，只有“A 为 1，B 为 1”一种排列方式，而在总点数为 3 时，则有“A 为 1，B 为 2”和“A 为 2，B 为 1”两种排列方式。因此，出现总点数为 3 的概率要比出现总点数为 2 的概率大。

在三粒骰子的情况下，比如，总点数为 9 的组合（1，2，6），除了有（1，2，6）这一种排列，属于同一组合的还有（1，6，2）、（2，1，6）、（2，6，1）、（6，1，2）和（6，2，1）等 5 种排列，总共是 6 种排列方式。可是，总点数也是为 9 的组合（3，3，3,）却只有这 1 种排列。考虑到同样的组合可以有不同的排列方式，那么，总点数为 9，就可以通过三粒骰子的 25 种排列方式实现。总点数为 10，进行类似的分析，知道可以通过三粒骰子的 27 种排列方式实现。换句话说，出现总点数 10 要容易一些。

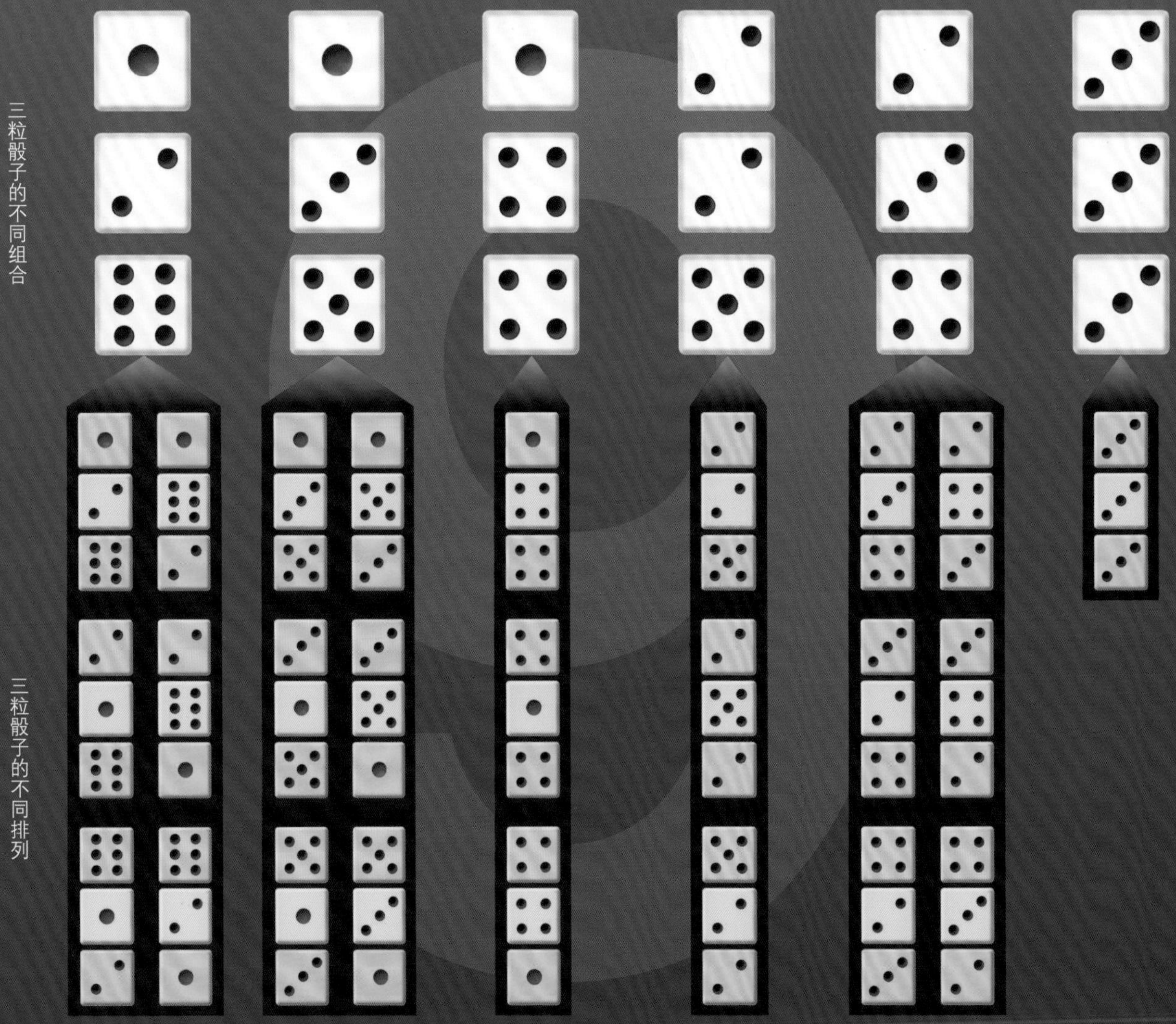

总点数为 9 有 25 种排列方式

本页图解表示的是三粒骰子总点数为 9 时三粒骰子分别可取点数的不同情况。上图对三粒骰子不加区别，共有 6 种不同的情况（组合）。实际上，必须考虑到三粒骰子是有区别的，这时就共有 25 种不同的情况（排列）。图上用了不同颜色来区别三粒骰子。

今天回头来看这个问题，当时的好赌者之所以产生疑惑，是因为他们把“排列”和“组合”这两个不同的概念错误地当成了一回事。所谓排列，比如，1，2，6，是必须把这 3 个数字可能有的不同排列顺序全都考虑进来的一个概念。例如，在伽利略的例子中，(1，2，6) 和 (1，6，2) 就属于排列顺序不同的两种情况。至于组合，则是不考虑排列顺序的一个概念。在分析概率问题时，根据问题的具体性质，究竟是应该考虑组合的多少，还是应该考虑排列的多少，是必须慎重选择的。在后面给出了几个概率问题，解决那些问题都需要我们动动脑筋才行。

骰子点数之和，分别的概率为多少？

考虑合计最小 3 到最大 18 的情况，排列总数为 216（三个骰子点数分别有 6 种情况，6×6×6=216 种）。因此，合计为 9 的概率为 $\frac{25}{216}$，合计为 10 的概率为 $\frac{27}{216}$。只是伽利略并没有对此进行记述，只是停留在讨论合计为 9 还是合计为 10 的情况更多。此外，合计为 11 的情况也有 27 种，三个骰子之和最容易出现的是 10 和 11。

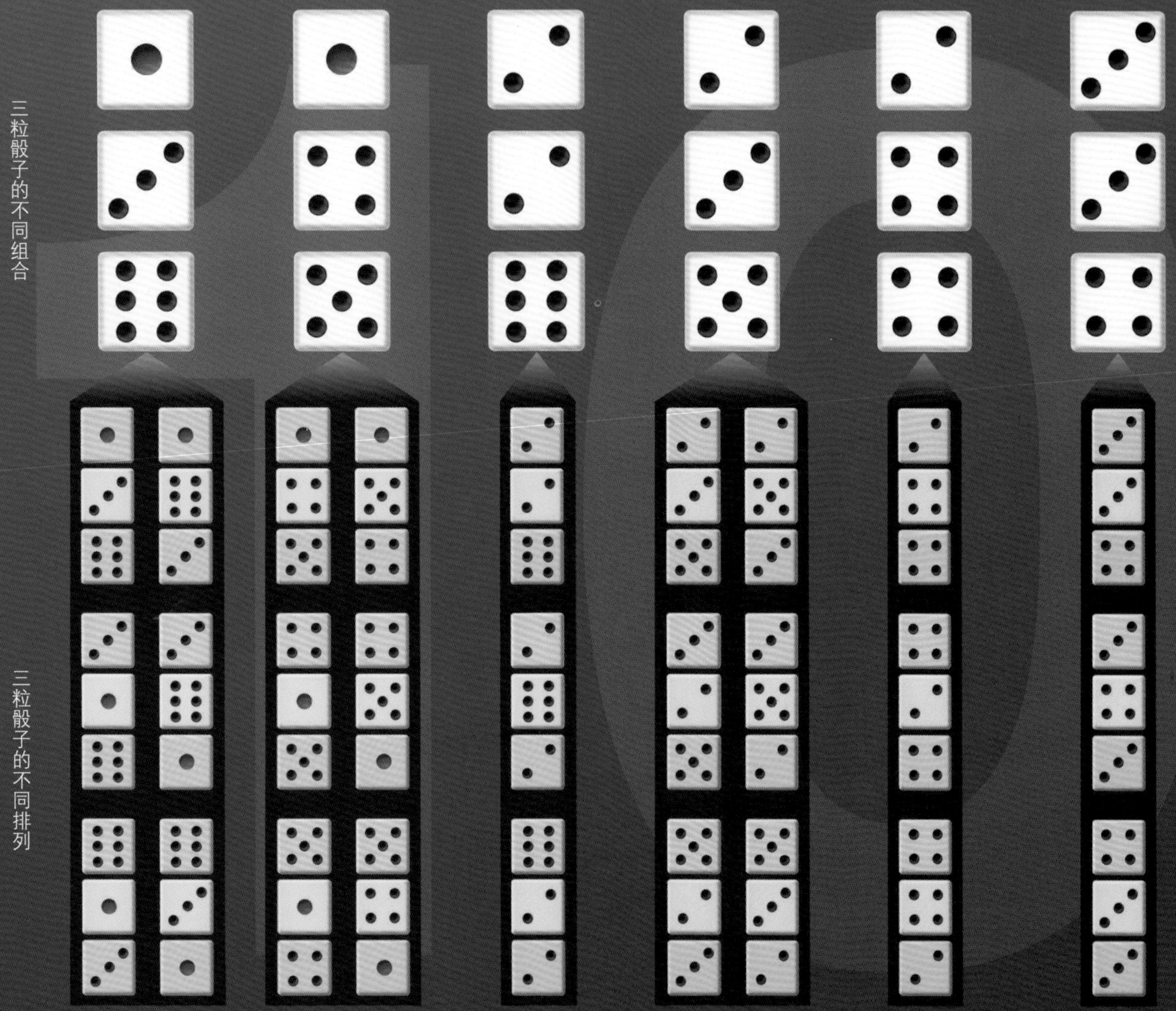

总点数为 10 有 27 种排列方式

本页图解表示的是总点数为 10 时三粒骰子可取点数的情况。上图对三粒骰子不加区别，下图则加以区别。考虑到三粒骰子有区别，总点数为 10 总共有 27 种不同的情况（排列）。这每一种排列方式出现的概率相同，因此，三粒骰子有 27 种排列方式的总点数都为 10 的结果更容易出现。

真正的概率论也诞生自赌博

赌金如何公平分配?

除了伽利略考虑过三粒骰子总点数的问题，在 17 世纪，还有法国的两位数学家也在互相通信，交流关于概率论的心得，他们就是布莱士·帕斯卡（1623～1662）和皮埃尔·费马（1601～1665）。真正的概率论可以说就是诞生于他二人的通信中。

两人在通信中常谈到赌博中的那些问题。当时，有一位爱好赌博的梅雷骑士向帕斯卡请教几个关于赌博方面的问题，帕斯卡就写信给费马交换看法，解决了这些问题。

梅雷提出的问题中有一个是：如果意外中止赌博，该如何分配赌金。

> "A 和 B 两人赌博，预先约定先赢 3 局者为胜。赌博中，A 已经赢了 2 局，B 已经赢了 1 局，可是赌博到此意外中止，那么应该怎样分配两人预押的赌金才算公平？"

帕斯卡和费马两人是这样回答的。在没有实际进行的第 4 局 A 赢的概率为$\frac{1}{2}$。A 若赢得这第 4 局，他便先赢满 3 局。这是他获胜的一种可能情况。A 若没有赢得第 4 局（B 赢），他还有机会赢得继续进行的第 5 局而赢满 3 局。这是他获胜的又一种可能情况，出现这种情况的概率为$\frac{1}{2}\times\frac{1}{2}=\frac{1}{4}$。A 最后获胜有可能是以上任何一种情况，因此，A 先赢满 3 局获胜的概率应该是出现以上两种可能情况的概率二者相加，即等于$\frac{1}{2}+\frac{1}{4}=\frac{3}{4}$。另外，B 当然也有可能接连赢得没有实际进行的第 4 局和第 5 局，先赢满 3 局最后获胜。B 如此获胜的概率为$\frac{1}{2}\times\frac{1}{2}=\frac{1}{4}$。由此可见，两人预押的总赌金应该按照 3∶1 的比例分配。

赌金怎样分配才算公平?

右页图解显示了帕斯卡和费马两人在他们的通信中是如何分析赌金分配问题的。图解显示的是赌过 3 局赌博中止时 A 赢 2 局输 1 局的情形。白色小圆代表 A 赢，黑色小圆代表 B 赢。第 36～37 页将介绍赌过 2 局赌博中止时，A 赢 2 局输 0 局的情形和赌过 1 局赌博中止时 A 赢 1 局输 0 局的情形。需要求出这 3 种情形中每一种情形倘若继续赌博，A 或 B 赢 3 局最后定胜负的概率，然后根据两人最后获胜的概率之比来公平分配赌金。这里假定 A 和 B 两人赢得每一局的概率都是$\frac{1}{2}$。

布莱士·帕斯卡

17 世纪数学家，在物理学和哲学方面也有重要贡献。物理学中的压强单位"帕斯卡"就是以他的名字命名的。

皮埃尔·费马

17 世纪数学家。除了概率论，在数论和几何学等领域也有重要贡献。他提出的"费马大定理"（他宣称自己能够证明），在很长一个时期内，数学家都不知道其证明方法，直到 1994 年才有人发表了证明。

赌博中止时，A 赢 2 局输 1 局的情形

没有继续赌第 4 局和第 5 局，赌博便已经中止，自然不会知道这后两局的输赢，但可以求出假如继续后两局赌博 A 或 B 最后获胜的概率。计算结果是，若继续赌博，A 最后获胜的概率为 $\frac{3}{4}$，B 最后获胜的概率为 $\frac{1}{4}$。因此，A 获得的赌金应该是 B 获得的赌金的 3 倍。

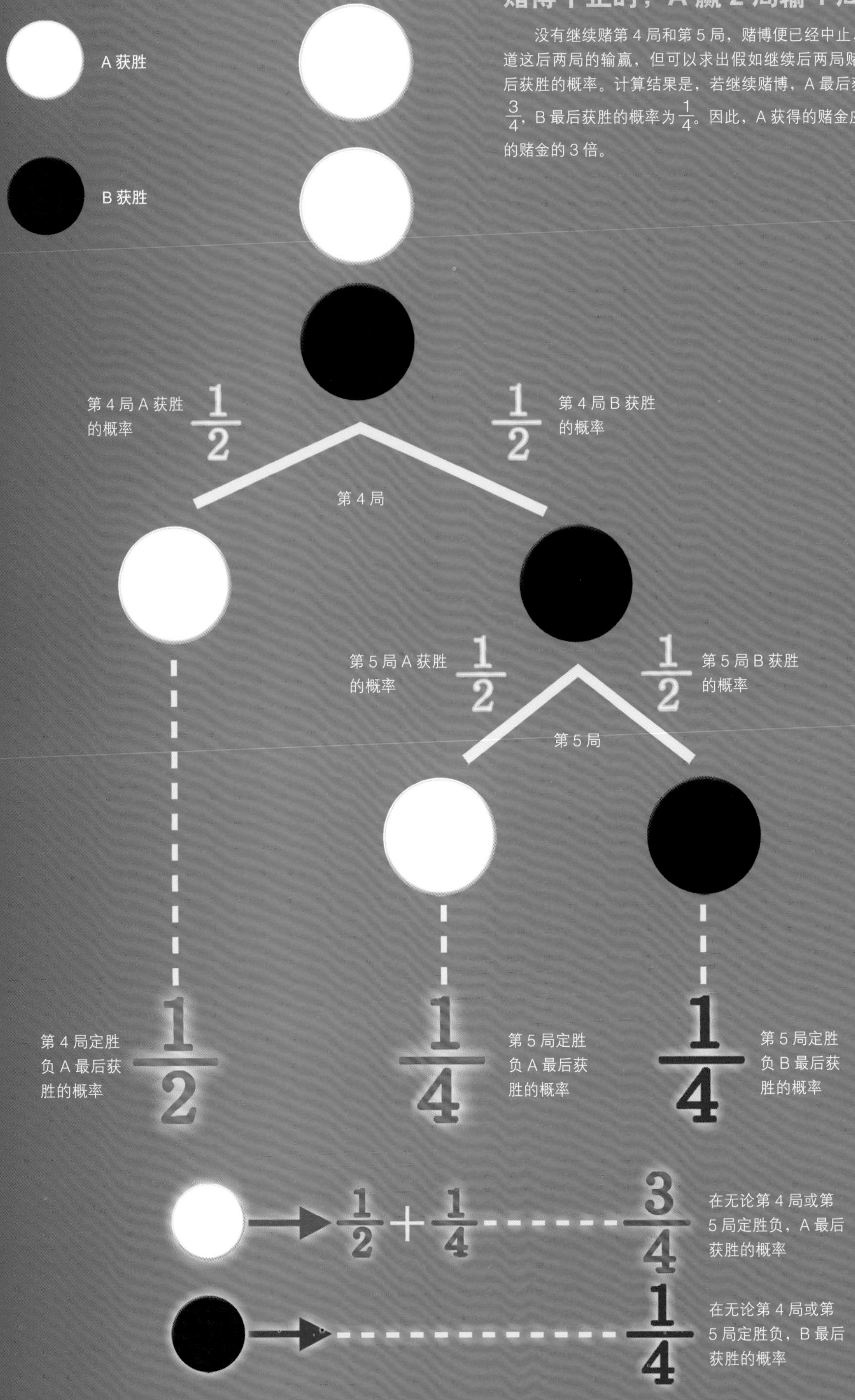

赌博的中断与分配问题②

乘法定理和加法定理在计算概率时的应用

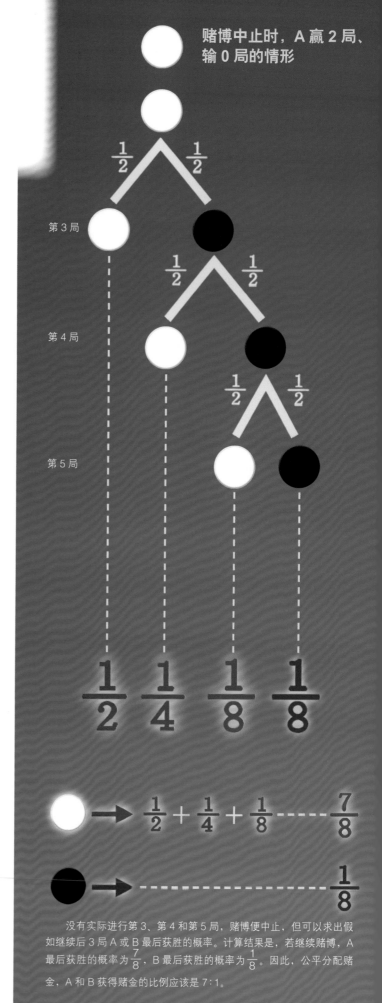

前页认为 A 在第 4 局输了而在接下来的第 5 局却扳回获胜的概率应该等于乘法运算 $\frac{1}{2}\times\frac{1}{2}$，这在现代概率论中叫作“乘法定理”。同两次摇骰子连续出现确定结果的概率计算方法一样，互不影响各自出现概率的多个事件（独立事件）连续出现的概率等于各个事件单独出现的概率的乘积。

在上面的分析中，认为 A 最后获胜的概率等于有可能在第 4 局最后获胜的概率和有可能在输掉第 4 局后第 5 局最后获胜的概率二者相加，这根据的是概率论中的“加法定理”。比如，掷一粒骰子，奇数点和 6 点不可能同时出现（互斥事件），而投掷的结果不论出现奇数点还是出现 6 点的概率，按照加法定理，便应该是出现奇数点的概率 $\frac{3}{6}$ 和出现 6 点的概率 $\frac{1}{6}$ 两者相加，也就是说等于 $\frac{3}{6}+\frac{1}{6}=\frac{2}{3}$。

乘法定理和加法定理是在计算概率时常会用到的两个非常重要的定理。

此外，帕斯卡在考虑赌博中断的赌资分配问题时，详细研究了现在被称为“帕斯卡三角形”的整数排列。使用这个三角形，可以简单地解决赌金的分配问题。假设 A 之后 r 胜，B 之后 s 胜的情况下可以赢得赌博时中断赌博而分配的赌金。那么把三角形从上往下数第 $(r+s)$ 的数分为 s 个和 r 个，分别相加的和之比，就是 A 和 B 的公平分配的比例。

帕斯卡三角形

在帕斯卡三角形中，1 以外的数都是左上和右上的数字之和。假设用这个三角形来解 A 之后 1 胜，B 之后 2 胜的赌博中断的情况，从上往下第 3（=1+2）行的数列为“1，2，1”，所以 A 分到的钱：B 分到的钱 =（1+2）：1=3：1。

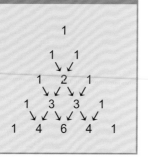

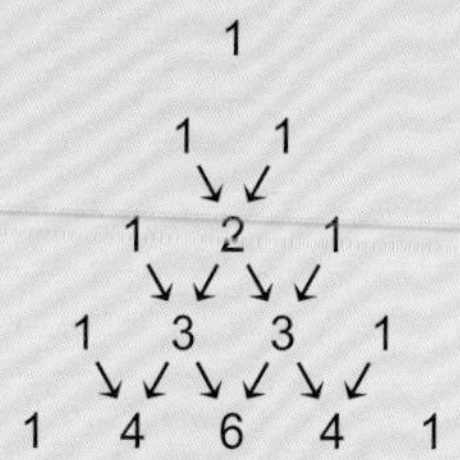

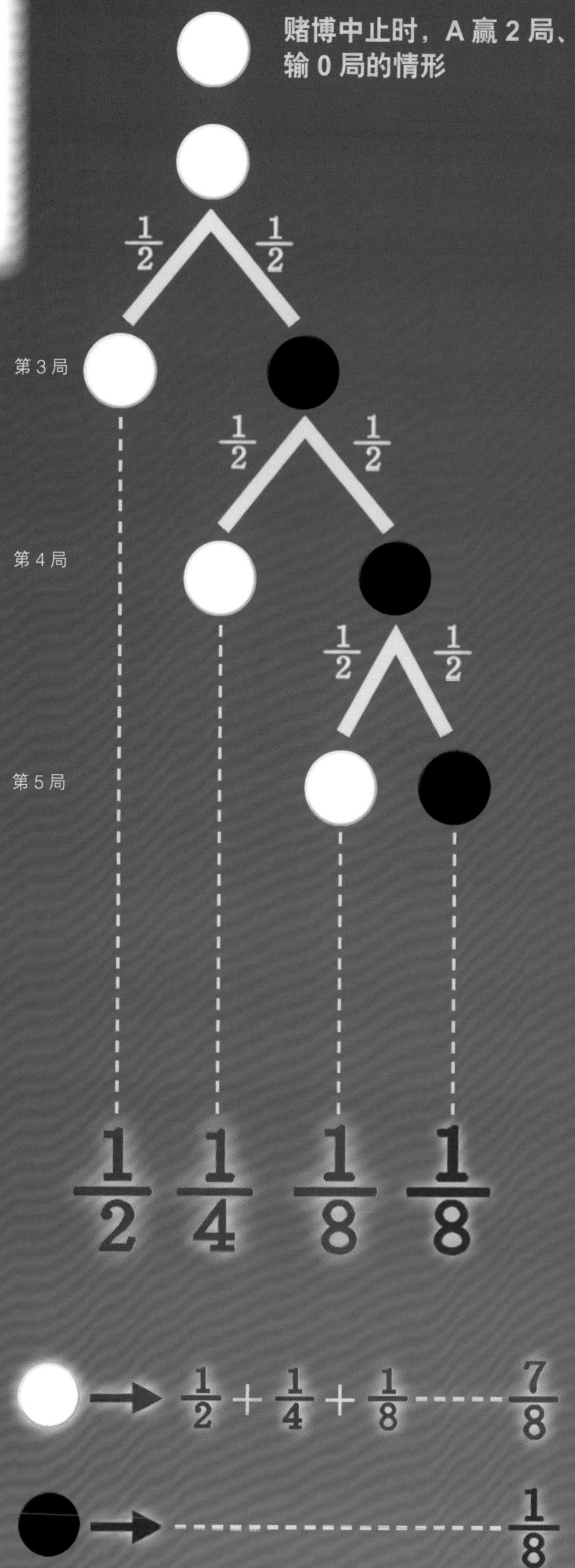

没有实际进行第 3、第 4 和第 5 局，赌博便中止，但可以求出假如继续后 3 局 A 或 B 最后获胜的概率。计算结果是，若继续赌博，A 最后获胜的概率为 $\frac{7}{8}$，B 最后获胜的概率为 $\frac{1}{8}$。因此，公平分配赌金，A 和 B 获得赌金的比例应该是 7:1。

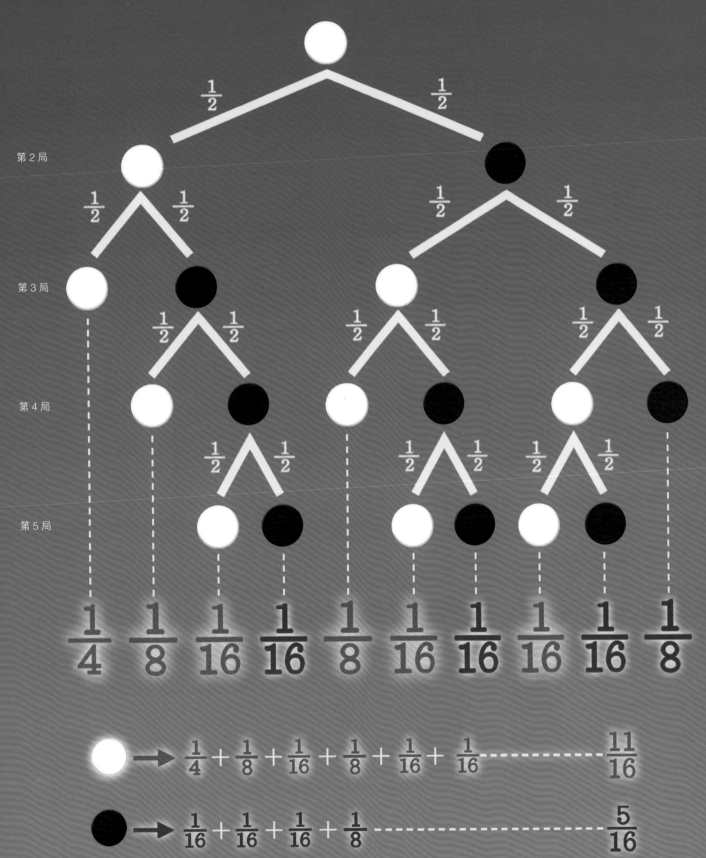

赌博中止时，A 赢 1 局输 0 局的情形

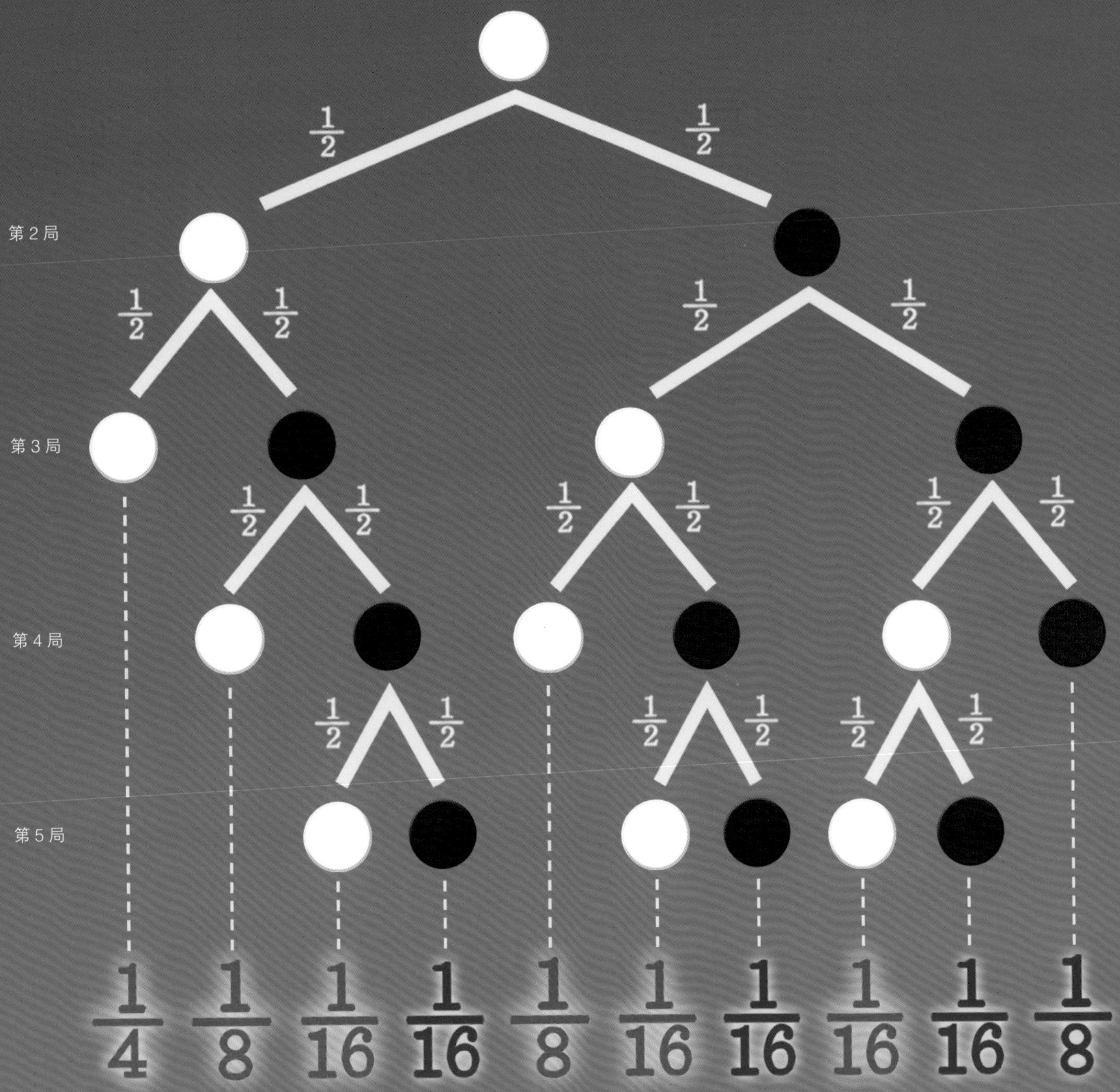

$$\frac{1}{4}+\frac{1}{8}+\frac{1}{16}+\frac{1}{8}+\frac{1}{16}+\frac{1}{16} \text{------} \frac{11}{16}$$

$$\frac{1}{16}+\frac{1}{16}+\frac{1}{16}+\frac{1}{8} \text{------} \frac{5}{16}$$

仅赌过一局赌博便中止了，第 2 局以后都没有实际进行，但可以求出假如继续后 4 局 A 或 B 最后获胜的概率。计算结果是，若继续赌博，A 最后获胜的概率为 $\frac{11}{16}$，B 最后获胜的概率为 $\frac{5}{16}$。因此，公平分配赌金，A 和 B 获得赌金的比例应该是 11:5。

解说
样本空间与
事件①

了解概率的基本用语

对概率的正确理解从正确认识用语开始，让我们先了解概率的基本用语。

样本点和样本空间

有1枚硬币，抛1次硬币的话，结果只有“正”“反”两种可能的结果。把这样的可能的结果称为“样本点”，将整体的集合称为“样本空间”。

样本空间一般用记号“Ω”来表示。以抛1次硬币为例，样本空间为

$\Omega=\{$正，反$\}$

这种情况，样本点就是“正”和“反”。

那么，抛1次的骰子情况是怎样呢？此时的样本空间为

$\Omega=\{1, 2, 3, 4, 5, 6\}$

此时的样本点为“1”“2”…“6”。

样本空间是什么？

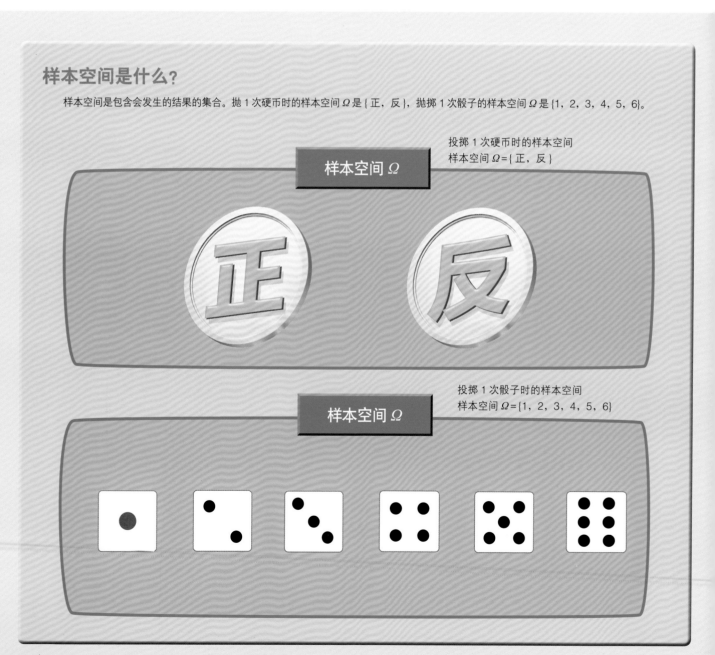

样本空间是包含会发生的结果的集合。抛1次硬币时的样本空间Ω是{正，反}，抛掷1次骰子的样本空间Ω是{1，2，3，4，5，6}。

事件

如果只有样本点的话，骰子的情况就只能考虑“出现 1 点的概率”“出现 2 点的概率”……这样的情况。要考虑更复杂的情况时的概率，就需要“事件”的概念。

概率论中所谓的事件，是指“会发生的事项”。比如，就相当于抽奖时的“一等奖”“二等奖”和“谢谢惠顾”。

在最初的抛掷 1 次硬币的例子中，样本空间为 Ω={ 正，反 }。此时的事件是什么呢？

一般而言，包含在样本空间中的集合（子集）为事件。因为事件是样本空间的子集，因此在抛掷 1 次硬币的情况下，存在以下 4 种事件。

ϕ，{ 正 }，{ 反 }，{ 正，反 }

“ϕ”读作“fai”，指 1 个样本点都不包含，不可能发生的事件。这个事件称为“不可能事件”。最后的 { 正，反 } 因为和样本空间 Ω={ 正，反 } 相同，则称为“必然事件”。

事件是什么？

事件是包含在样本空间中的集合（子集）。不包含任何一个样本点的事件表示为“ϕ”，称为“不可能事件”；和样本空间相同的事件称为“必然事件”。

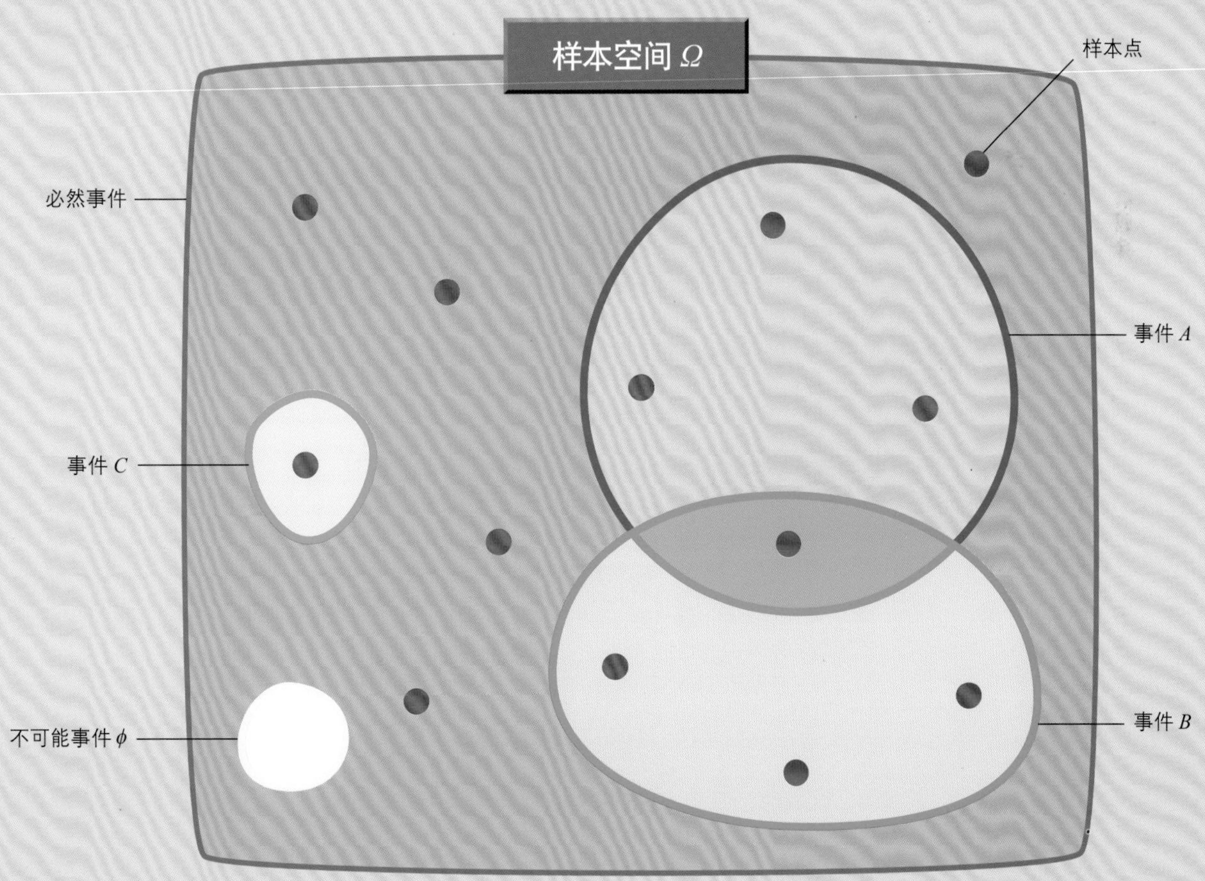

尝试考虑事件和事件的关系

接下来让我们来考虑事件之间的关系，以抛 1 次骰子为例，也就是对样本空间为

$\Omega=\{1, 2, 3, 4, 5, 6\}$

的情况进行说明。

并事件

在事件 A 和事件 B 中，至少会出现其中之一的事件，称为事件 A 和事件 B 的“并事件”，表示为 $A \cup B$。比如，

A= 点数为奇数的事件
$=\{1, 3, 5\}$,
B= 点数为偶数的事件
$=\{4, 5, 6\}$,

则 A 和 B 的并事件，$A \cup B$ 就是

$A \cup B=\{1, 3, 4, 5, 6\}$。

积事件

当事件 A 和事件 B 同时发生的事件，称为事件 A 和事件 B 的“积事件”，写作 $A \cap B$。

比如，前面举例的 $A=\{1, 3, 5\}$，$B=\{4, 5, 6\}$ 时，

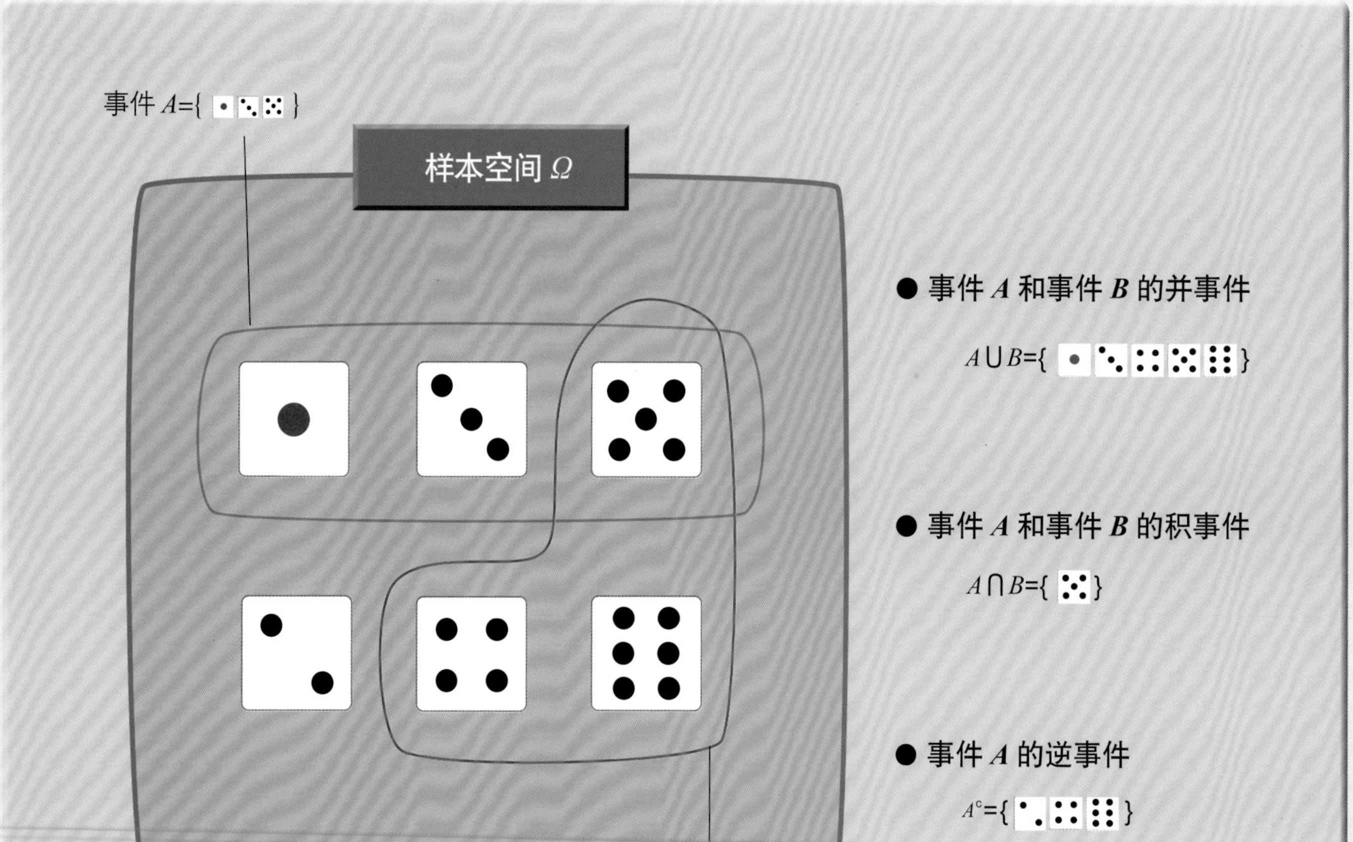

$A \cap B$=5。

逆事件

而事件 A 不发生的事件称为 A 的“逆事件”，写作“A^c”。在高中教科书中一般写作“$\overline{A}$”，相当于大学中的“c”（逆事件用集合来表述的话就是“补集”）。因此一般多用补集的英语“complement”的首字母表示，以减少符号混淆的情况。

使用这个符号，如 A={1，3，5}（= 点数为奇数的事件）的情况下，

A^c={2，4，6}
（= 点数为偶数的事件）

此外，$A \cup B$ 的逆事件 $(A \cup B)^c$ 与 {2} 相同，$A \cap B$ 的逆事件 $(A \cap B)^c$ 则是 {1，2，3，4，6}。使用符号表示，则

$(A \cup B)^c$={2}，
$(A \cap B)^c$={1，2，3，4，6}

德 · 摩根定律

一般而言，“德 · 摩根定律”有以下的关系：

$$(A \cup B)^c = A^c \cap B^c$$
$$(A \cap B)^c = A^c \cup B^c$$

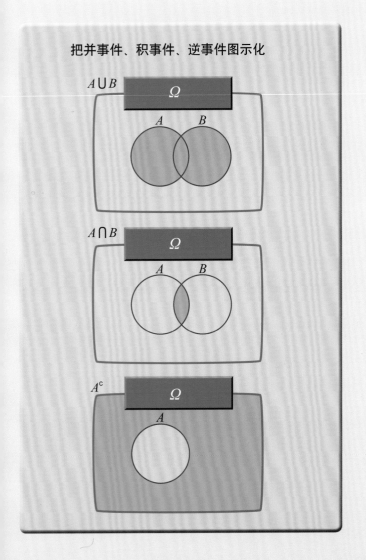

把并事件、积事件、逆事件图示化

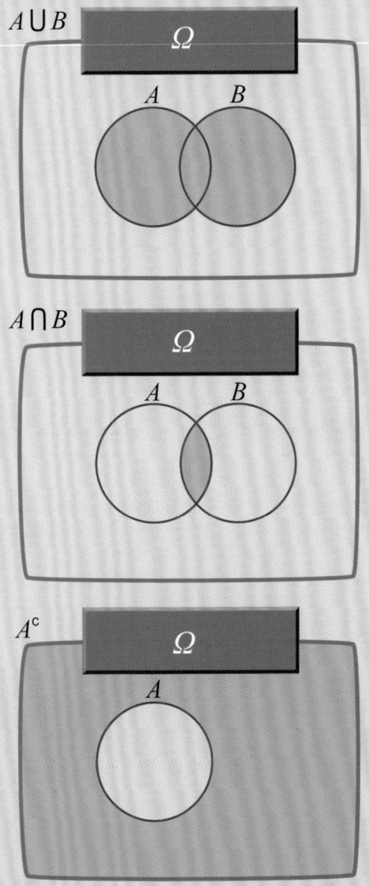

❖ 想了解更多！

并事件和积事件的定义并不只是可以在两个事件之间，也可以在三个以上的事件之间。

以下，让我们来考虑抽奖时一等奖到三等奖（其他是谢谢惠顾的无效奖）的案例。在买 3 张奖券时，考虑一下三个事件。

A= 一等奖
B= 二等奖
C= 三等奖

此时

$A \cup B \cup C$
= 一等、二等、三等奖至少中 1 个奖的事件
$A \cap B \cap C$
= 一等、二等、三等奖全中的事件

此外，$A \cup B \cup C$ 的逆事件就是“谢谢惠顾”，$A \cap B \cap C$ 的逆事件就是“一等、二等、三等奖至少中 1 个奖的事件”。

若到此可以理解，就可以理解一般而言对于有限事件 A_1，A_2，A_3，…，A_n，则以下德 · 摩根定律成立。

$$(A_1 \cup A_2 \cup \cdots \cup A_n)^c = A_1^c \cap A_2^c \cap \cdots \cap A_n^c$$
$$(A_1 \cap A_2 \cap \cdots \cap A_n)^c = A_1^c \cup A_2^c \cup \cdots \cup A_n^c$$

解说
概率的计算
方法

如何计算某个事件的概率?

概率是"确定性"的概率，事件 A 的概率写作 $P(A)$。概率是英文"probability"，P 是其首字母。

$P(A)$ 的值在 0 到 1 之间，当值为 0 时，表示事件 A 绝对不会发生；相反，当值是 1 的时候，就表示一定会发生※。

首先，让我们来尝试考虑抛掷 1 次骰子的情况，骰子没有做过手脚，不会有偏向。

此时必然事件 Ω 就是 $\Omega=\{1, 2, 3, 4, 5, 6\}$。这个样本点的个数（表示为 $|\Omega|$）为 6。

如果事件 A 为"点数为奇数"，则 $A=\{1, 3, 5\}$。这个样本数的个数 $|A|$，即 $|A|=3$。

因此，在没有偏向的骰子情况下，事件 A 的发生概率，也就是出现奇数点的概率可以定义为：

$$
\begin{aligned}
P(A)(=\text{出现奇数点的概率}) &= \frac{|A|}{|\Omega|} \\
&= \frac{\text{出现奇数点的事件的样本点个数}}{\text{必然事件的样本点的个数}} \\
&= \frac{3}{6} = \frac{1}{2}
\end{aligned}
$$

这个结果和直觉的 $\frac{1}{2}$ 是一致的。

一般而言，把掷骰子会发生的必然事件 Ω 的个数设为 N。也就是 $|\Omega|=N$，并且设定无论在什么情况都不会发生偏向（这非常重要）。

如果事件 A 的样本点个数为 n 个，也就是，$|A|=n$，事件 A 的概率 $P(A)$ 就可以用以下式子来表示。

$$
\begin{aligned}
P(A)(=\text{事件 } A \text{ 的发生概率}) &= \frac{|A|}{|\Omega|} \\
&= \frac{\text{出现奇数点的事件的样本点个数}}{\text{必然事件的样本点的个数}} \\
&= \frac{n}{N}
\end{aligned}
$$

以下，让我们来考虑抛掷 1 次没有偏向的硬币的情况。

此时，因为所有会发生的情况是"正"和"反"，必然事件 Ω 就是

$$\Omega=\{\text{正，反}\}$$

所以 $|\Omega|$（= 必然事件的样本点的个数）=2。再加上因为是"没有偏向"的硬币，所以正面和反面出现的概率是一样的。因此，因为事件 A 的样本点的个数用 $|A|$ 来表示，所以事件 A 的概率，也就是 $P(A)$ 可以如下表述。

$$P(A)=\frac{|A|}{|\Omega|}=\frac{|A|}{2}$$

比如，$A=\{\text{正}\}$ 时，因为 $|A|=1$，所以

$$P(A)(=\text{出现正面的概率})=\frac{1}{2}$$

这个也可以写作 $P(\{\text{正}\})=\frac{1}{2}$。同样，$P(\{\text{反}\})=\frac{1}{2}$。

不可能事件 ϕ 因为没有样本点，因此 $|\phi|=0$。因此，

$$P(\phi)=\frac{|\phi|}{|\Omega|}=\frac{0}{2}=0$$

实际上，如上方说明可知，这个关系 $P(\phi)=0$ 不仅在掷硬币时成立，在任何场合都成立。

另外，对于必然事件 Ω 就是

$$P(\Omega)=\frac{|\Omega|}{|\Omega|}=1$$

这个关系 $P(\Omega)=1$ 也不限于掷硬币的情况，无论在什么场合都成立。

※ 这个表述在样本空间中要素个数是有限时才是正确的，但如果要素是无限的则不一定正确。

骰子的事件概率的计算方法

骰子的必然事件 Ω 的样本点的个数

$$|\,\Omega\,| = |\,\{⚀,\ ⚁,\ ⚂,\ ⚃,\ ⚄,\ ⚅\}\,| = 6$$

事件 A 为出现奇数的样本点的个数

$$|\,A\,| = |\,\{⚀,\ ⚂,\ ⚄\}\,| = 3$$

在掷骰子时，出现奇数的概率

$$P(A) = \frac{|\,A\,|}{|\,\Omega\,|} = \frac{3}{6} = \frac{1}{2}$$

一般事件的概率的计算方法

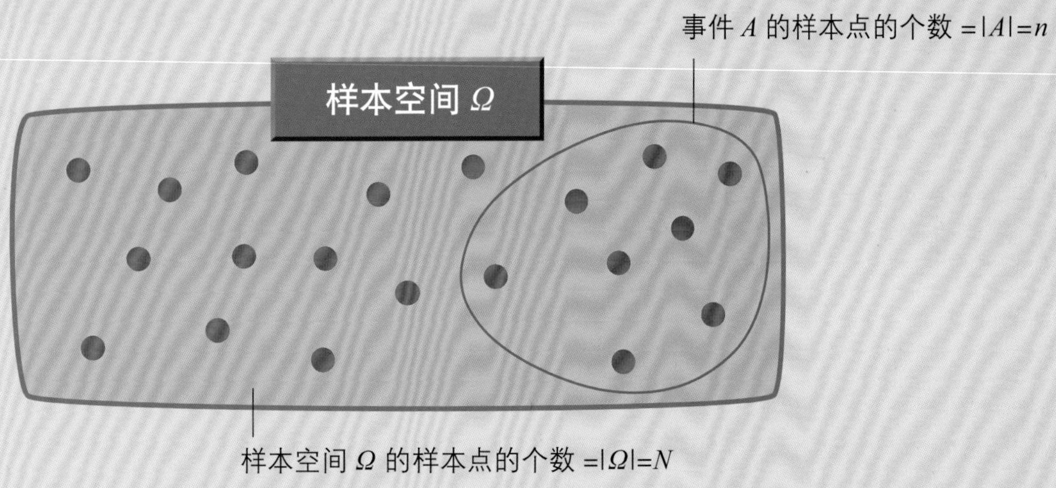

事件 A 的概率

$$= \frac{\text{事件 } A \text{ 的样本点个数}\ |\,A\,|}{\text{必然事件的样本点个数}\ |\,\Omega\,|}$$

$$= \frac{n}{N}$$

解说
骰子的概率

对“骰子问题”更精通！

问题 1

投掷红色和蓝色 2 个骰子，此时请回答以下问题。

（1）求红色和蓝色骰子的点数相等的概率 p。

（2）求蓝色点数比红色点数大的概率 q。

（3）求红色点数比蓝色点数大的概率 r。

（4）求 $p+q+r$ 的值。

如果制作出下方这样的表，就可以轻松解决这个问题。

在投掷 2 个骰子时，如果有这样的表，就可以知道必然事件的样本点个数 $|\Omega|$ 就是 $|\Omega|=6\times6=36$ 个。此时

（1）红色和蓝色骰子的点数相等的概率，求得概率 {(1,1), (2,2), (3,3), (4,4), (5,5), (6,6)}， 求得概率 $p=\dfrac{6}{36}=\dfrac{1}{6}$。

（2）蓝色骰子比红色骰子点数大的事件，因为{(1,2), (1,3), (1,4), (1,5), (1,6), (2,3), (2,4), (2,5), (2,6), (3,4), (3,5), (3,6), (4,5), (4,6), (5,6)}, 求得 $q=\dfrac{15}{36}=\dfrac{5}{12}$。

（3）和问题（2）相同的方法，求得 $r=\dfrac{5}{12}$。

红 \ 蓝	1	2	3	4	5	6
1	(1, 1)	(1, 2)	(1, 3)	(1, 4)	(1, 5)	(1, 6)
2	(2, 1)	(2, 2)	(2, 3)	(2, 4)	(2, 5)	(2, 6)
3	(3, 1)	(3, 2)	(3, 3)	(3, 4)	(3, 5)	(3, 6)
4	(4, 1)	(4, 2)	(4, 3)	(4, 4)	(4, 5)	(4, 6)
5	(5, 1)	(5, 2)	(5, 3)	(5, 4)	(5, 5)	(5, 6)
6	(6, 1)	(6, 2)	(6, 3)	(6, 4)	(6, 5)	(6, 6)

□ 红色与蓝色骰子点数相等的事件

□ 蓝色骰子比红色骰子点数大的事件

□ 红色骰子比蓝色骰子点数大的事件

(4) 由以上所得，$p+q+r=1$。这个结果，可以理解为如果投 2 个骰子，因为总是会出现（1）、（2）、（3）的事件，所以其结果合计为 1。

问题 2

投 2 个骰子，此时请回答以下问题。

(1) 求 2 个骰子的点数最大值分别为 2 的概率。

(2) 求 2 个骰子的点数最大值分别为 3 的概率。

(3) 求 2 个骰子的点数最大值分别为 n 的概率。

解这个问题时，如果有下方的图，也会变得简单。

(1) 2 个骰子点数最大值分别为 2 的事件，$\{(2,1), (2,2), (1,2)\}$，求得概率 $p=\dfrac{3}{36}=\dfrac{1}{12}$。

(2) 同样，当 2 个骰子点数最大值分别为3的事件，$\{(3,1), (3,2), (3,3), (2,3), (1,3)\}$，求得概率 $p=\dfrac{5}{36}$。

(3) 同理可得，2 个骰子点数最大值分别为 n 的事件，$\{(n,1), (n,2), \cdots, (n,n), \cdots, (2,n), (1,n)\}$，求得概率为 $\dfrac{2n-1}{36}$。

当 $n=2$ 或 3 的情况，可以确认分别与问题（1）、（2）所求得的概率相等。

红＼蓝	1	2	3	4	5	6
1	(1, 1)	(1, 2)	(1, 3)	(1, 4)	(1, 5)	(1, 6)
2	(2, 1)	(2, 2)	(2, 3)	(2, 4)	(2, 5)	(2, 6)
3	(3, 1)	(3, 2)	(3, 3)	(3, 4)	(3, 5)	(3, 6)
4	(4, 1)	(4, 2)	(4, 3)	(4, 4)	(4, 5)	(4, 6)
5	(5, 1)	(5, 2)	(5, 3)	(5, 4)	(5, 5)	(5, 6)
6	(6, 1)	(6, 2)	(6, 3)	(6, 4)	(6, 5)	(6, 6)

- □ 2个骰子的点数最大值分别为 2 的事件
- □ 2个骰子的点数最大值分别为 3 的事件
- □ 2个骰子的点数最大值分别为 4 的事件
- □ 2个骰子的点数最大值分别为 5 的事件
- □ 2个骰子的点数最大值分别为 6 的事件

不会同时发生的事件——互斥事件

这里我们要学习“不会同时发生的事件。”

事件 A 和事件 B 不存在共同的部分时，也就是

$$A \cap B = \phi$$

的情况，如果一方发生的话，另一方就绝对不会发生，称事件 A 和事件 B 是“互斥事件”。

比如，让我们来考虑抛 1 次硬币的情况，设事件 A 和 B 如下：

A= 正面 ={ 正 }
B= 反面 ={ 反 }

显然事件 A 和事件 B 不会同时发生，所以是互斥事件。因此，

$$A \cap B = \phi$$

是成立的。

然后，假设抛掷一个骰子的情况，

A= 出现奇数点数
={1，3，5}
B= 出现偶数点数
={2，4，6}

A 和 B 不会同时发生，

$$A \cap B = \phi$$

事件 A 和事件 B 是互斥事件。

互斥事件的加法定理

一般而言事件 A 和事件 B 为互斥事件时，以下关系成立，被称为“加法定理”。

$$P(A \cup B) = P(A) + P(B)$$

为什么呢？这是因为当事件 A 和事件 B 为互斥事件时，A 的样本点个数 $|A|$ 和 B 的样本点个数 $|B|$ 相加，等于 $A \cup B$ 的样本点的个数 $|A \cup B|$，也就是

$$|A \cup B| = |A| + |B|$$

看下方的图 1 就可以轻易理解。

图 1

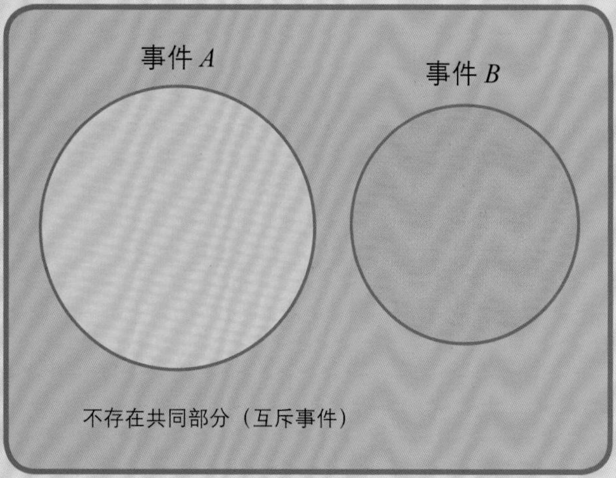

当事件 A 和事件 B 不存在共同部分时（互斥事件），$|A \cup B| = |A| + |B|$ 成立。

图 2

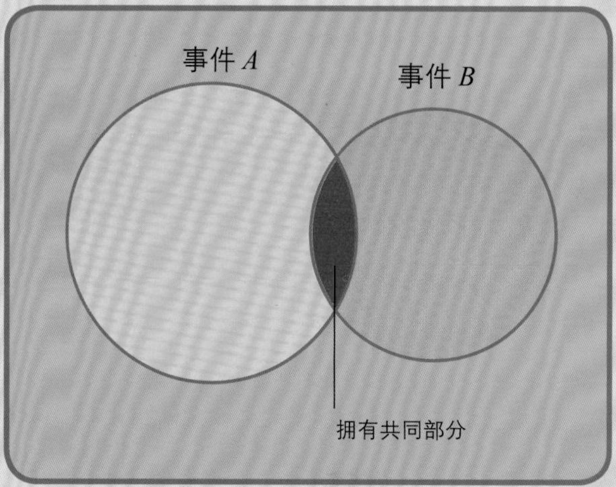

当事件 A 和事件 B 拥有共同部分时（非互斥事件），$|A \cup B| = |A| + |B| - |A \cap B|$ 成立。

因此，除以两边的必然事件的样本点个数 $|\Omega|$，得

$$\frac{|A\cup B|}{|\Omega|}=\frac{|A|}{|\Omega|}=\frac{|B|}{|\Omega|}$$

利用概率的定义 $[P(A)=\frac{|A|}{|\Omega|}]$，得到公式

$$P(A\cup B)=P(A)+P(B)$$

比如，当投 1 次骰子时，事件 A 和 B 分别设为

A= 出现奇数点数 $=\{1, 3, 5\}$
B= 出现 4 及以上偶数点数 $=\{4,6\}$

因为“奇数点数”不可能是“大于 4 的偶数点数”，因此满足 $A\cap B=\phi$。因此，事件 A 和 B 是互斥事件，并且 $P(A)=\frac{3}{6}$，$P(B)=\frac{2}{6}$

另外，因为 $A\cup B$=“‘奇数点’或‘4 及以上的偶数点’的事件”，所以 $A\cup B=\{1, 3, 4, 5, 6\}$。因此，$P(A\cup B)=\frac{5}{6}$。由此，以下加法定理成立。

$$P(A\cup B)=\frac{5}{6}=\frac{3}{6}+\frac{2}{6}=P(A)+P(B)$$

一般的加法定理

一般而言，以下关系成立。

$$|A\cup B|=|A|+|B|-|A\cap B|$$

这也可以通过左页下方图 2 轻松理解。

把两边都除以 $|\Omega|$，得到以下关系式

$$P(A\cup B)=P(A)+P(B)-P(A\cap B)$$

接下来，让我们利用这个公式来思考下方的问题。

问题

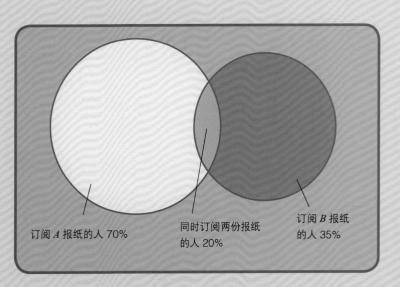

在某个班级中，有 70% 的人订阅了 A 报纸，35% 的人订阅了 B 报纸，并有 20% 的人同时订阅了这两份报纸。此时，求订阅了 A 报纸或 B 报纸其中一份报纸的人数比例。

解答：设订阅 A 报纸的人数比例为 $P(A)$，订阅 B 报纸的人数比例为 $P(B)$，订阅了两者的人数比例为 $P(A\cap B)$，那么，

$P(A)=0.7$，$P(B)=0.35$，
$P(A\cap B)=0.2$

因此，

$P(A\cup B)=0.7+0.35-0.2=0.85$。

也就是，求得订阅其中一份报纸的人数比例为 0.85（85%）。

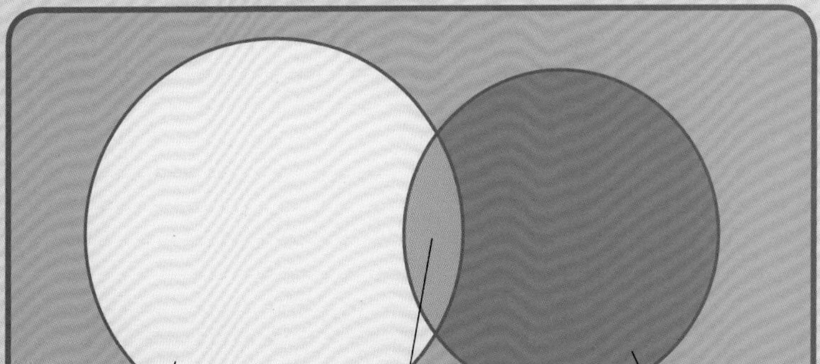

解说 互补事件的概率

不会同时发生的概率——互补事件的概率

在 40～41 页中，我们已经学习了事件 A 不会发生的事件称为 A 的“互补事件”，写作 A^c。比如，在抛掷 1 个骰子的时候，对于事件 A“出现奇数点数”，互补事件 A^c 是“出现偶数点数”。

针对一般事件 A，要想求 $P(A)$ 和 $P(A^c)$ 的关系，需要考虑以上的情况。

出现奇数点数的事件 A 的概率 $P(A)$ 为 $P(A)=\frac{1}{2}$。而可知出现偶数点数的互补事件 A^c 的概率 $P(A^c)$ 为 $P(A^c)=\frac{1}{2}$。然后，两者相加

$$P(A)+P(A^c)=\frac{1}{2}+\frac{1}{2}=1$$

结果并不是偶然的。无论对于什么事件，以上式子都是成立的。为什么呢？根据事件 A 和它的互补事件 A^c，有

$$A\cap A^c=\phi$$

的关系。因此可知无论在什么情况下，A 和 A^c 都是互补事件。在这里，使用加法定理，得到

$$P(A\cap A^c)=P(A)+P(A^c)$$

另外，由 $A\cup A^c=\Omega$ 可得 $P(A\cup A^c)=P(\Omega)=1$，因此可得

$$P(A)+P(A^c)=1$$

此式子多写成

$$P(A)=1-P(A^c)$$

问题

某位考生准备报考 A、B、C、D、E、F 六所大学。根据这位考生的学力计算，各个大学的录取概率分别为 30%、30%、20%、20%、10%、10%。这位考生至少被一所大学录取的概率是多少？

解答

利用“互补事件”的思考方法，可以简单求解这个问题。互补事件是“关注某个事件时，除此以外所有的事件”。以这个问题为例，“至少被一所大学录取的概率”可以通过表示全部概率“1（=100%）”减去“全部大学都不录取的概率”来计算得到。

当然，至少被一所大学录取的概率，也可以通过分别计算“A 通过，B、C、D、E、F 不通过”…“A 不通过，B 通过，C、D、E、F 不通过”等全部情况，并相加得到答案。但这样的方法非常麻烦。

利用互补事件的计算方法如下所示。首先，所有大学都不录取的概率就是把各个大学分别不录取的概率相乘，根据乘法定理（详见第 36～37 页），结果为 $\frac{7}{10}\times\frac{7}{10}\times\frac{8}{10}\times\frac{8}{10}\times\frac{9}{10}\times\frac{9}{10}$。若换算成百分比，约为 25.4%，也就是至少被一所大学录取的概率为 100%－约 25.4%= 约 74.6%。

也就是说，即使一所学校的录取率比较低，某位考生多报考几所大学的话，至少从计算上来看，被录取的可能性会变高。

一个一个的概率比较低，组合起来的概率会变高，这在精密的工业制造时是个大问题。

比如，某个产品是由 100 个零件组成的，其中只要有 1 个不良品就无法运作。假设每个零件是正常的概率都为 99%，那么这个产品无法正常运作的概率（至少有 1 个零件是不良品的概率）为 $1-\left(\frac{99}{100}\right)^{100}$，求得概率约为 63.4%。

某位考生被不同大学录取的概率

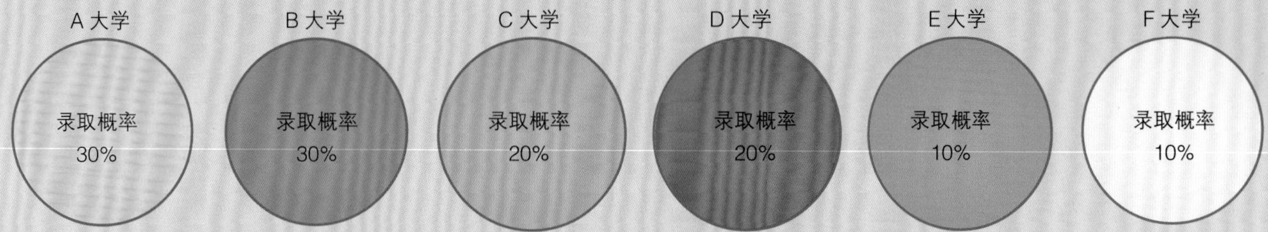

这位考生至少被一所大学录取的概率是多少？

使用互补事件的方法思考……

至少被一所大学录取的概率
= 必然事件的概率（100%）– 所有大学都不录取的概率

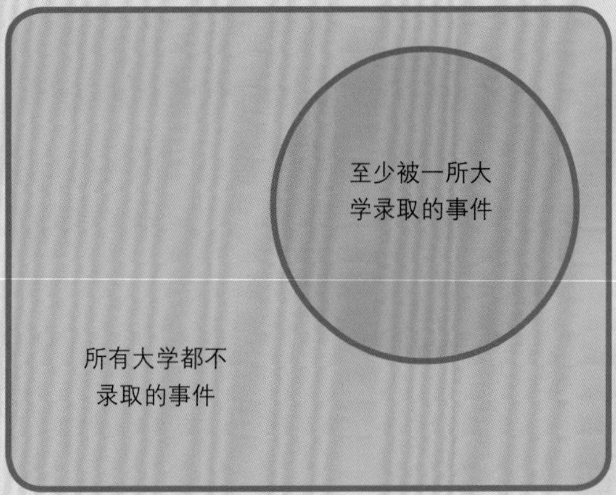

所有大学都不录取的概率

A大学不录取	B大学不录取	C大学不录取	D大学不录取	E大学不录取	F大学不录取
$\frac{7}{10}$	$\frac{7}{10}$	$\frac{8}{10}$	$\frac{8}{10}$	$\frac{9}{10}$	$\frac{9}{10}$

$$\frac{7}{10}\times\frac{7}{10}\times\frac{8}{10}\times\frac{8}{10}\times\frac{9}{10}\times\frac{9}{10}$$

$$=25.4016\%$$

这位考生至少被一所大学录取的概率为

$$100\%-25.4016\%=74.5984\%$$

Column 1

存在运气吗？

当在赌场上连续赢钱时，人们会因“运气好”而开心，相反总是输的时候便会抱怨“运气不好”。真的存在“运气”吗？

先说结论，我们称为运气的东西是结果的“偏移”。先来看下面抛掷 1000 次硬币的实验结果：时不时会有连续出现相同面的情况，也存在连续出现 9 次正面的情况。随机的事件也会存在超乎我们想象的偏移，如果是在掷硬币的赌博中，连续 9 次都输，我们一定会认为自己运气不好。但实际上，连续 9 次抛掷都出现正面的概率是 $(\frac{1}{2})^9=\frac{1}{512}$。投 1000 次，因此概率为 $\frac{1}{512}$ 的事件也有可能发生。

而在之后复盘时，我们注意到偏移的结果，从而认为这是运气。比如，在赌博中，即使运气很好，也不过是偶然的结果，在相同条件下，概率并不会发生变化，下一次的胜率也依然是原本的概率。因此，运气是无法控制的。

反过来“手气正好，再来一局”而继续赌就正中了庄家的下怀。庄家知道只要让客人继续赌，根据大数定律会收敛向理论概率，亏损的也可以渐渐赢回来。因此，庄家对于赢钱的客人都比较“慷慨”。

在轮盘赌等赌博中，理论上是不可能赢钱的。实际上无论骰子或轮盘如何精密地制作，最终出现的概率都会略微偏移理论概率。努力把这个偏移降低到可以无视的水平，期望值降低到 100% 以下的话，赌博就无法赢钱。

抛掷 1000 次硬币的结果

抛掷 1000 次硬币，结果如右图所示。从左到右的顺序，用黑色表示正面，白色表示反面。绿框部分是指每 10 次的结果，红框部分是指每 100 次的结果。

经统计，正面出现 508 次，反面出现 492 次，大约都是 $\frac{1}{2}$ 的概率。像这样，把某个偶然的事件在相同条件下重复尝试，最终结果都会接近原本的概率，这被称为“大数定律”。没有重心和形状之类“偏移”的硬币，概率为 $\frac{1}{2}$。

但如果从小范围来看，也会发现出现连续 8 次正面、9 次反面，偶然因素的叠加，结果会出现偏向某一方。

收购奖券的投资集团

在第 18～19 页中，解说了抽奖期望值很低，而澳大利亚的投资集团在 1992 年投入大量资金购买奖券，获得了可观的收益。

进行合理投资，赚取收益的专业人士为什么会对抽奖进行投资呢？

以美国弗吉尼亚州的奖券为例，是从 1～44 的数字中选取 6 个数字，可以得到的组合数是 $\frac{44!}{6!38!}$ =7059052。1 张奖券的价格为 1 美元，约 700 万美元可以买所有的彩券。一等奖的奖金为 2700 万美金，每张奖券的奖金期望值为 3.8 美元，超过 1 美元的费用。

如果可以购买所有奖券，应该就可以获奖，是可以赚钱的。澳大利亚的投资集团就这样实践了。虽然其时间不足，只购买了 500 万张奖券，但中奖的奖券包含在这 500 万枚奖券中。而一般的购买者也恰巧没有买到相同编号的奖券。如此一来，投资集团就赚到了奖金。

专业的扑克选手为什么很强？

前面的案例所示，如果不是在特定的条件下，想要在赌博中稳赢是不可能的。

但扑克牌和其他赌博不一样，存在专业的扑克牌选手进行淘汰赛。假如扑克牌分发的概率在理论上是固定的，为什么专业选手会比较容易获胜呢？

虽然是专业选手，也不会知道下一张会出现什么牌，如果知道的话，那就是作弊了。但扑克牌选手可以观察牌桌上已经出现的牌，来推测接下来出现什么牌的概率比较高。他们比一般人更精通概率，再进一步观察对手的出牌习惯，可以保证比较高的胜率。

猜拳的习惯会使你变弱

猜拳时无论出哪个，胜率都是 $\frac{1}{3}$。尽管如此，如果觉得“我猜拳很弱”，那可能是对手发现了你的习惯。

在日本统计数理研究所官方网站上的“猜拳”游戏中，可以知道自己的出拳习惯。这个游戏程序一开始是随机出手，然后渐渐掌握到对手出拳的习惯，预测接下来的出拳情况，就可以战胜对手了。

如果可以随机出拳，胜率理论上是 50%，我们通过努力练习可以跟电脑系统打成平手！

Column 2

变种划拳、卡牌游戏中的胜率是多少？

执笔 今野纪雄
日本横滨国立大学教授

你知道日本漫画《赌博默示录》（福本伸行著）吗？其主人公卷入各种各样的赌局之中，展现了在紧张的心理状态下努力挣扎的情景，是一部有关概率心理的漫画。2009年秋，改编后更名为《逆境无赖开司》的动画上映了。

其中，名为“E卡”的游戏，卡牌只有“皇帝”“平民”“奴隶”三种。E卡的“E”是皇帝（emperor）一词的首字母。

E卡由两个人对局。一方的手牌为1张皇帝和4张平民，另一方为1张奴隶和4张平民。也就是双方无论是皇帝，还是奴隶，都有5张手牌。

两人交替出牌（漫画中是皇帝一方先出，而动画中是奴隶一方先出，强调了心理战的趣味），规则是皇帝胜平民，但会输给奴隶；而平民胜奴隶，但会输给皇帝。因此，奴隶胜皇帝，但会输给平民，平民之间则是平手，也就变成了类似于“猜拳”这样的三种关系。比如，可以想象为皇帝对应“石头”，平民对应“剪刀”，奴隶对应“布”。在决出胜负之前，依次一张一张地出手牌。

皇帝一方，如果对手出平民卡时，出皇帝卡的话，就确定胜出；相反，奴隶一方，要是对方出皇帝卡时恰巧出奴隶卡，就确定胜出。可以发现这是考验心理因素非常重要的游戏。

该漫画和动画中充满了心理战的趣味，在这里我们试求皇帝一方胜奴隶一方的概率。首先，让我们来看右页的表格。A表示皇帝一方的出牌顺序，B表示奴隶一方的出牌顺序。

比如，A最上面表示的是先出皇帝，然后出平民的情况，下面是在第2张牌时出皇帝，或者第3张出皇帝……B也是类似。

在每一栏中的○和×表示的是A的胜负情况。左上的一栏中，因为A最先出皇帝，B最先出奴隶，所以此时A负（B胜）。所以，就是“A ×”。这种情况可以1次决出胜负，所以下方写着“1次了结”。

同样再右边的一栏中是A先出皇帝，B出平民的情况。此时胜负已定，A胜出，所以是“A ○”。决定胜负的次数同样是“1次了结”。接下来，其他栏也是同理。

在这里，皇帝一方可出牌和奴隶一方可出牌的数量都是5张，并且我们假定出牌概率都是相等的，也就是双方都是随机出牌，

A的出牌方法 \ B的出牌方法	奴隶→平民→平民→平民→平民	平民→奴隶→平民→平民→平民	平民→平民→奴隶→平民→平民	平民→平民→平民→奴隶→平民	平民→平民→平民→平民→奴隶
皇帝→平民→平民→平民→平民	A × 1次了结	A ○ 1次了结	A ○ 1次了结	A ○ 1次了结	A ○ 1次了结
平民→皇帝→平民→平民→平民	A ○ 1次了结	A × 2次了结	A ○ 2次了结	A ○ 2次了结	A ○ 2次了结
平民→平民→皇帝→平民→平民	A ○ 1次了结	A ○ 2次了结	A × 3次了结	A ○ 3次了结	A ○ 3次了结
平民→平民→平民→皇帝→平民	A ○ 1次了结	A ○ 2次了结	A ○ 3次了结	A × 4次了结	A ○ 4次了结
平民→平民→平民→平民→皇帝	A ○ 1次了结	A ○ 2次了结	A ○ 3次了结	A ○ 4次了结	A × 5次了结

这样的出牌方法在漫画中是被禁止的，在出牌前必须看自己的手牌。因此可以通过观察对方表情，产生心理战的“火花”。

这里我们简单来试求皇帝一方的胜率。首先，代表结果栏目数为 5×5=25 个，皇帝一方（A）赢的数量为 20 个。在不考虑心理因素的随机情况下，各种情况发生的概率是相等的。因此，皇帝胜出的概率是 $\frac{20}{25}=\frac{4}{5}$=0.8(80%)。

接下来，试求第一回合没有决出胜负的情况，皇帝一方最终胜出的概率。现在必须把“第一回合决出胜负”的情况排除后考虑，所以总共有 4×4=16 种情况。其中，皇帝胜出的情况如表格所示有 12 种。因此，概率为 $\frac{12}{16}=\frac{3}{4}=$ 0.75（75%），皇帝胜出的概率有些许下降。

再进一步来看，第二回合也没有决出胜负的情况下，因为要排除“第一回合决出胜负”和“第二回合决出胜负”的情况，同样得到 $\frac{6}{9}=\frac{2}{3}$=0.666(66.6…%)。

第三回合的情况也同理，得到 $\frac{2}{4}=\frac{1}{2}$=0.5（50%），皇帝（A）获胜的概率一点点地降低，在这里已经变成势均力敌。如果第四回合依然没有决出胜负，皇帝一方只剩一张皇帝牌，奴隶一方只剩一张奴隶牌，因此皇帝一方注定失败。皇帝一方的胜率渐渐地减少，从势均力敌也会变成胜率为 0。可以说这也是蕴涵了 E 卡游戏的趣味。

再让我们来试算决出 E 卡游戏胜负的次数的期望值（平均值）。

我们再来看上表。第一回合决出胜负的情况是 9 种，第二回合决出胜负的情况是 7 种，第三回合决出胜负的情况是 5 种，第四回合决出胜负的情况是 3 种，第五回合决出胜负的情况是 1 种。把所有情况相乘并相加，得 1×9+2×7+3×5+4×3+5×1=55，再除以所有情况数（25），得到期望值 $\frac{55}{25}=\frac{11}{5}$=2.2。

3 随机和随机数的奇妙世界

随机排列的数字被称为“随机数”。把数字随机排列，看起来是一件很随意、很简单的事情。但实际上，要想排列出“真正随机”的数字组合并非易事。在电脑游戏开发、人工智能领域，以及网络信息安全等方面，随机数发挥着重要作用。让我们一起来探寻这个深奥的世界吧！

随机数是什么？

随机数在游戏和人工智能开发中必不可少

在生活中，我们可能会看到由0~9的数字随机排列成的表格。这个表叫作“随机数表”。比如，在进行产品质量抽查时，为了保证调查对象的随机性而进行的“随机抽样”就可能用到这种表格。

随机数的特点是“绝不存在确定下一个数字的规律”。换言之，“完全不知道下一个数字是什么”的就是随机数。

骰子是最贴近我们的“随机数生成器”

生成随机数的装置叫作“随机数生成器”。在大富翁和飞行棋等桌游中经常使用正六面体骰子。这种多面骰子就是可以生成1~6的随机数的生成器。如果骰子的点数不是随机而是事先能知道的，那么这些游戏也就没什么意思了。

如果把0~9的数字分配给正

圆周率的数值可以通过骰子求出

正二十面体骰子是把0~9的数字平均分配给各面，因而被称为“随机数骰子”。我们准备了3个不同颜色的随机数骰子，假如红色骰子的点数代表小数点后第一位，黄色骰子的点数代表第二位，绿色骰子代表第三位，那么就可以生成从0.000到0.999的三位小数的随机数。右边介绍了使用这些三位小数的随机数来求得圆周率的方法。这是蒙特卡罗法最简单的应用范例。

随机数骰子
（正20面体的骰子）

步骤1

把3个随机数骰子分别掷两次，得出2个三位小数的随机数。

→ 0.103

→ 0.782

步骤2

把这2个随机数放置在 xy 坐标中对应的2个点上。

$(x, y) = (0.103, 0.782)$

步骤3

反复重复以上动作，得出多个点。

步骤4

把这多个点置于边长为1的正方形上。在正方形上画一个半径为1的扇形。正方形的面积为1。半径为1的圆面积为半径 × 半径 ×π=1×1×π=π，那么，正方形中的扇形面积应该是整个圆的面积的 $\frac{1}{4}$，也就是 $\frac{\pi}{4}$。

步骤5

使用随机数骰子按照上面的顺序在正方形上画点，这些点进入扇形的概率应为 $\frac{\pi}{4}$。因此，不停抛投骰子，增加点的个数，然后计算进入扇形中的点的比例，就会发现这个数值会逐渐接近 $\frac{\pi}{4}$。这样就能求出π的值。点的数量越多，结果就越接近π原本的值3.14…。

二十面体的各面，每个数字至少会出现两次，这样就形成了可以生成0～9的随机数的生成器。这样的骰子也被称作“随机数骰子”，通过抛掷这个骰子就可以做出前面介绍的随机数表。

抽奖时使用的抽签器和博彩中使用的轮盘都属于随机数生成器。在电脑游戏中，为了使敌方的动作不那么单调，也会使用随机数来决定对手的下一个动作。

随机数支撑着科学研究和人工智能开发

随机数的作用不仅体现在游戏中。在科学研究和人工智能（AI）开发中也会用到随机数。一个重要的例子就是使用随机数进行数值计算和模拟的“蒙特卡罗法”(Monte Carlo method)。战胜顶级专业棋手的围棋AI—“阿尔法围棋”(AlphaGo) 就是使用蒙特卡罗法，通过庞大数量的实战进行学习和实践后变为围棋高手的。

下图介绍了如何使用蒙特卡罗法求出圆周率 π 的方法。

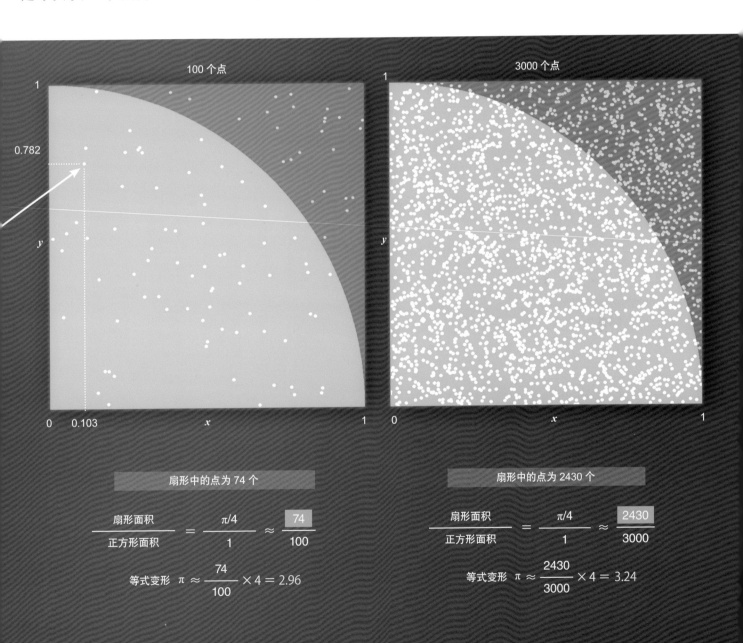

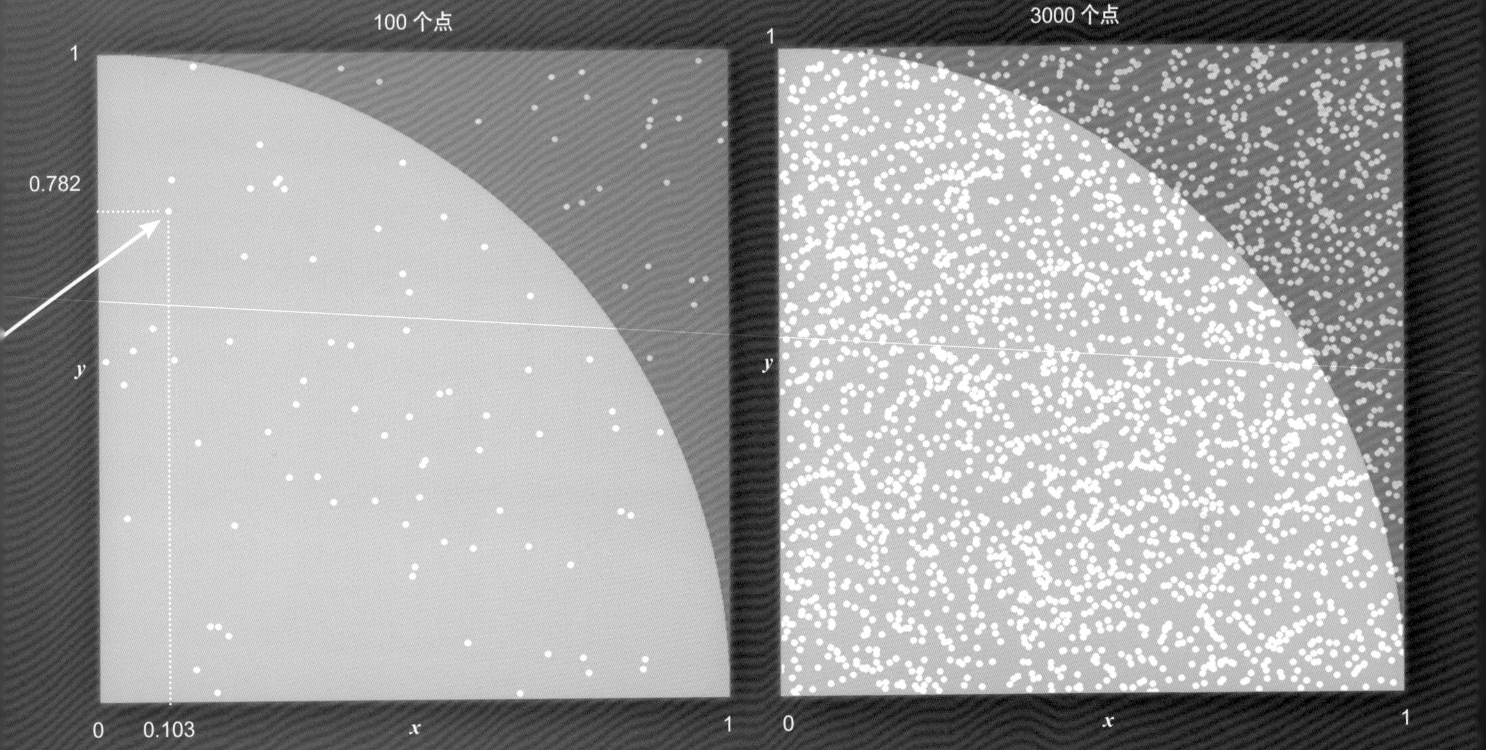

$$\frac{\text{扇形面积}}{\text{正方形面积}} = \frac{\pi/4}{1} \approx \frac{74}{100}$$

等式变形 $\pi \approx \frac{74}{100} \times 4 = 2.96$

$$\frac{\text{扇形面积}}{\text{正方形面积}} = \frac{\pi/4}{1} \approx \frac{2430}{3000}$$

等式变形 $\pi \approx \frac{2430}{3000} \times 4 = 3.24$

人们倾向于从随机中寻找“具有某种意义的规律”

骰子连续五次掷出“1”，可能就会有人开始怀疑“是不是做了什么手脚使骰子容易掷出1”？在心理学中，即使实际发生的事情是随机的，但同样的情况持续发生，就会使人产生这不是随机的错觉，也就是“聚类错觉”。

在第二次世界大战末期，有一个著名的聚类错觉的例子。当时，德军空袭英国伦敦，由于各地区的导弹中弹频率不同，引起了一部分伦敦市民的恐慌，认为德军的导弹可以狙击特定区域（下图）。但事后的分析认为，炸弹的中弹位置其实是随机的。人们倾向于从不断重复的随机事件中寻找具有某种意义的规律。

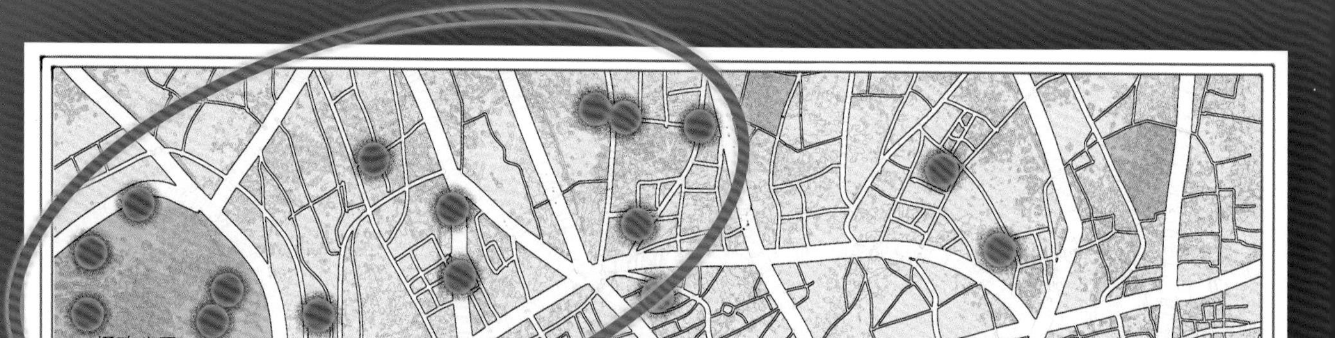

被狙击的是特定地区吗？

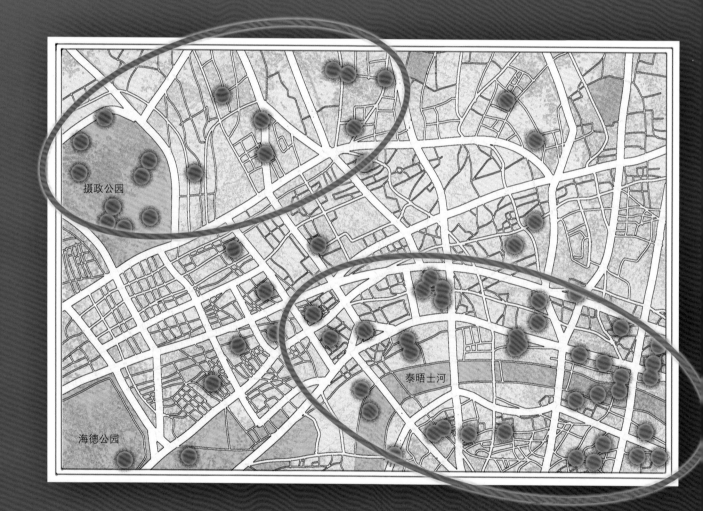

上图是伦敦中心区的地图，红色圆点是德军的V-1导弹空袭时的中弹地点。可以看出椭圆形圈内的地区中弹较多，其他地区相对比较安全。但当时的V-1导弹还没有这么高的精度，只能以较广的区域为攻击对象，因此可以得出结论，中弹地点是随机的。绘图基于Johnson, D.(1982)“V-1 V-2：Hitler's vengeance on London”的图片制作而成。

哪一幅图中的点是随机分布的？

让我们来介绍另一个聚类错觉的例子。古生物学家、科学史学家斯蒂芬·杰·古尔德（Stephen Jay Gould，1941～2002）在他的文章中介绍了这样一个例子。

“在下面的两幅图中，哪一幅图中的点是随机分布的？”相信大多数人都会回答“左边是随机的”。但实际上，左图中的点在配置时考虑了不能重叠，右图中的点才是随机分布的。左边的图由于看不出有什么规则，因此更容易被认为是“随机的”。

利用人类的这一错觉就可以营造出“更自然的随机感”。数码音乐播放器或流媒体播放中的“随机播放”选项，实际上就是通过程序有意减少随机性，避免某位艺人的曲子被连续选中，反而让人感到歌曲的选择“更随意”。在电脑游戏中也存在同样的应用。

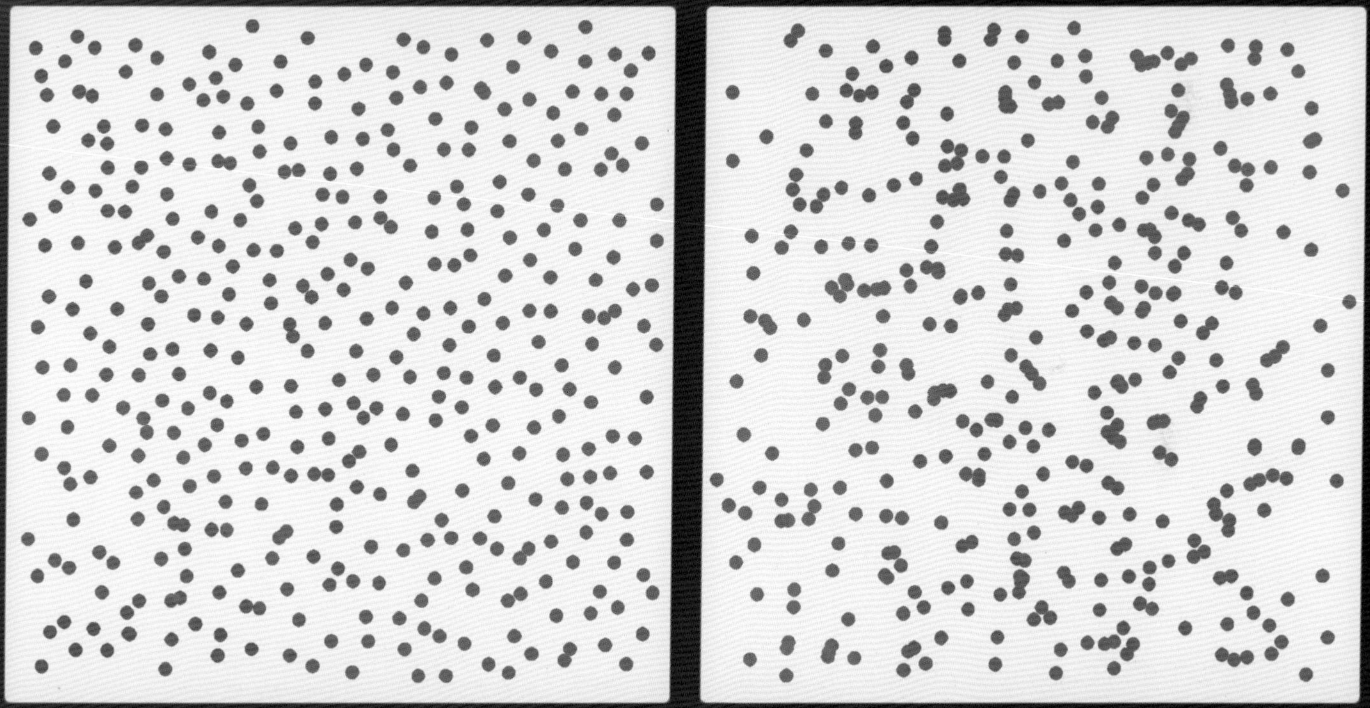

哪一幅图中的点是随机的？

左图在配置时注意不让点重叠。右图是使用随机数随机配置的点。斯蒂芬·杰·古尔德在其著作《为雷龙喝彩》（*Bully for Brontosaurus*）中使用这个图来论证人们倾向于在随机分布的点中找出某种规律。这种错觉在心理学领域，特别是在通过人类心理倾向来解读经济现象的“行为经济学”领域，是重要的研究内容。

圆周率和随机性

圆周率 π=3.141592…这些无限连续的数字是随机数吗?

在游戏中，为了不让玩家提前预测出敌方的动向，游戏开发者会使用随机数来决定敌方动作。为了快速生成 0~9 的随机数，能不能直接用圆周率中的数字来代替呢?

圆周率 π 的小数点后面的数字是无限连续的。把这些数字排列出来会发现没有任何规律。那么，圆周率的数字排列到底是不是随机数呢?

有容易掷出的数字和不容易掷出的数字吗?

“容易掷出 1 的骰子”肯定不适于生成随机数。因为，随机数的各个数字需要有相同的出现频率。那么，圆周率中的数字符合这个条件吗?

右边的柱状图是圆周率的小数点后 5 万位中 0~9 的数字的出现频率。出现最多的是“8”，最少的是“6”。但这个差非常小，0~9 的数字出现频率几乎相同。

那么，圆周率中的数字是否一直是这样从 0~9 以相等的频率出现呢? 在表示小数时，每个数字的出现频率完全均等的数字被称为“正规数”。现在，我们还不能确定圆周率（$\pi=3.141592\cdots$）及 2 的平方根（$\sqrt{2}=1.414\cdots$）是否是正规数。因此，其中出现的数字是否是随机数也还是未解之谜。

把圆周率前 5 万位的数字用颜色区分表示

右图是用颜色区分表示的圆周率前 5 万位数字。每行 200 位，每列 250 行。从小数点后第 762 位开始有连续的 6 个“9”，因诺贝尔物理学奖获奖者理查德·费曼（Richard Feynman，1918~1988）可以把圆周率背诵到这个位置而被称作“费曼点”。虽然看起来数字的出现频率好像不太均衡，但这实际上是随机生成的自然偏差。

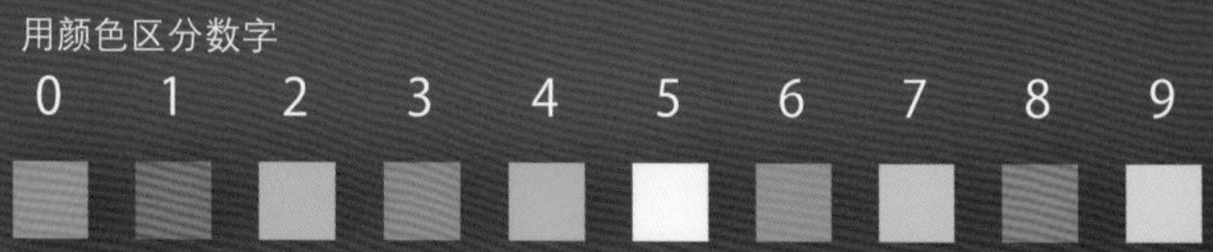

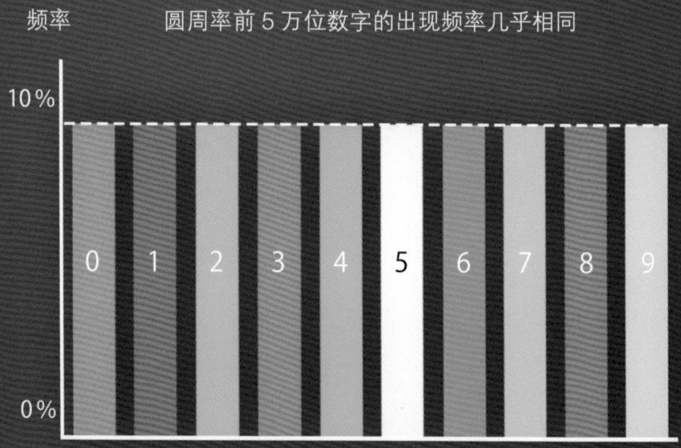

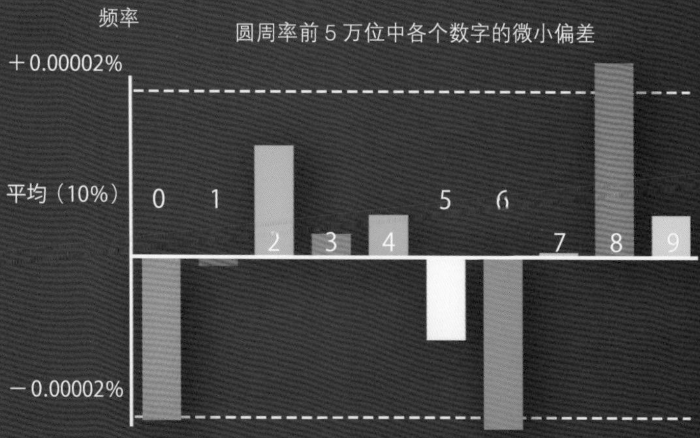

π＝3.141592…
费曼点
…999999…

模拟随机数是什么?

电脑是如何生成随机数的?

电脑需要大量的随机数来启动游戏或蒙特卡罗法的程序。那么，这些随机数是电脑自己制造出来的吗？电脑在制造数列时需要特定的程序及算法。由于随机数“不存在决定下一个数字的规律”，因此，电脑按照特定程序等规律生成的数列不能算是真正意义上的随机数。

但在实际应用中，它们可以替代真正的随机数，或者更恰当的说法是，它们是可以被当成随机数的“伪随机数”。首次研究伪随机数的是“电脑之父”、匈牙利数学家约翰·冯·诺伊曼（John von

各种各样的伪随机数

以下列出了冯·诺伊曼研究的最早的伪随机数生成算法——“平方取中法”和现在依然在使用的“线性同余法”，以及目前被誉为最好的伪随机数生成法的“梅森旋转算法”。

约翰·冯·诺伊曼，制造了现代计算机的原型，同时也是蒙特卡罗法的研究者之一。他的研究影响了从电脑游戏理论到原子弹开发等的广泛领域。

平方取中法（4 位数的情况下）

取一个 4 位数作为“种子”（随机数的种子，在例子中为标有下划线的 1234）。种子进行平方操作后得到一个八位数（不足八位的在前面用 0 补足），取这个八位数的中间 4 位（5227）作为第一个伪随机数。然后把这个数（5227）按照相同的操作得出下一个伪随机数（3215）。重复以上操作不断得出伪随机数的方法称为平方取中法。

1234 ×1234 = 01 [5227] 56
5227 ×5227 = 27 [3215] 29
3215 ×3215 = 10 [3362] 25
3362 ×3362 = 11 [3030] 44
⋮

线性同余法（4 位数的情况下）

把种子（例子中为标有下划线的 1234）乘以事先决定好的定数（例子中为 567），然后加上另一个定数（例子中为 89）得到一个数字（699767）。用这个数字除以一个定数（例子中为 9773），然后求余数。把这个余数（1657）作为第一个伪随机数。把这个 1657 按照相同操作得到下一个伪随机数（2146）。重复以上操作不断得出伪随机数的方法称为线性同余法。在加式中使用的定数为 0 时称为“乘同余法”。

1234 × 567 + 89 = 699767 → 699767 除以 9973 得到的余数 = [1657]
1657 × 567 + 89 = 939608 → 939608 除以 9973 得到的余数 = [2146]
2146 × 567 + 89 = 1216871 → 1216871 除以 9973 得到的余数 = [165]
⋮

Neumann，1903～1957）。冯·诺伊曼研究的“平方取中法”是最早的伪随机数生成法。

梅森旋转算法：最强的伪随机数生成算法

在冯·诺伊曼之后又开发了以“线性同余法”为首的各种伪随机数生成法。伪随机数的好坏取决于它和“真正的随机数的接近程度”，以及自身的“生成速度”。目前，公认最好的伪随机数生成算法是全世界程序员广泛使用的、由日本广岛大学松本真教授和日本山形大学西村拓土副教授于 1998 年研发出的“梅森旋转算法”。要理解这个算法需要矢量和矩阵等数学知识，因而在此不做详细介绍，这一算法巧妙地利用了“梅森素数”的特殊性质。

当然，使用这种方法生成的随机数也只是伪随机数，并不是“真正的随机数”。伪随机数之父冯·诺伊曼曾说过：“使用公式制造随机数，从某种意义上来说是犯罪。”

梅森旋转算法

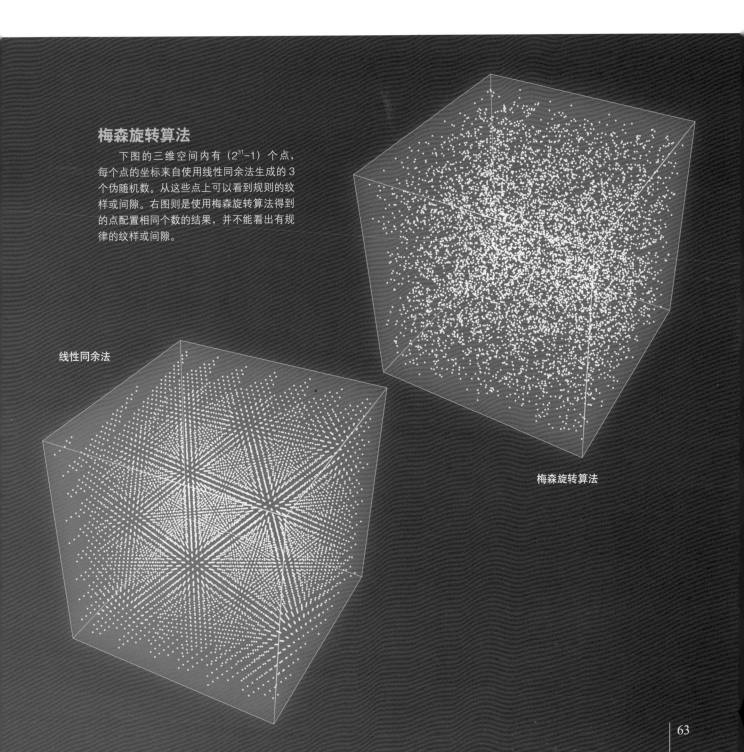

下图的三维空间内有 $(2^{31}-1)$ 个点，每个点的坐标来自使用线性同余法生成的 3 个伪随机数。从这些点上可以看到规则的纹样或间隙。右图则是使用梅森旋转算法得到的点配置相同个数的结果，并不能看出有规律的纹样或间隙。

线性同余法

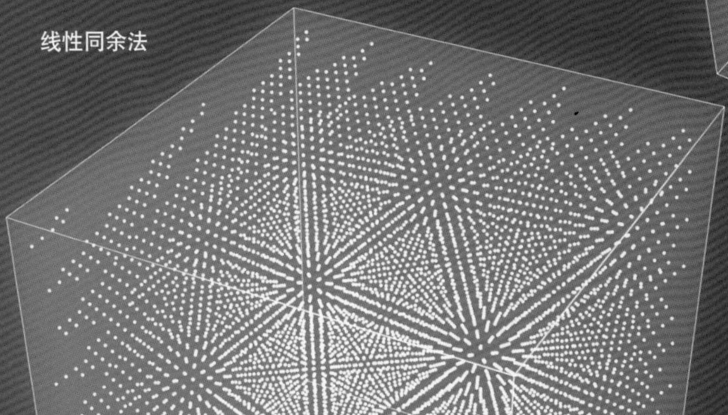

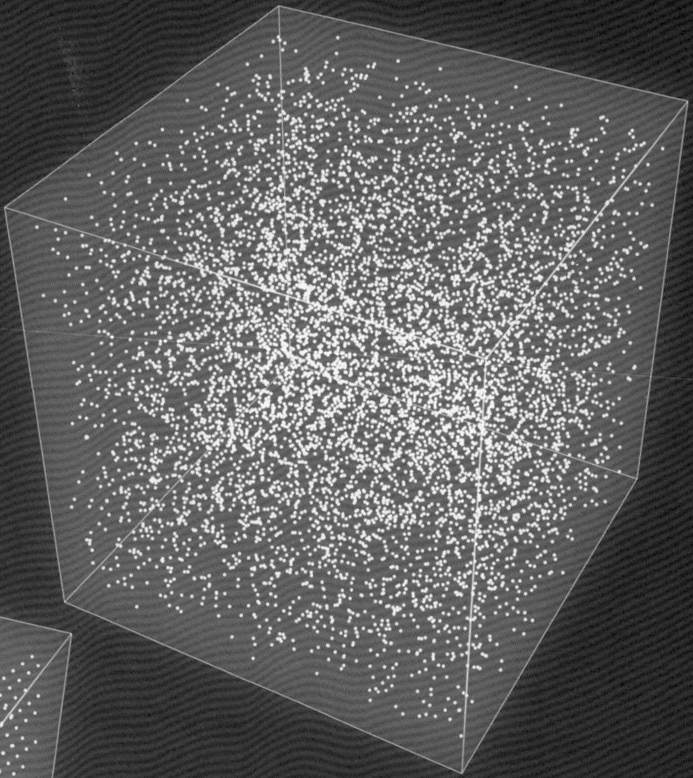

梅森旋转算法

物理随机数是什么?

利用不规则的物理现象生成“真随机数”

虽然电脑生成的伪随机数在实际应用中可以代替随机数使用，但从严格意义上讲，并不是真正的随机数。那么，怎样才能生成真随机数、也就是“没有任何规律的随机数”呢?

这个方法就是利用现实世界的物理现象中发生的不规律性来制造随机数。这个方法被称为“物理随机数生成法”。应用最多的物理随机数生成法是使用电路中出现的噪声来生成随机数。即使电路的电压值保持恒定，也会产生轻微的噪声（热噪声）。这个噪声没有任何规律，如果把它作为数值读取出来就可以作为随机数使用了。

还有一种方法是把光和电子作为硬币的替代品使用

在物理随机数生成法中还有一种方法是使用光的基本粒子“光子”。一个照射到半透半反镜的光子，根据“偏振”（振动方向的偏移）性质有50%的概率会透过反光镜，50%的概率会被反射。就像硬币的正反两面一样，光子透过用“0”表示，反射用“1”表示，这样就可以得到二进制的随机数。

还有一种方法是利用电子自身具备的“自旋”性质。如同地球有自转轴一样，电子这种基本粒子也具有类似的自转轴。在量子力学中，一个电子“自旋向上的状态”和“自旋向下的状态”是叠加的，需要观测后才知道究竟是哪种状态。观测电子时，当自旋向上时用“0”表示，自旋向下时用“1”表示，这样也会得到二进制的随机数。

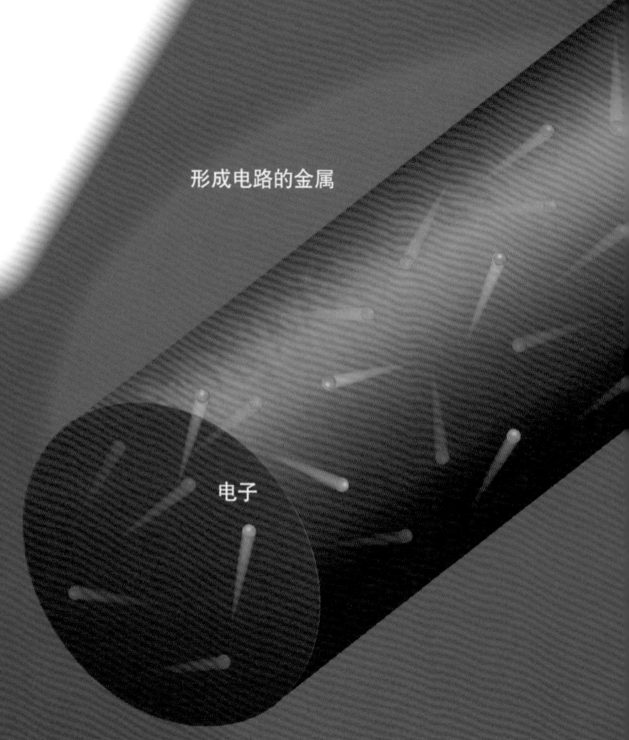

利用噪声制造随机数

测定电路的电压时，会发现有轻微的杂音（热噪声）。按照一定的时间间隔测定电压并把结果数值化就会得到用二进制表示的数字。从特定数位选取的数字就会形成由“0”和“1”组成的二进制随机数。一部分高性能的电脑中搭载有这种利用热噪声的物理随机数生成芯片。

从物理现象制造随机数

至此，我们介绍了已经投入实际应用或正在进行研究的三种物理随机数生成方式。除此之外，科学家还在研究其他物理随机数生成方式。

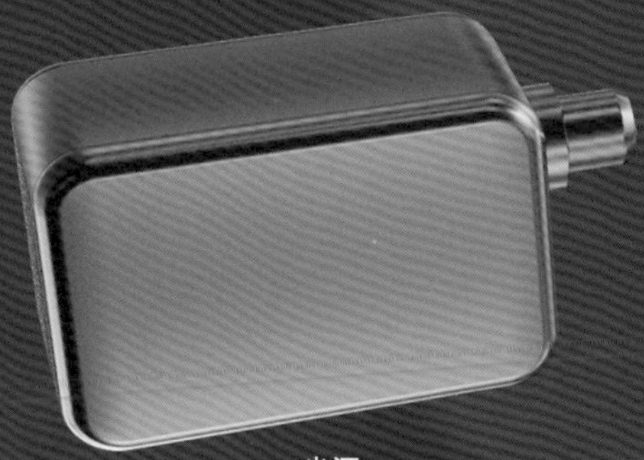

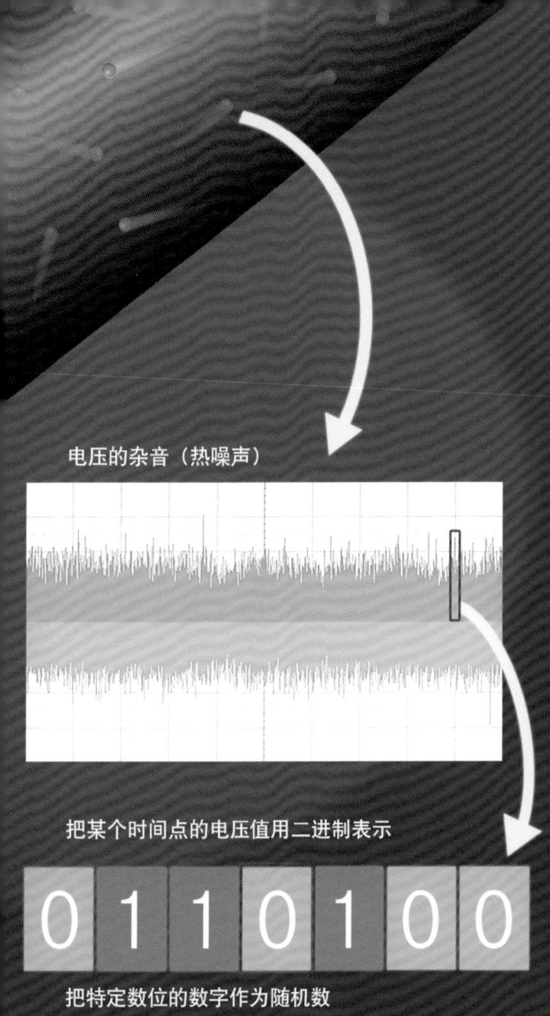

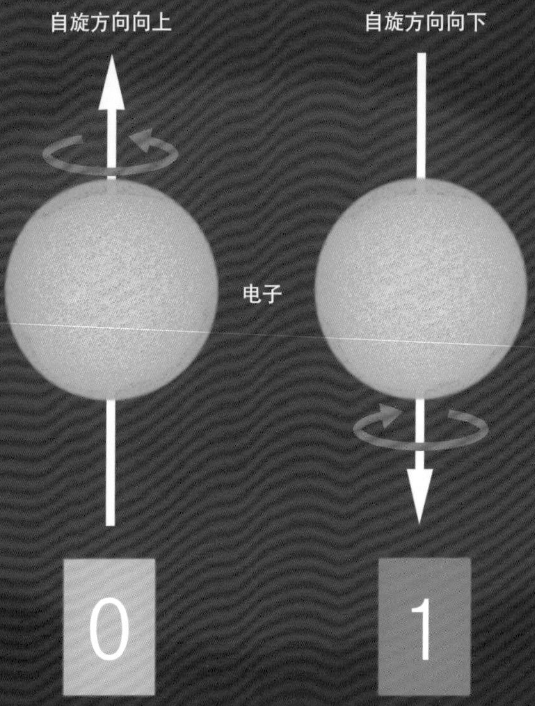

通过观测电子的自旋方向来制造随机数

使用“0”和“1”来分别表示电子自旋方向“向上”和“向下”，这种随机数生成方法可应用于远超现有计算机计算速度的“量子计算机”。

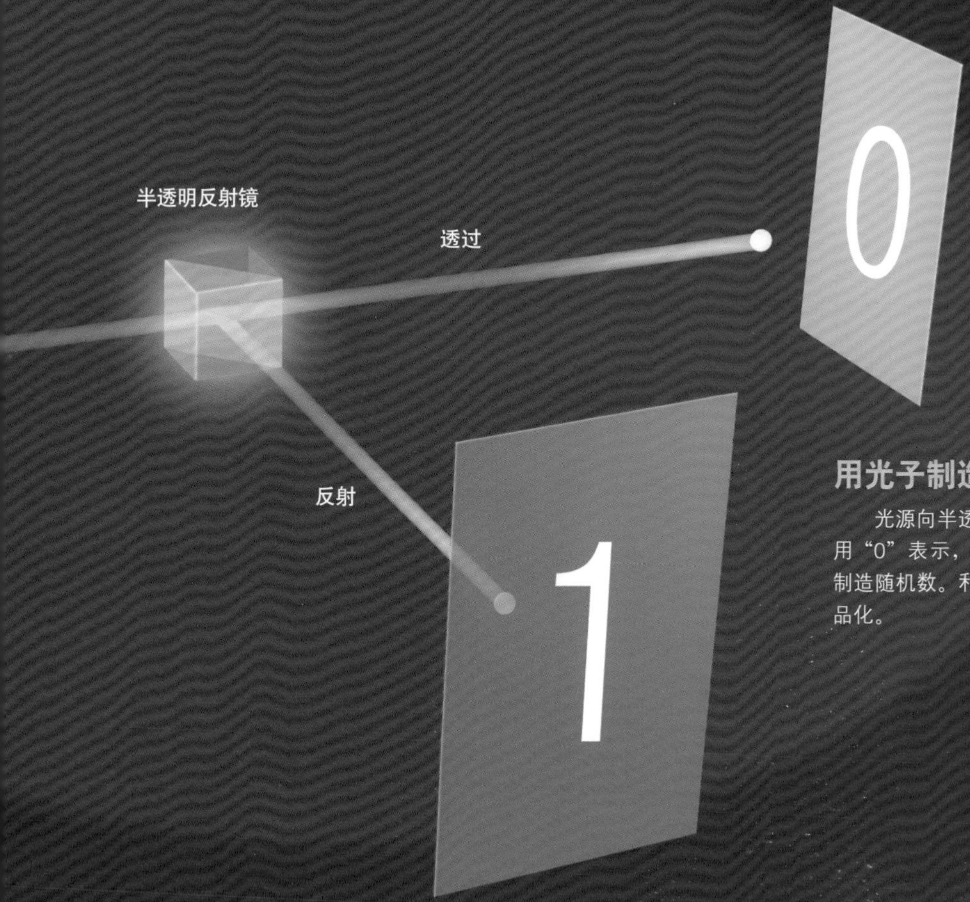

用光子制造随机数

光源向半透镜发射一个个光子，透过半透镜的光子用“0”表示，反射的光子用“1”表示，这样就可以制造随机数。利用光子生成随机数的装置已经实现了商品化。

对社会有益的随机数

高度进化的“骰子”支撑着我们的生活

支撑智能手机和网络社会的随机数

伪随机数和物理随机数在电脑游戏及 AI 的研发中使用蒙特卡罗法进行模拟实验等方面是不可或缺的。当今社会随着智能手机、电脑及网络的普及，随机数的作用愈发重要。

电子邮件或即时通信等应用程序及网络购物的信息验证都会使用“加密”技术。对通信内容加密或制造解读加密文件的“密钥”时，都会用到随机数。

网上银行、社交网络平台的登录认证中常会用到只能使用一次的“验证码”。这种验证码就是利用随机数生成器生成的。可以说，智能手机和网络之所以能给我们的生活带来便利，随机数也发挥了重要作用。

骰子点数真的是随机的吗？

自古以来，世界各地的人们都会使用骰子来进行占卜或游戏。有了硬币之后，人们开始用“掷硬币”的方式来决定胜败或顺序，现在的足球比赛或网球比赛依然使用这个方法决定由哪一方开球。这是由于我们相信骰子的点数和硬币的正反面是随机出现的，不能事先预测。

但真的不能预测吗？我们使用具有终极计算能力的 AI 通过超高性能摄像机来观察向空中投掷的骰子。通过骰子的抛物线轨迹、旋转方向，以及瞬间的空气流向便可以完美计算出落地时间和旋转方向，这样一来，AI 便能够事先预测出骰子的点数。由于已经掷出去的点数可以事先决定（称为“决定论”），因此最终结果是可以预测的。

最先考虑这个问题的是法国科学家皮埃尔·拉普拉斯（Pierre Laplace，1749～1827）。类似上述例子中那样全智能型的 AI 被称为“拉普拉斯妖”。因为人类不具备像“拉普拉斯妖”那样高超的计算能力，因而觉得骰子的点数和硬币的正反面都是随机的。像这样虽然能通过决定论预测，但由于计算推理过程复杂而难以预测将来的现象称为“混沌”(chaos)，有时还是不能等同于随机。

追求“真正的随机数”

日本统计数理研究所的田村义保博士长年进行随机数生成的研究。田村博士的目标不是生成具有某些规律的伪随机数，而是生成没有任何规律的“真随机数”。因此，

六七十年前用来生成随机数的硬币

1945～1954 年，日本统计数理研究所为了制造随机数表使用的硬币。在制作随机数表时只需在罐子中放入大量硬币，搅拌后再反复从中取出即可。现在的随机数表则使用的多是梅森旋转算法生成的伪随机数或物理随机数生成器生成的随机数。

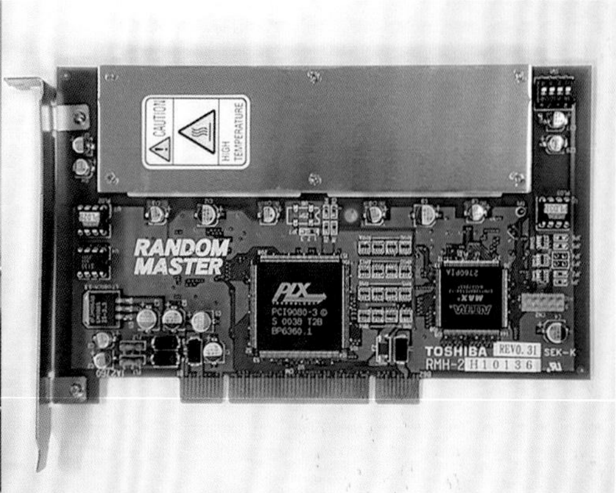

最新的物理随机数生成器

（左）日本统计数理研究所的物理随机数生成系统。这个像超级计算机一样的装置是现在性能最高的随机数生成器之一。

（上）系统搭载的利用热噪声的物理随机数生成板，每秒可以输出640兆字节的随机数。

田村博士和技术人员一起研究出了使用电路噪声（热噪声）的物理随机数生成器。

核能发电中使用的测试仪由于用途特殊，需要把电路中的噪声降到最低。在研究如何降噪的过程中，研究人员也发现了通过制造“好噪声”来产生随机数的方法，并最终成功开发出了能够快速生成随机数的电路（上图）。

“虽然噪声的模拟信息是随机的，但通过把它们转换成0或1的数字信息，就可以发现些许规律。如何把这些规律排除是最难的”，田村博士如是说。

使用“上帝的骰子”

爱因斯坦有一句名言，“上帝不会掷骰子”。在量子力学中认为，一个电子是多个状态（如自旋向上或向下）叠加在一起的。观测到某种状态是随机的结果，这就相当于决定一切事物的上帝通过掷骰子的方式来决定电子的状态。爱因斯坦驳斥了这种奇妙的想法，说“上帝不会掷骰子”。然而，量子理论的创始人之一物理学家尼尔斯·玻尔（Niels Bohr，1885～1962）却反驳说：“上帝如何支配世界并不是我们的研究课题。”※

科学家和数学家利用骰子和硬币制造了随机数生成器，并且不断地进行改良。在实际应用中，以梅森旋转算法为代表的高性能伪随机数和真随机数几乎无法区分。现在，研究人员开始使用爱因斯坦所说的“上帝的骰子”，也就是量子力学中的随机现象，来研发更好的物理随机数生成器。不断生成的各种随机数不仅支撑着科学研究，也支撑着我们的生活。

※ 引自沃纳·卡尔·海森伯（Werner Karl Heisenberg）的著作《部分与全部》。

4 统计的基础

媒体进行舆论调查、科学研究成果及国家公布的各种数据等，都与统计这一概念密切相关。正确解读统计结果是现代社会中必须掌握的一项技能。有时，我们甚至需要自行判断统计结果的可信程度。

本章将介绍奠定统计学基础的重要思想。为了弄清楚数据的可靠性，不被统计“谎言”所欺骗，我们应该掌握一些基本的统计学知识。

TOMATO

平均存款 1812 万日元，有这么多吗？

我们常常会把自己的存款数与媒体公布的平均存款数相比。如果自己的存款超过平均数，心情就会轻松许多；如果自己的存款低于平均数，心里则会非常不舒服。

计算调查数据的“平均数”是统计学的第一步。平均数是指“在一组数据中，所有数据之和除以数据的个数所得到的结果”，在统计学上称为“相加平均”或“算术平均”。

一听到“平均数”这个词，很多人会认为是“中间数”。其实，平均数有时并非“中间数”。

小心“平均数陷阱”

假设 5 个人携带的现金分别为 3 万日元、4 万日元、5 万日元、6 万日元与 7 万日元，那么，他们携带现金的平均数是“5 万日元”。但是，如果增加 1 名携带 23 万日元的人，平均数就会上升到“8 万日元”，6 人中有 5 人都低于平均数（右图）。需要注意的是，这种情况下的平均数很容易受到极端数值的影响。

存款额与年收入等的平均数是一个非常典型的例子。以日本为例，两人以上家庭的平均存款（以 2017 年的统计结果）为 1812 万日元。大家可能会觉得，对大多数人来说这个平均数有些过高。实际上，只有约 33% 的家庭的存款额超过了平均存款额。那些拥有高额存款的家庭拉高了整体的平均数。

平均（相加平均 、算术平均）的计算公式

$$\text{平均}=\frac{\text{数据}_1+\text{数据}_2+\cdots+\text{最后的数据}}{\text{数据的个数}}$$

使跷跷板左右平衡的支点位置就是“平均数”

在一条直线上，大家分别站在表示自己持有金额的实数上。如果把这条直线看成跷跷板，那么，平均数（相加平均）就相当于使跷跷板左右平衡的支点位置（下图）。如果加入一个极端数值，跷跷板的平衡就会遭到严重破坏。要想重新取得平衡，则必须大幅度移动支点位置（平均数）。由此可见，平均数很容易受到极端数值的影响。

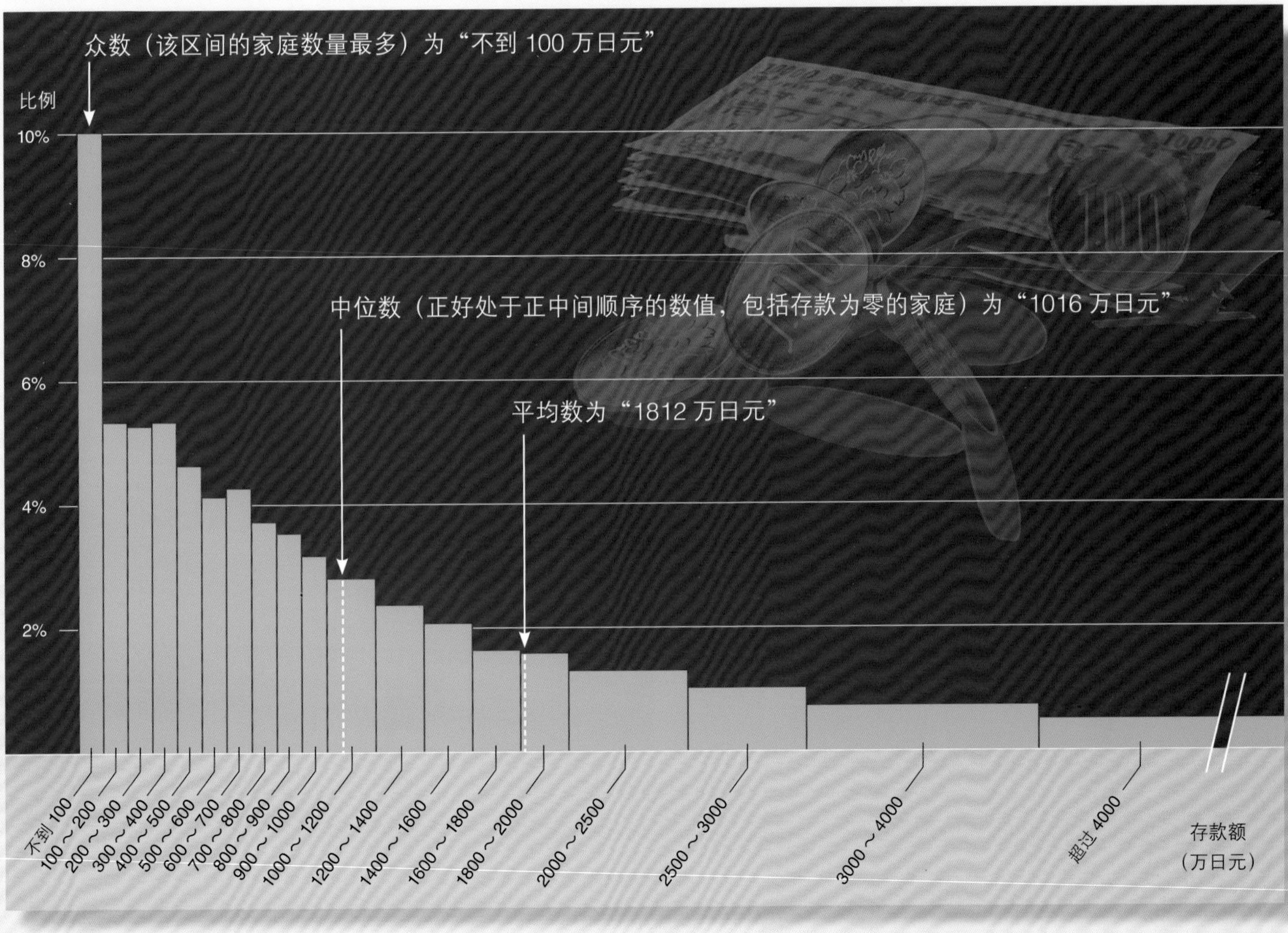

日本家庭的平均存款额是多少？

上图是日本两人以上家庭的存款额（2017 年）分布。虽然平均存款额为“1812 万日元”，但实际上，大多数家庭（67%）的存款额都低于平均数。按照存款额排序时，处于整体正中间位置的家庭的存款额为“1074 万日元”，称为“中位数”。存款“低于 100 万日元”的家庭所占比例最多，称为“众数”。平均数、中位数、众数都被称为“代表值”。

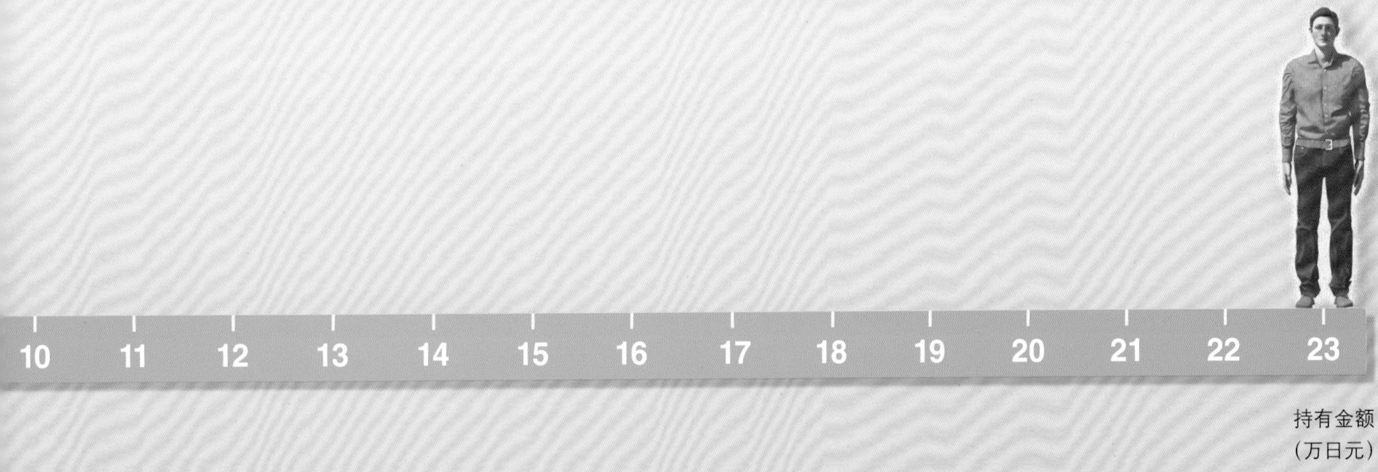

方差与标准差

通过“参差不齐”的程度，可以抓住数据的特征

只看平均数，并不一定能充分掌握数据的特征。因此，除平均数之外，我们还需格外关注数据“参差不齐”的程度。

下图是某品牌甜甜圈连锁店A店与B店销售的甜甜圈的重量对比。两个店的甜甜圈平均重量都是100克，没有差别。不过，你不觉得两个店甜甜圈大小的“参差不齐”程度很不一样吗？

我们先来看一下两家店的每个甜甜圈的“偏差”(与平均数的差异)。当然，偏差既有“正差”，也有“负差”，这些偏差最终正负相抵，于是得到平均数。因此，单纯

A店的甜甜圈
平均重量：100克
方差：308.5
标准差：17.56

计算甜甜圈的“方差”与“标准差”

上图是A店销售的甜甜圈，右面图是B店销售的甜甜圈。尽管两店的甜甜圈平均重量都是100克，但我们可以从图片中发现，两店甜甜圈重量上的“参差不齐”程度明显不同。表示这种“参差不齐”程度的数值就是“方差”与“标准差”。计算方差时，首先要计算各个甜甜圈的重量偏差（偏离平均值的程度），如A店左上方的甜甜圈重127克，与平均值（100克）的偏差为“+27克”。计算完所有甜甜圈的偏差后，偏差先自乘再平均所得到的数值就是方差。方差的平方根是标准差。

地计算出偏差并没有太大意义。偏差自乘后再取平均值才能得到表示“参差不齐”程度的指标——方差。

最终计算结果显示，A 店的方差是 308.5，B 店的方差是 3.8，也就是说，A 店的甜甜圈的大小更加“参差不齐”。在调查工厂产品的“参差不齐”程度或调查国民收入差距时，方差能起到很大的作用。

标准差也是表示“参差不齐”程度的指标

除了方差，标准差也是表示“参差不齐”程度的一个指标。标准差是方差的平方根。

A 店的方差为 308.5，其平方根（标准差）为 $\sqrt{308.5} \approx 17.56$，这意味着 A 店大约 70% 的甜甜圈在 100±17.56 克的范围内，其余 30% 左右则超出了这一范围。B 店的方差为 3.8，其平方根（标准差）为 1.96，这意味着 B 店大约 70% 的甜甜圈在 100±1.96 克的这一狭窄范围内。

可以说，作为“参差不齐”的指标，标准差比方差更便于使用。

B 店的甜甜圈
平均重量：100 克
方差：3.8
标准差：1.96

方差的计算公式

$$\text{方差} = \frac{\text{数据}_1\text{的偏差}^2 + \text{数据}_2\text{的偏差}^2 + \cdots + \text{最后数据的偏差}^2}{\text{数据的个数}}$$

标准差的计算公式

$$\text{标准差} = \sqrt{\text{方差}}$$

偏差值

从理论上来说，“偏差值 200”也是可能的

偏差值是评价学习能力与学校录取的重要标准。用前页的标准差就可以计算偏差值。标准差是表示全体数据（如大量考生的分数）分散程度的指标。偏差值则表示某人的分数在所有考生中所处的位置。

下面，我们具体计算一下例子中的偏差值。100 名考生的分数如下图所示，平均分数为 59.0，方差约为 292.5，标准差约为 17.1。

首先，我们把 59 设定为平均值。其次，每比平均值高（低）1 个标准差，则加（减）10，从而得出偏差值。考分为 100 的考生比

只有 1 人考了 100 分，其偏差值是多少？

图片为 100 名考生两次考试的成绩（本页图为 A 考试的成绩，右页图为 B 考试的成绩），以及表示偏差值分布的条形图。在平均分极低的 B 考试中，100 分考生的偏差值高达约 148。

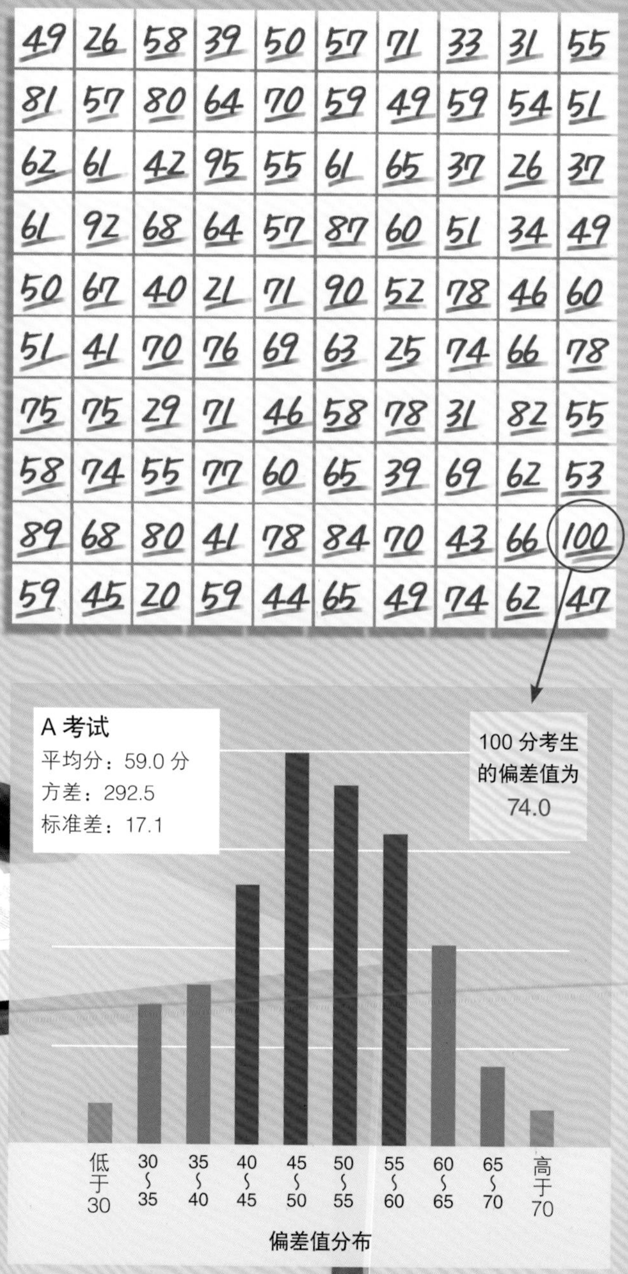

49 26 58 39 50 57 71 33 31 55
81 57 80 64 70 59 49 59 54 51
62 61 42 95 55 61 65 37 26 37
61 92 68 64 57 87 60 51 34 49
50 67 40 21 71 90 52 78 46 60
51 41 70 76 69 63 25 74 66 78
75 75 29 71 46 58 78 31 82 55
58 74 55 77 60 65 39 69 62 53
89 68 80 41 78 84 70 43 66 100
59 45 20 59 44 65 49 74 62 47
A 考试
平均分：59.0 分
方差：292.5
标准差：17.1
100 分考生的偏差值为 74.0
低于30
30～35
35～40
40～45
45～50
50～55
55～60
60～65
65～70
高于70
偏差值分布

平均分 59 高出了 41 分，大约相当于标准差（17.1）的 2.4 倍，所以，10×2.4＝24 再加 50，偏差值为 74。

平均分前后大约 70% 考分的偏差值在 40～60 之间。偏差值高于 70，则意味着考试成绩在所有考生中位居前茅（2.3% 之内）。

在极端情况下，偏差值甚至高于 100

如果某个考生的分数比平均分高出太多，偏差值则有可能超过 100。如下面的例子所示，100 名考生的平均分为 6.41 分。假设只有 1 人考了 100 分，那么，这名考生的偏差值为 147.8。在类似这样的极端情况中，偏差值可能是 200，也可能是 1000，甚至可以无限大。

不过，研究发现，在通常情况下，考试成绩是按照下页将介绍的“正态分布”而分布的，因此，实际偏差值几乎都在 80 以内。

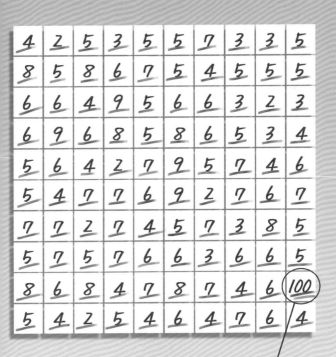

4	2	5	3	5	5	7	3	3	5
8	5	8	6	7	5	4	5	5	5
6	6	4	9	5	6	6	3	2	3
6	9	6	8	5	8	6	5	3	4
5	6	4	2	7	9	5	7	4	6
5	4	7	7	6	9	2	7	6	7
7	7	2	7	4	5	7	3	8	5
5	7	5	7	6	6	3	6	6	5
8	6	8	4	7	8	7	4	6	100
5	4	2	5	4	6	4	7	6	4

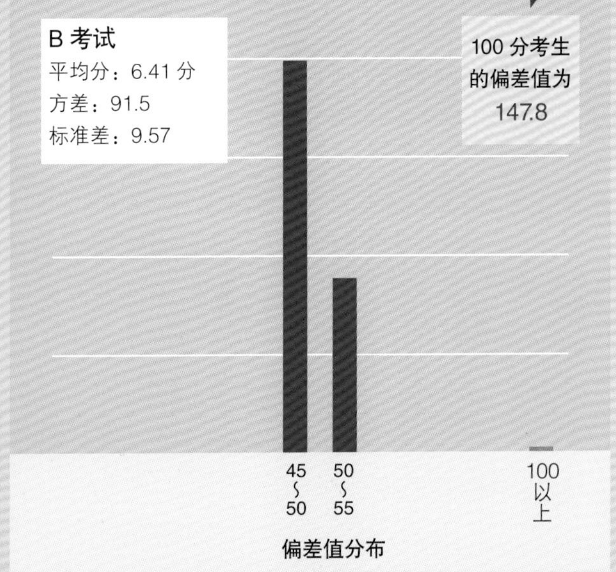

偏差值的计算公式

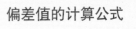

$$偏差值 = 50+10\times\frac{个人分数-平均分}{标准差}$$

偏差值分布

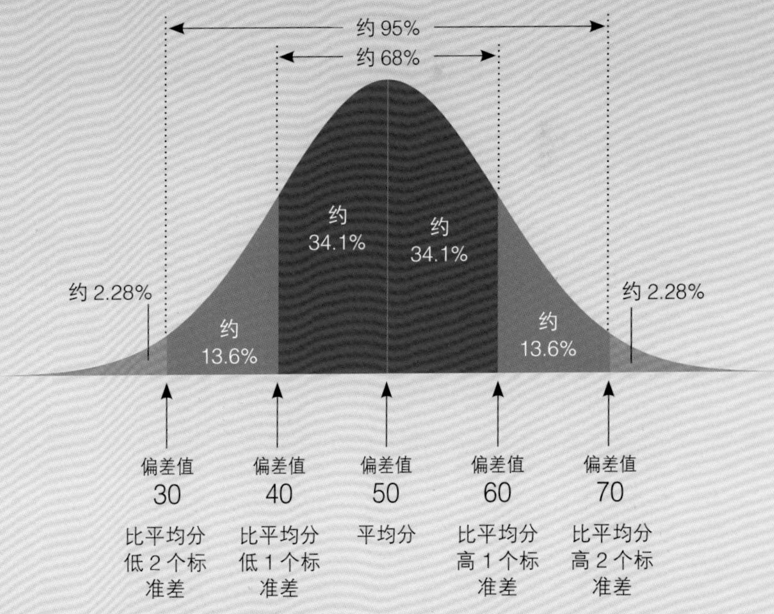

上图是考试成绩“正态分布”时的偏差值分布（下页将介绍正态分布）。约 68% 的考生位于偏差值 40～60 之间，约 95% 的考生位于偏差值 30～70 之间。

统计学上最重要、也最常见的正态分布是什么？

正态分布

正态分布是统计学上非常重要的一种分布。我们以下面的考试情况为例来解释什么是正态分布。

假设一场考试满分为 100 分，只有“正确”(○) 与“错误”(×)两个选项。考生完全靠“抛硬币”来决定选择“○”还是“×”。答案为“○”的概率是 50%，答案为“×”的概率也是 50%。如果只有一道考题，则考零分的概率为 50%，考 100 分的概率也是 50%。

如果考题数量增多，结果会怎样呢？有 2 道考题时，考零分的概率为 25%，考 50 分的概率为

正态分布是如何形成的？

假设一场考试满分为 100 分，只有“正确”(○) 与“错误”(×) 两个选项，考生靠“抛硬币”来答题。下面的柱状图分别为有 2 道考题与 10 道考题时的成绩与相应的概率。考题越多，山形图的坡度越平缓，越接近右页所示的正态分布图。

有 2 道考题时

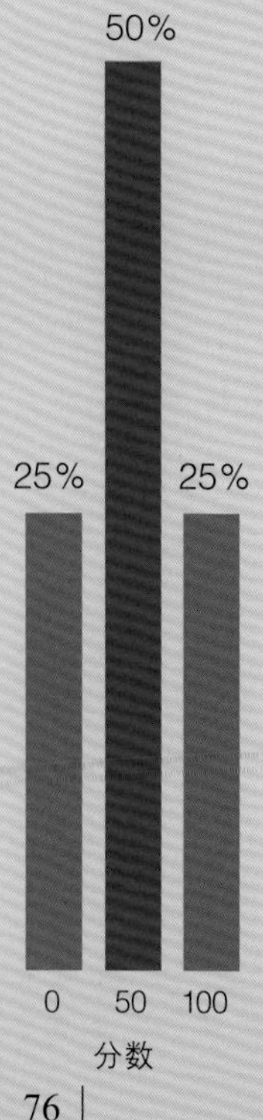

有 10 道考题时

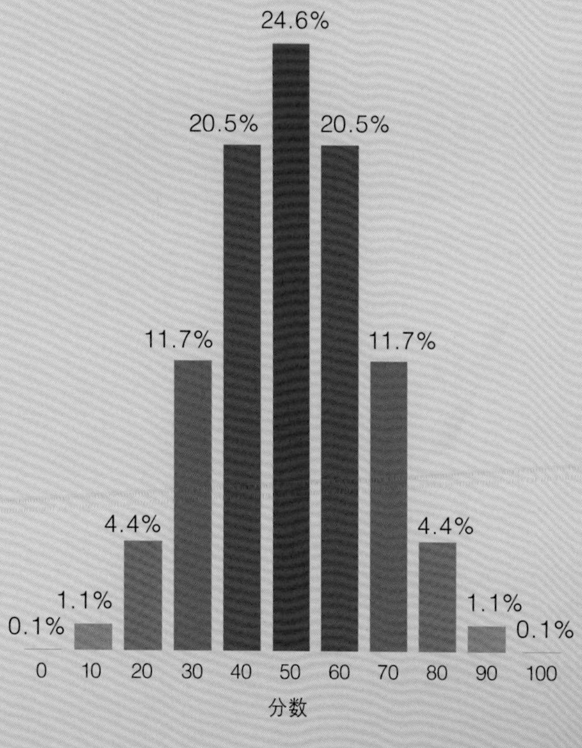

考题数量继续增多……

50%，考 100 分的概率为 25%。当考题增加到 10 道时，表示各个考分概率的图形则变成如左页下图所示的柱状图。

随着考题数量不断增多，图形越来越接近于下图所示的山形曲线，这就是“正态分布”。由于表示正态分布的曲线呈钟形，因此，人们有时也称其为“钟形曲线”。正态分布这一名称的意思并非是“正确的分布”，而是表示“常见的分布”。

意识到正态分布重要性的阿道夫·凯特勒

正如前文介绍的那样，考试成绩通常遵循正态分布。自然界及社会中各种数据的分布常表现为正态分布。比利时数学家及天文学家阿道夫·凯特勒（1796～1874）被誉为“近代统计学之父”，他对身高与胸围等人体数据进行调查，并最先指出，这些数据遵循正态分布。

前两页介绍了约 68% 的考生成绩处于“平均数 ± 标准差”的范围内，这只适用于正态分布的情况。

正态分布 正态分布曲线的形状取决于标准差的大小。标准差小，图形呈高耸的山形；标准差大，图形则呈平缓的山形。

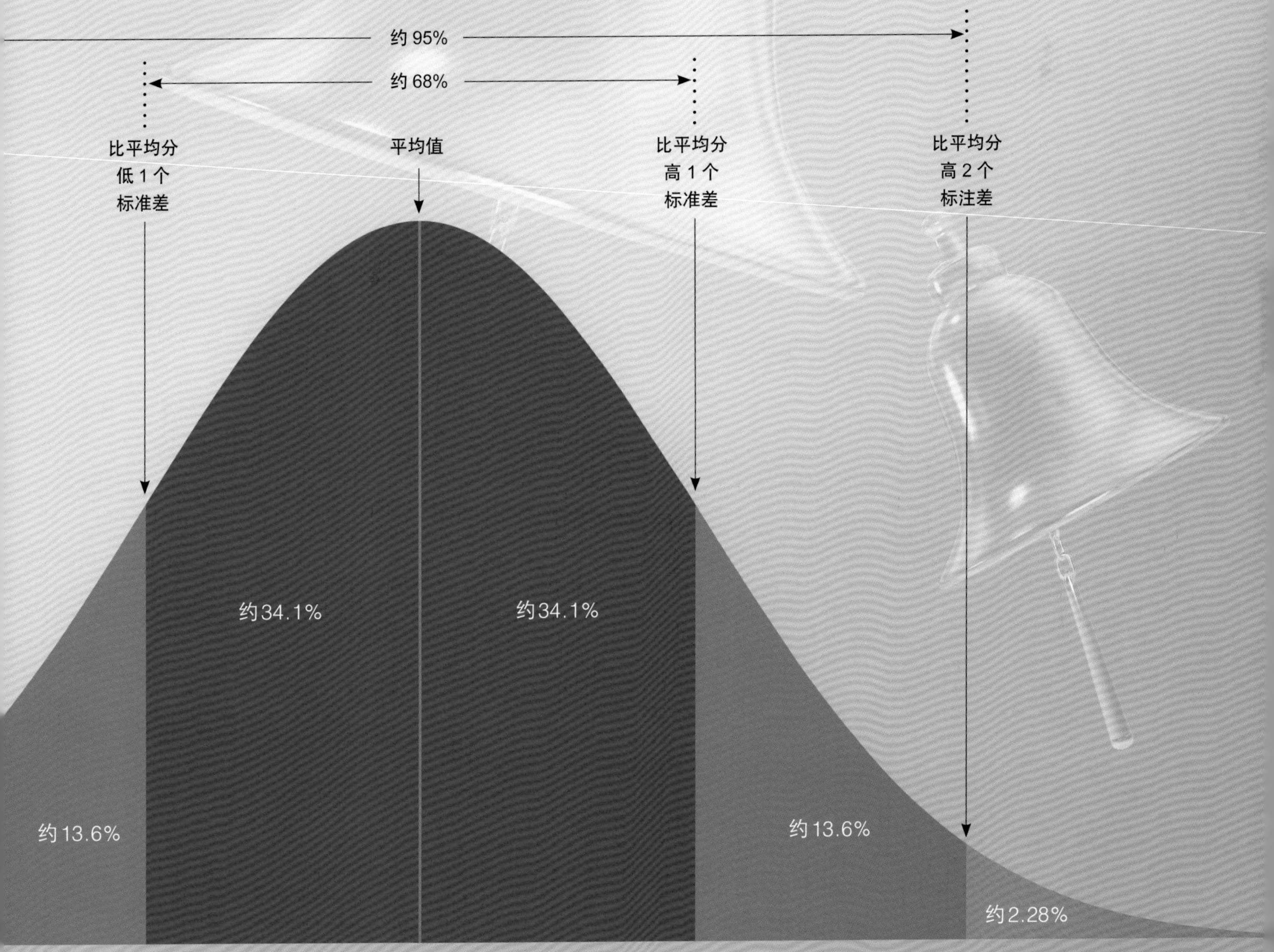

究竟需要多少个样品，才能检验出产品的合格率？

假设你是罐头厂的生产负责人，总经理要求你汇报质量不合格的产品所占的比例。

当然，最保险的办法是进行全数检查，即打开仓库中的全部罐头，对所有产品进行检查。但显然，这种方法不可行，因为检查过的罐头将无法销售。于是，总经理提出“只打开检查所需的最少数量的罐头就行”。那么，你到底需要打开多少个罐头呢？

从整体中随机抽取部分样品进行检验，称为“抽样检查”。由于抽样检查并不是检查所有产品，只是检查部分样本，所以，抽样检查必定会产生误差。

抽样检查所用的样本数量称为“样本量”。样本量越多（越接近于全数检查），误差越接近于零。因此，如果确定了能接受的误差范围，就能够确定抽样检查所需的样本量。右页下方介绍了抽样检查的具体计算方法。

假设误差为 1/10……

假设你向总经理汇报了抽样检查的结果，可是总经理认为“误差太大了，要把误差降低到 1/10”。

实际上，这并非一件轻而易举的事情。之所以这么说，是因为误差与样本量的平方根成反比，如果把误差降到 1/10，则样本量必须增大 100 倍。在实际操作中，通常会在考虑检查所需成本的基础上，设定一个合适的样本量。

什么是抽样检查？

图片是从工厂生产的罐头中抽取部分罐头来调查产品不合格率的示意图。检查会导致产品丧失价值（如罐头打开检查后无法再销售），当整体数量极大很难进行全数检查时，通常会进行抽样检查。

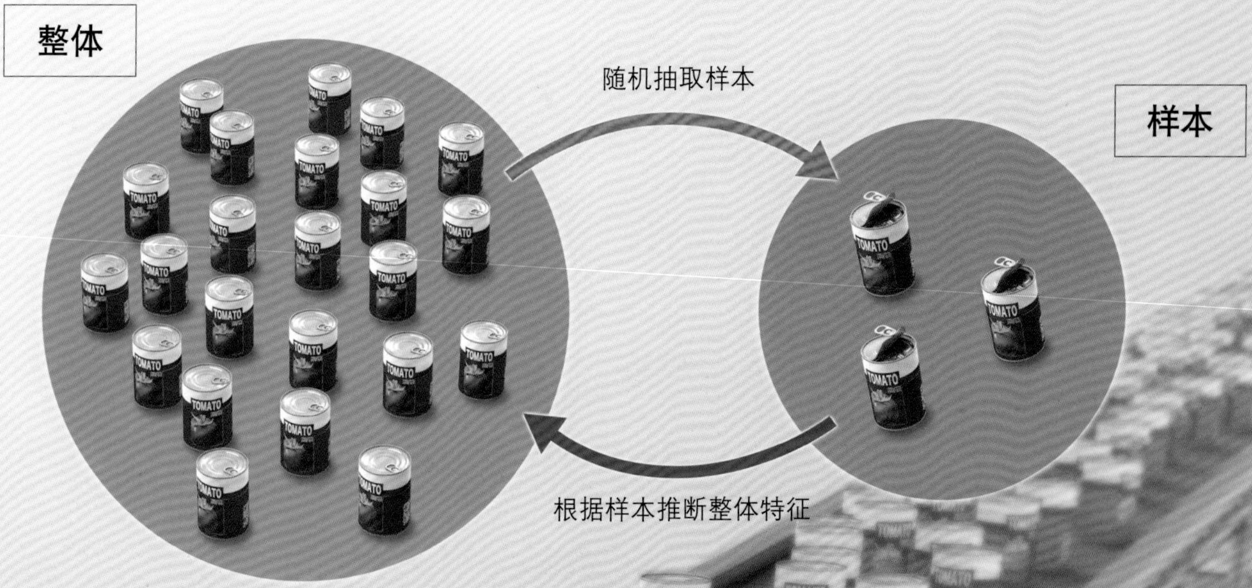

如何确定样本量？

由于样本抽取可能出现偏差，所以，抽样检查必定存在误差。这一误差被称为“抽样误差”。抽样检查的结果（样本罐头中不合格产品所占的比例）为 P 时，可以推断出整体的不合格率（所有罐头中不合格产品所占的比例）为“$P\pm$ 抽样误差”。

假设允许的抽样误差为 2%，我们来计算一下需要多少个样本。虽然不知道 P 是多少，但如果有上次的检查结果，则可以使用上次的数值；如果没有，则一般假定 P 为 0.5。假设上次的检查结果为 5%，那么 $P = 0.05$，我们就能计算出所需的样本量。

$$样本量=\left(\frac{1.96\times\sqrt{0.05\times(1-0.05)}}{0.02}\right)^2$$

$$=456.19$$

结果是需要打开 456 个罐头。

所需样本量的计算公式

$$样本量=\left(\frac{1.96\times\sqrt{P\times(1-P)}}{抽样误差}\right)^2$$

可靠度为 95%。可靠度是指抽样检查正确反映整体情况的概率。

检验

如何判断不同健康观点的真伪？

我们的生活中充斥着各种各样的信息，如某种的食品或运动方法等高调宣扬“有益于健康”。这就要求作为信息接收者的我们练就一双“火眼金睛”，看穿这些信息的“真面目”，准确辨别信息是否真的有用。这时，就轮到统计学“闪亮登场”了。

假设有如下所示的一项调查结果。“每天健步走的人的 BMI（参照左下角的说明）平均值为 24.1，比没有每天健步走的人的平均值低 2 个点。因此，健步走具有降低 BMI 的效果。”这个观点真的正确吗？

正如本页下方的分析所示，尽管两者的平均值有差异，但它并不见得是“具有统计学意义的差异”，

这个差异在统计学上有意义吗？

假设每天健步走的 22 人与没有每天健步走的 24 人的 BMI 如图所示。两者平均值的差异在统计学上到底有没有意义？t 检验是对此进行判断的一个方法。右页介绍了 t 检验的具体计算方法。在这个例子中，可以得出结论：平均值的差异并不具有统计学意义。

BMI：衡量人体胖瘦的标准，数值越大，人越胖。用体重（千克）除以身高（米）的平方得出的数值就是 BMI。

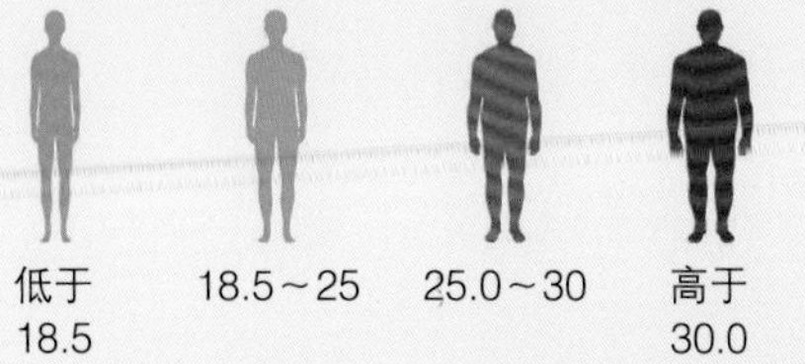

这就需要用“检验”进行判断。如果检验结果满足规定标准，则可以说“这个差异具有统计学意义”。检验两者平均值的差异是否有意义时，经常使用被称为“t 检验”的方法。

诞生于健力士啤酒的 t 检验

t 检验是进行科学研究或社会调查最常用的检验方法，有时也称为“Student's t test”。Student（学生）是健力士啤酒公司的技师威廉·戈斯特（1876～1937）在发表有关 t 检验的论文时所使用的笔名。

戈斯特在调查啤酒的原材料与啤酒质量之间的关系时，提出了 t 检验的方法。不过，考虑到自己是健力士啤酒公司的员工，戈斯特使用笔名发表了论文。

当时，人们发现，当数据个数少于 50 时，很难把数据分布看作正态分布，并因此而大为苦恼。戈斯特提出的 t 检验则可以应用于这样的小规模数据。可以说，t 检验源自解决社会实际问题的需求，是一个展示统计学发展的绝好例子。

人群②没有每天健步走
BMI 平均值：26.1
方差：18.94
人数：24 人

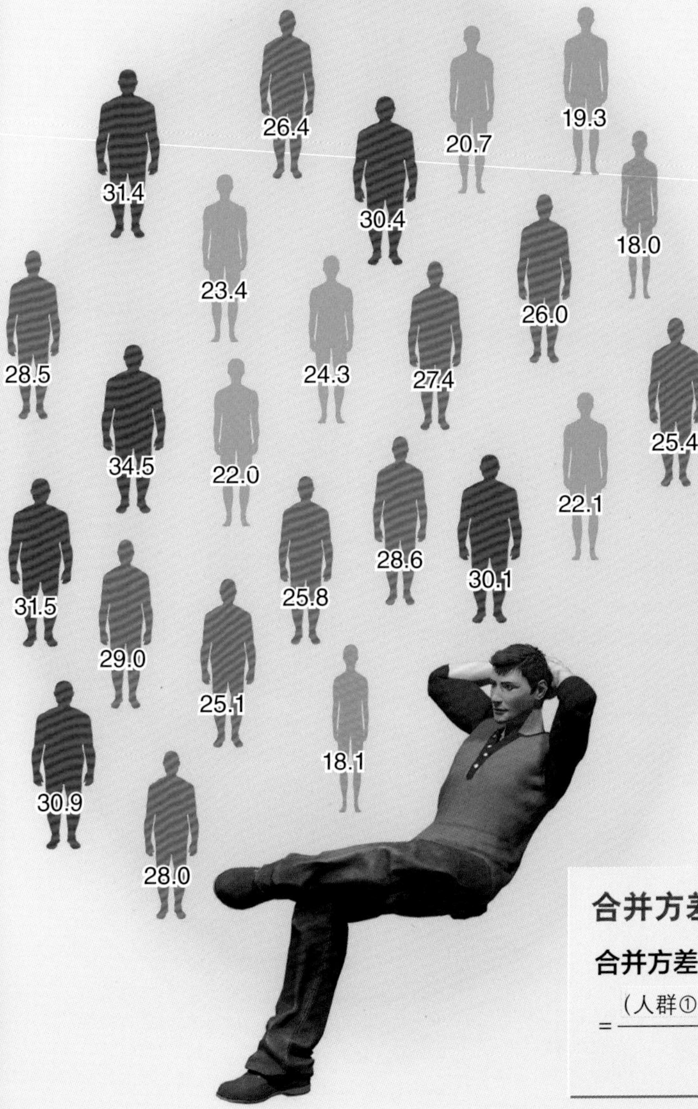

t 检验

$$t=\frac{\text{人群①的平均值}-\text{人群②的平均值}}{\sqrt{\left(\frac{1}{\text{人群①的人数}}+\frac{1}{\text{人群②的人数}}\right)\times\text{合并方案}}}$$

若 t“小于 -2”或“大于 +2”，则可以说平均值差异具有统计学意义。

t 检验的方法

首先，我们要计算“合并方差”(即汇总了两组的方差)。可以根据各组的人数与方差，用下面的公式计算合并方差。

利用得出的合并方差来计算 t 值。我们利用例子中的数据，实际计算一下合并方差。

$$\text{合并方差}=\frac{(22-1)\times15.71+(24-1)\times18.94}{22+24-2}\approx17.40$$

利用合并方差计算 t

$$t=\frac{24.1-26.1}{\sqrt{\left(\frac{1}{22}+\frac{1}{24}\right)\times17.40}}\approx-1.62$$

结果，t 位于被认为没有统计学意义的 -2～+2 区间。因此，基于 t 检验的结果，可以得出结论：“该平均值的差异不具有统计学意义。”

合并方差的计算方法

合并方差

$$=\frac{(\text{人群①的人数}-1)\times\text{人群①的方差}+(\text{人群②的人数}-1)\times\text{人群②的方差}}{\text{人群①的人数}+\text{人群②的人数}-2}$$

消费巧克力越多的国家获得的诺贝尔奖越多？

调查两个变量之间是否相关是统计学基础中的基础。

例如，我们发现在某一年级中，身高越高的学生体重越重。以此类推，当我们关注两个变量时，如果一个变量随着另一个变量的增大而增大，则这两个变量“正相关”。与此相反，如果一个变量随着另一个变量的增大而减小，则这两个变量“负相关”。如果两者之间看不到任何关联，则这两个变量“不相关”。

当我们想知道诸如“摄入的热量与 BMI”这两个变量之间是否相关时，可以计算“相关系数”。相

数据来源：F.H.Messerli (2012) Chocolate Consumption, Cognitive Function, and Nobel Laureates. *N Engl J Med*

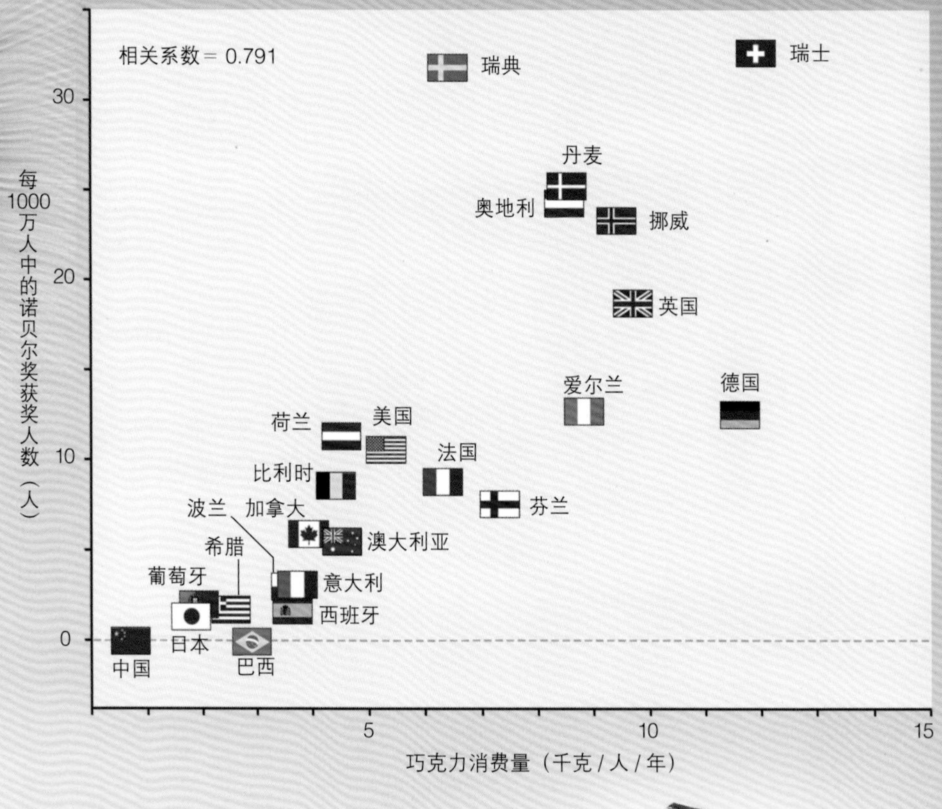

巧克力消费量与诺贝尔奖之间的关系

上图为美国哥伦比亚大学的研究人员在 2012 年分析的各国巧克力消费量与往年诺贝尔奖获奖人数之间的关系。猛一看，有向右上升的趋势，且相关系数高达 0.791，看上去两者好像是正相关。不过，可千万不要仅凭这一结果就得出结论说两者之间有因果关系。例如，有必要考虑存在“国家富裕程度”等这种第三因素，其可能同时提高了“巧克力的消费量”和“教育与研究的预算及质量”。

关系数介于 1 到 -1 之间，越接近 1，表示正相关越强；越接近 -1，则表示负相关越强；接近零时，则可以判断为两者不相关。

警惕相关“陷阱”！

就算“刨冰销量”与“水难事故数”之间为正相关，也不应该由此得出“刨冰销量多是导致水难事故的原因”这一结论。虽然两者相关，但并不见得它们具有因果关系。这时，应该考虑是否有第三种因素——如“气温高”——导致了“刨冰销量”与“水难事故数”同时增大。

2012 年，某一权威医学杂志上刊登的一个调查结果成为热门话题。这个调查结果是“巧克力消费量与诺贝尔奖获奖人数为正相关”。乍一看这个调查结果，或许大家会认为巧克力中所含的某些成分提高了大脑机能。不过，也有可能是“一个国家越富裕，越有经济能力消费巧克力，并且教育水准也高”造成的，所以，对待这类研究结果，我们务必要提高警惕。

什么是相关系数？

下图是表示小学生身高（x 厘米）与体重（y 千克）的 9 个数据的分布图。计算所有数据的 x 与 y 的偏差（与平均值的差异），并据此计算相关系数。计算结果为 0.77。右侧分别为正相关、负相关、不相关时的例子。

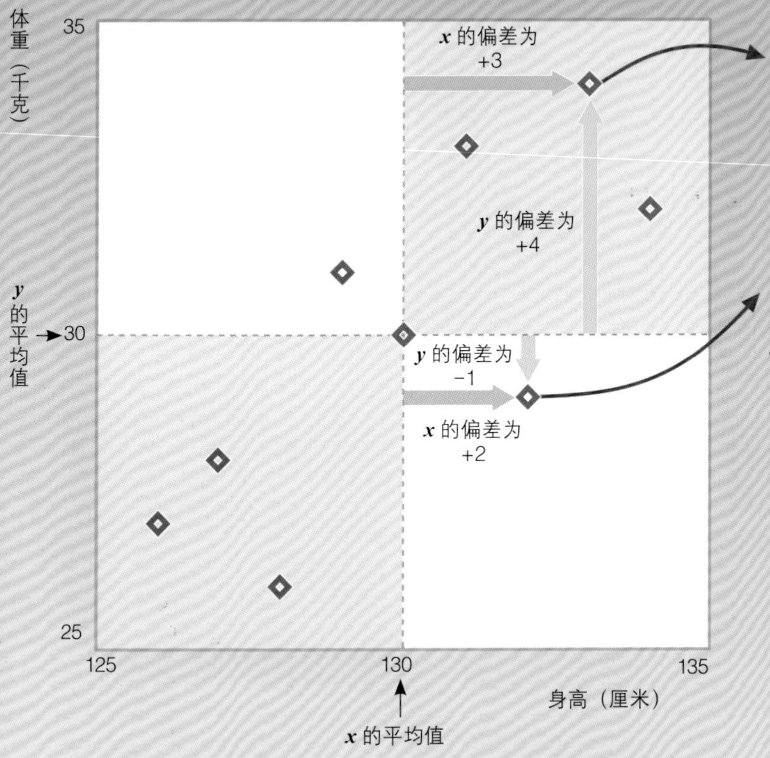

数据$_1$：x=133，y=34
x 的偏差为 133-130=+3
y 的偏差为 34-30=+4
两者的乘积为 (+3)×(+4)=12

数据$_2$：x=132，y=29
x 的偏差为 132-130=+2
y 的偏差为 29-30=-1
两者的乘积为 (+2)×(-1)=-2

⋮

计算所有数据的“x 的偏差与 y 的偏差的乘积”，平均后得到的数值就是“协方差”。在左侧的数据中，协方差为 5.1，除以 x 的标准差 2.58 与 y 的标准差 2.58 后得到相关系数为 **0.77**。

正相关

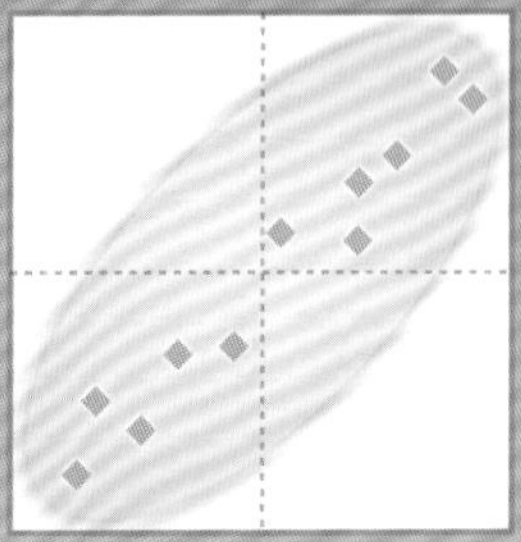

负相关

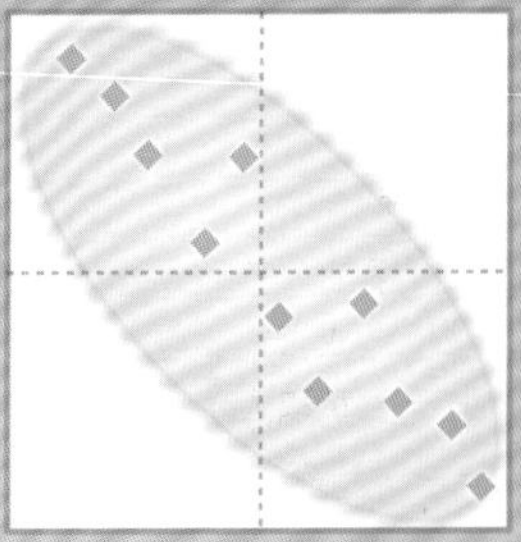

不相关

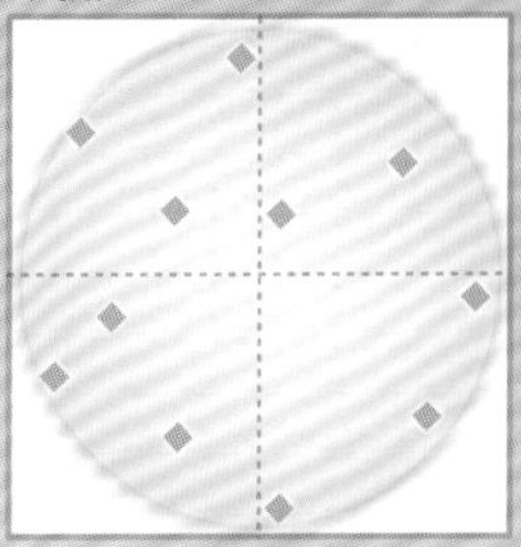

协方差的计算方法

协方差 =（数据$_1$ 的 x 的偏差 × 数据$_1$ 的 y 的偏差
+数据$_2$ 的 x 的偏差 × 数据$_2$ 的 y 的偏差
⋮
+数据$_n$ 的 x 的偏差 × 数据$_n$ 的 y 的偏差）× $\frac{1}{n}$

相关系数的计算方法

$$相关系数 = \frac{协方差}{x的标准差 \times y的标准差}$$

辛普森悖论

大学整体的录取率男生高，每个学院的录取率却是女生高？

假设有一所由理学部与医学部构成的大学。在某一年的入学考试中，男生的录取率为53.6%，女生的录取率为43.0%。根据这一数据，估计有人会说“入学考试对女生来说比较难”。

然而，不可思议的是，从每个学院的录取率来看，结论则完全相反。无论是理学院，还是医学院，女生的录取率都高于男生（右页下图）。

这种现象被称为“辛普森悖论”。英国统计学家爱德华·辛普森（1922～　）在1951年通过这样的案例指出，关注角度不同（关

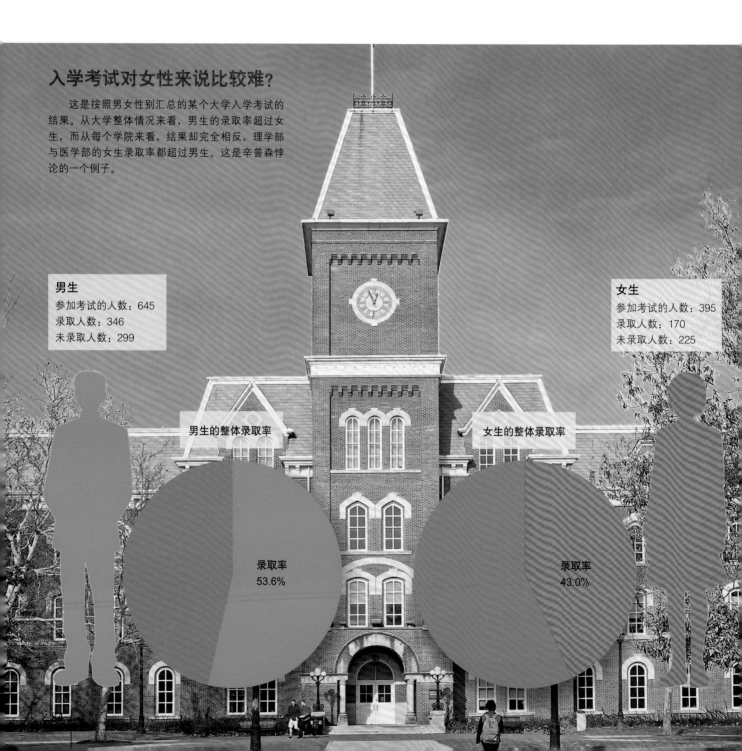

入学考试对女性来说比较难？

这是按照男女性别汇总的某个大学入学考试的结果。从大学整体情况来看，男生的录取率超过女生，而从每个学院来看，结果却完全相反，理学部与医学部的女生录取率都超过男生。这是辛普森悖论的一个例子。

注整体还是局部)，有时得出的结论并不同。

虽然本文只是举出一个虚拟的例子来说明问题，但在美国加利福尼亚大学伯克利分校真的发生了类似辛普森悖论的实例。在 1973 年的研究生入学考试中，女生的录取率比男生低 9%，然而，在调查每个学院的录取率时，却发现在 6 个学院中有 4 个学院的女生录取率高于男生。

为了不被统计“谎言”所欺骗

辛普森悖论显示，只看整体或只看局部都有导致不正确结论的危险。换句话说，如果有人恶意使用这个悖论，完全可以只强调整体或局部单方面的数据，主张对自己有利的权益。

例如，当发布“高收入人群与低收入人群的平均年收入都增加了，而整体平均年收入却减少了”这一结果时，根据不同层次的数据，会出现“经济繁荣”与“经济衰退”这两个完全相反的观点。为了不被统计谎言所欺骗，我们应该仔细甄别这样的悖论。

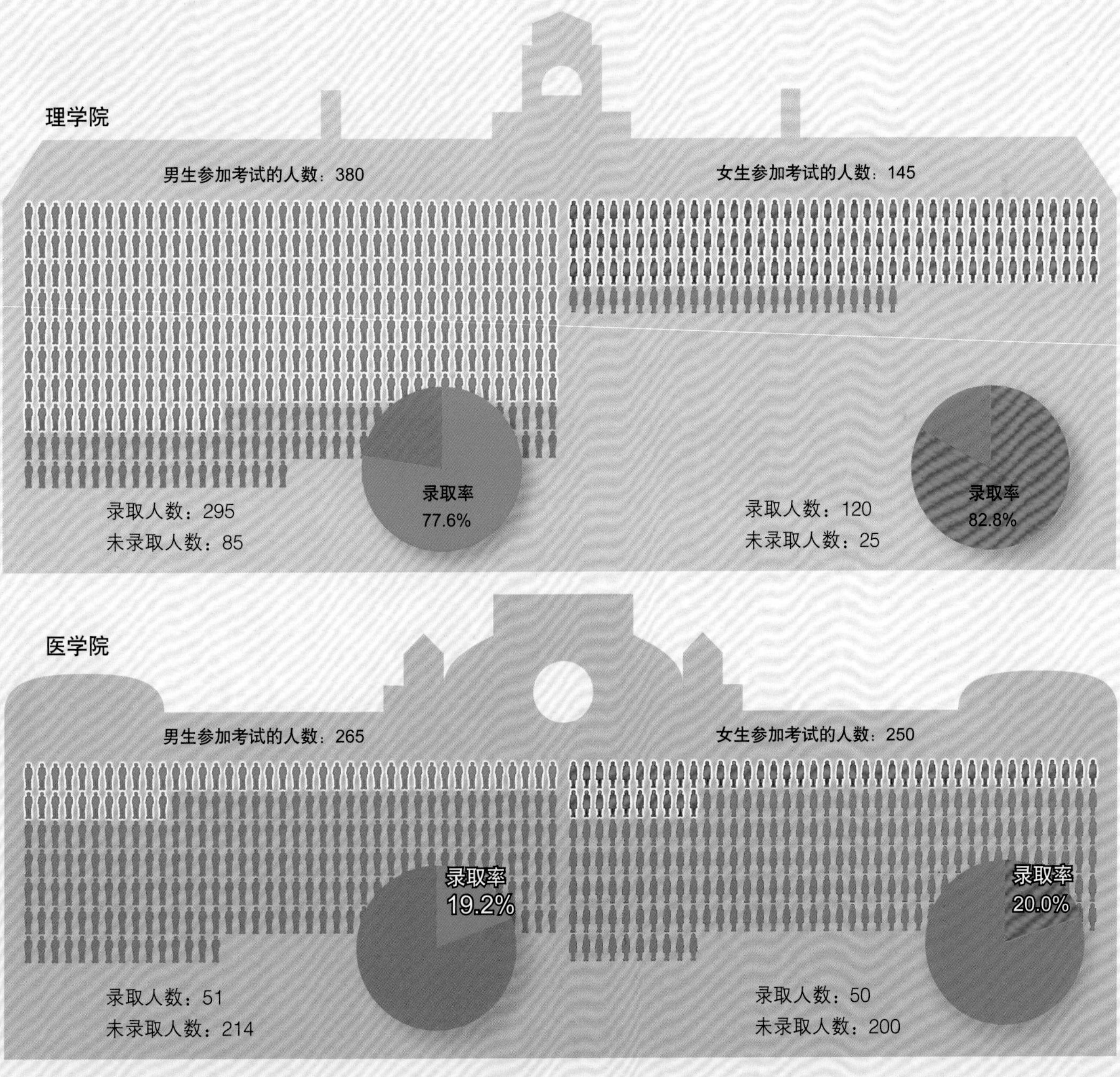

关注“首位数字”，看穿造假！

在本章的最后，我们来了解一下隐藏在统计数据背后的非常有趣的“本福特定律”。

右页上方的图①为世界各国国土面积数的“首位”数字（从1到9）的汇总结果。例如，日本的国土面积大约为38万平方千米，所以，首位数字是3。对约200个国家进行调查的结果显示，首位数字是1的国家最多，占28.6%，其次是2和3。图②是225家企业的股价，也是首位数字1占的比例最大。图③是报纸中出现的数字，同样也是首位数字1最多，图形的趋势是相同的。

大家可能会认为，分散数值的首位数字从1到9出现的频率好像应该相同。不过，在大量统计数据中，首位数字是1的频率最大，首位数字是8或9的概率则比较小。

有助于发现财务或选举的造假

美国物理学家弗兰克·本福特（1883～1948）在调查河流流域面积、物理常数及新闻报道中出现的数字等两万多件样品的基础上提出了这一定律，因此，这一不可思议的定律被称为“本福特定律”。

本福特定律不仅有趣，而且还能在现实社会中发挥作用。在审查公司财务或选举结果时，“数值是否遵循本福特定律”是推测是否存在造假行为的指标。

需要说明的是，本福特定律并非适用于所有数值。类似电话号码、彩票等位数固定的数值并不适用这一定律。

什么是本福特定律？

右页图①～③是对我们身边出现的一些数值进行调查，把首位数字（1~9）的出现频率转换为图形的结果。无论哪个图形都是1出现的频率最多，其次是2、3…，数字越大，出现的频率越少（本福特定律）。

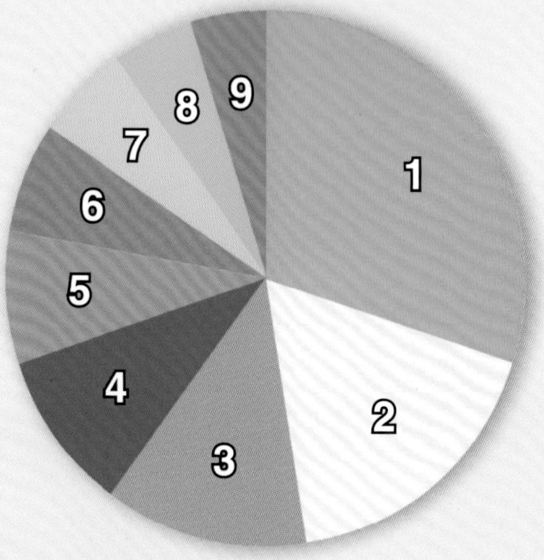

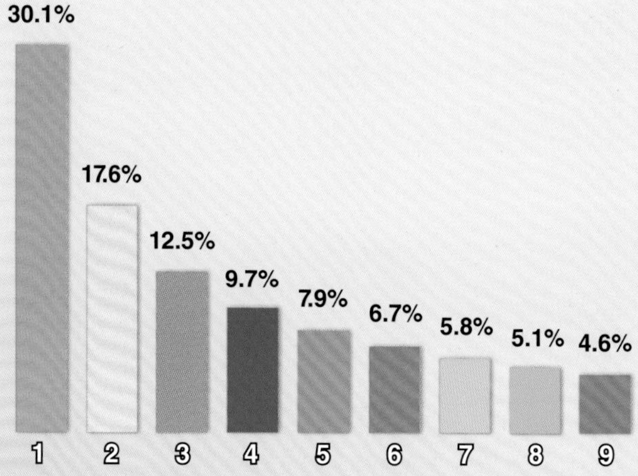

因篇幅所限，这里省略详细说明。但可以肯定的是，本福特定律与数学上的重要概念“对数”的关系非常密切。对数是表示如“2的几次方是16”的值，用log表示，写为$\log_2 16=4$。上方的条形图和饼状图都是用百分比来表示$\log_{10}(\frac{n+1}{n})$的值（n可从1到9选取）。从中我们可以发现，右页的图①～③都与上面的条形图相似。

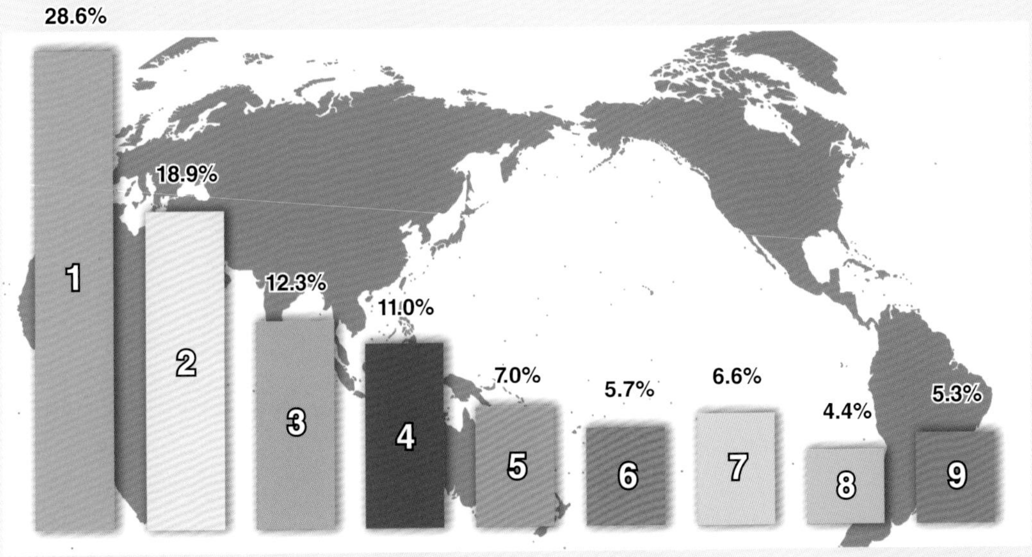

①国土面积

大约 200 个国家国土面积（平方千米）的调查结果。

②股价

225 家企业在 2019 年 1 月某日的股价的调查结果。

③报纸上出现的数字

弗兰克 · 本福特对报纸上出现的 100 个数值进行调查的结果。

总结

掌握这几点就行！

平均数

n 个数据（$x_1 \sim x_n$）的总和除以 n 得到的值称为平均数（也称为相加平均）。当用一个数值代表整体数据的特征时，这一数值称为“代表值”。平均数是统计中最常用到的代表值。

$$\text{平均数} = \frac{x_1 + x_2 + \cdots + x_n}{n}$$

方差与标准差

有 n 个数据（$x_1 \sim x_n$）时，把各数据偏差（与平均值的差）的平方相加，然后除以 n 得到的数值称为方差。方差是表示数据“参差不齐”程度的代表值。在统计学上，有时用希腊字母 σ（读作“西格玛”）的平方——σ^2 表示方差。

$$\text{方差 } \sigma^2 = \frac{x_1\text{的偏差}^2 + x_2\text{的偏差}^2 + \cdots + x_n\text{的偏差}^2}{n}$$

此外，方差 σ^2 的正平方根 σ 称为“标准差”。标准差也经常被用作表示“参差不齐”程度的代表值。

$$\text{标准差 } \sigma = \sqrt{\text{方差 } \sigma^2}$$

正态分布

小球从右图所示装置的上方滚落，遇到立柱后，会从立柱的左侧或右侧落下。假设小球向左滚落的概率为 50%，向右滚落的概率为 50%，那么，小球一旦遇到立柱，必定会向左右两侧中的一侧滚落。如右图所示，装置中滚落大量小球后，堆积在装置下方的小球形成了以中央为中心的山形。

而且，随着立柱与小球的数量不断增加，最后会呈现出更加平缓的山形（钟形）曲线，这一曲线称为正态分布。研究发现，自然界与社会中的大部分数据分布都遵循正态分布，因此，正态分布是统计学中最重要的基础之一。

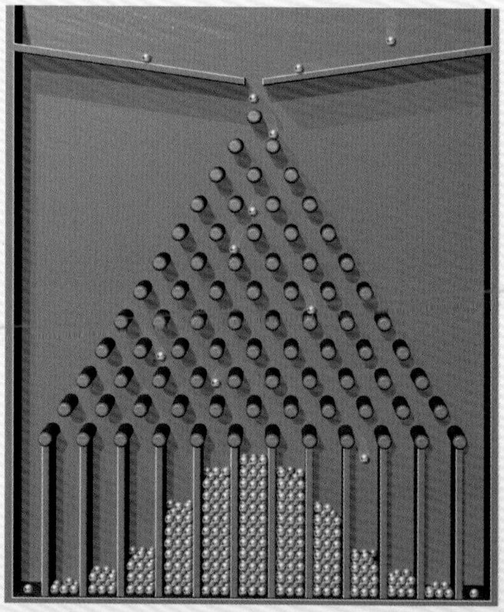

*：如果能够反复实验，例如，击打乒乓球时，它是“向右走还是向左走”；或者在掷骰子时，掷出 1 点还是其他点等，以某种概率来判断事件 A 是否发生，把事件 A 的发生次数用概率来表示，则该分布被称为“二项分布”。法国数学家棣莫佛（1667~1754）在二项分布的研究中发现了正态分布。除棣莫佛外，著名的数学家也关注到正态分布，如约翰·卡尔·弗里德里希·高斯（1777~1855）。高斯注意到正态分布观测的误差，成功地计算出准行星“凯雷斯”的运行轨道。

抽样检查与推断

抽样检查是一种通过随机抽取部分数据来调查整体特征的方法。抽取的数据称为“样本”，随机抽取样本称为“随机抽样”，样本个数称为“样本量”。

通过分析样本来推断整体特征的方法称为“推断”。抽样检查时，只需确定可接受的抽样误差（与样本量的平方根成反比），就能计算出抽样检查结果可靠度较高（约 95%）时所需的样本量。

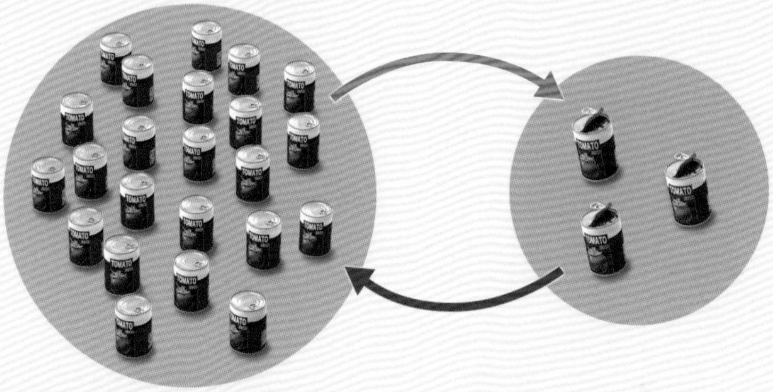

检验

当两组数据（例如，两个班级的考试成绩平均分、新药治疗组与传统药物治疗组的治疗效果等）存在差异时，这个差异是否具有统计意义呢？这时就要进行“检验”。检验时，首先要假定一个“零假设”，这个假设一般与希望验证的结论相反，如“跑步和降低 BMI 之间没有关系”，并以这个假设为基础来考虑结果的概率分布。在该分布中，如果结果的发生概率在某一范围内（一般为 95%），则采用假设，得出“跑步和降低 BMI 之间没有关系”的结论；如果结果的概率超出某一范围（相当于可能性极低的小概率事件竟然发生了），则拒绝假设，得出“跑步和降低 BMI 之间确实有关”的结论。

除了第 80~81 页介绍的 t 检验之外，还有很多检验方法，我们可根据检验对象（数据）的规模与种类来选用适合的方法。

相关系数

如果两个变量具备“x 增大，y 也增大；或者 x 增大，y 则减小”这种关系，则称为“相关”。前者为正相关，后者为负相关。相关系数是相关的指标。各组数据中的 x 偏差与 y 偏差乘积的平均值 σ_{xy} 称为“协方差”，协方差 σ_{xy} 除以 x 的标准差 σ_x 与 y 的标准差 σ_y 所得到的数值即为相关系数。

$$\text{相关系数 } r = \frac{\text{协方差 } \sigma_{xy}}{x \text{ 的标准差 } \sigma_x \times y \text{ 的标准差 } \sigma_y}$$

相关系数通常用 r 表示，r 在 −1 到 1 之间。r 越接近 1，则正相关越强；r 越接近 −1，则负相关越强。认为两个变量相关的临界值在数学上并不确定，会根据涉及的情景及研究领域而异。而且，需要注意的是，即便两个变量之间强烈相关，也并不意味着两者之间存在因果关系。

5 想了解更多统计知识

哪个设计会更吸引客户？大众对于这个问题是怎样考虑的？世界上有很多无法依靠直觉判断的问题，在这种情况下，统计就可以发挥作用。在本章中，将展现不同场景下统计的威力。

45.00元
Newton Mart
收银条
报纸
盒饭
茶
收银条
啤酒
炸鸡块
合计41.50元
Newton Mart
收银条
茶
面包
合计22.00元
Newton Mart
收银条
啤酒
果汁
炸鸡块
饭团
零食
饭团
果汁
炸鸡块
啤酒

数据采集

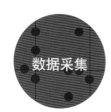

探究隐藏在销售数据中的热销信息

“当卖出某件商品时，向顾客再推荐哪个商品会提高销售业绩？”

假如你是某个超市的店主。如果事先知道“搭配某件商品会更容易销售”的话，就会在这些商品的旁边陈列搭配商品，或者向选中该商品放进购物车的顾客推荐另一个搭配商品，以提高销售业绩。

因此，**让我们从众多顾客的收银条中探究一下，哪些是“容易和其他商品一起购买的商品”。**

把收银条排列起来看，很难看出和哪个商品一起搭配容易销售（1）。所以，让我们首先把售出的商品登记在下表内（2），进一步把范围缩小到频繁售出的 4 种商品之内（3），计算这些商品一起售出的概率（4）。这样，可以预测买了零食的顾客很可能会买果汁；买了炸鸡块的顾客会有 75% 的概率买啤酒。

以此类推，**只要巧妙地从一直被视为无用的堆积如山的收银条中整理出数据，就能得到有用的信息。**统计学家显露本事的地方就是以某种标准从庞大的、难以捉摸的数据中锁定信息。

这种分析进一步发展的结果就是“数据采集”。近年来，利用计算机能够分析几十万顾客的数万种商品的销售数据。

美国的一些商场会从顾客采购的商品中预测他下一步打算买什么商品，送给他积分券。沃尔玛超市还导入了天气分析，发现飓风到来之前容易销售的点心是什么。如果你在便利店或超市买的商品比你预想的更多，那也许就是店家周密分析后的成果了。

探究顾客隐藏的喜好

让我们从顾客的收银条中寻找他们容易搭配购买的商品是什么。

1. 上图表示了 7 位顾客的收银条，这样还很难看出购物有什么倾向，让我们整理成下表。

顾客身份	零食	茶	报纸	饭团	面包	啤酒	果汁	炸鸡块	盒饭
10～19岁的女性	1						1	1	
20～29岁的男性						1		1	
60～69岁的男性		1	1						1
20～29岁的女性		1			1				
20～29岁的男性				1		1		1	
30～39岁的男性	1			1		1	1	1	
10～19岁的男性	1						1		
合计	**3**	**2**	**1**	**2**	**1**	**3**	**3**	**4**	**1**

2. 把 7 位顾客的所购物品汇总在一张表格里，这样就能看出热销的炸鸡块和不太热销的报纸之间的购买数量差别了。

想了解更多！

数据提炼的“频度”和“条件概率”

为什么预测“容易出售的商品组合”需要下表3和4那样的操作？

例如在左图2的表格里，买了报纸的只有一个人。从这张表很容易推测“买了报纸再买盒饭的概率是100%”。然而，仅从一个人的行为推测整体是有风险的。所以，在下表3中，找出的是“3个人都买的商品”。我们把这里表示“几个顾客买了”的指标称为“频数”。

在4里“买了炸鸡块的人买果汁的概率（A）”和“买了果汁的人买炸鸡块的概率（B）”是有区别的。你也许会认为这实际上是一回事，但A是4人中的2人，概率是50%，B是3人中的2人，概率是67%。这样，两个商品之中，根据哪个为基准来推测推荐商品被购买的概率，结果是不同的。这种“在已经购买了一样商品的条件下另一样被购买的概率”称为“条件概率”。

本页中，我们是从顾客的收银条中整理的数据，实际的店铺在商品结账的同时，就会自动进行数据统计。这种自动统计售出的商品的机制称为“POS系统”。

顾客身份	零食	啤酒	果汁	炸鸡块
10～19岁的女性	1		1	1
20～29岁的男性		1		1
60～69岁的男性				
20～29岁的女性				
20～29岁的男性		1		1
30～39岁的男性	1	1	1	1
10～19岁的男性	1		1	
合计	**3**	**3**	**3**	**4**

3. 从左图2中抽出销量在3及以上的商品归纳到一张表内。

	零食	啤酒	果汁	炸鸡块
零食		**33**	**100**	**67**
啤酒	**33**		**33**	**100**
果汁	**100**	**33**		**67**
炸鸡块	**50**	**75**	**50**	

4. 让我们从买了某个商品的顾客再买其他商品的概率是百分之几开始预测。比如，在上表中，买了零食的顾客中，又买炸鸡块的顾客的比例是3人中的2人，也就是占比67%。把这个67%的概率记入横轴表示零食、纵轴表示炸鸡块的格子里。反过来，买了炸鸡块再买零食的概率为50%。从此表中可以看出：如果顾客买了啤酒，就向他推荐炸鸡块，被购买的可能性会很高。

今年的葡萄有多少会变成 10 年后的葡萄酒？

相关分析和回归分析

1 瓶葡萄酒的价格，既有 100 元左右的，也有超过几万元的。这个差别与“葡萄酒的味道”关系很大。葡萄酒的味道不仅和葡萄酒生产的年份有很大关系，而且随着时间的推移，其味道也在不断变化。所以，刚生产出来的葡萄酒不好喝，可能 10 年后就会变得好喝，价格也随之上涨。迄今为止，只能参考品尝过味道的评论家的意见购买刚生产的葡萄酒，不过他们的预测也可能不准。

因此，葡萄酒爱好者、经济学家奥利·阿申费尔特（Orley Ashenfelter）教授利用统计，对未来的葡萄酒价格进行预测。阿申费尔特教授调查了许多和葡萄酒有关的因素，发现了对价格产生巨大影

决定葡萄酒价格的 4 个因素

下面的 4 个图（A～D）是阿申费尔特教授发现的、表示决定葡萄酒价格的 4 个要素（“收获年份前一年的 10 月～次年 3 月的雨量”“8、9 月的雨量”“4～9 月的平均气温”和“葡萄酒的年龄”）与葡萄酒的价格之间的关系图。纵轴是表示葡萄酒的价格的指标，图中位置越靠上意味着价格越高，横轴分别是 4 个因素之一。如图 C，表示夏季的气温越高，该年的葡萄酒的价格倾向于越高。

下面，是从这些分布图导出的求葡萄酒价格的“葡萄酒方程式”（图和方程式根据 http://www.liquidasset.com/orley.htm 中的内容做成）。

A.“收获年份前一年的 10 月～次年 3 月的雨量”和价格

葡萄收获前一年的冬季的降雨量越多，葡萄酒的价格倾向于越高（正相关）。

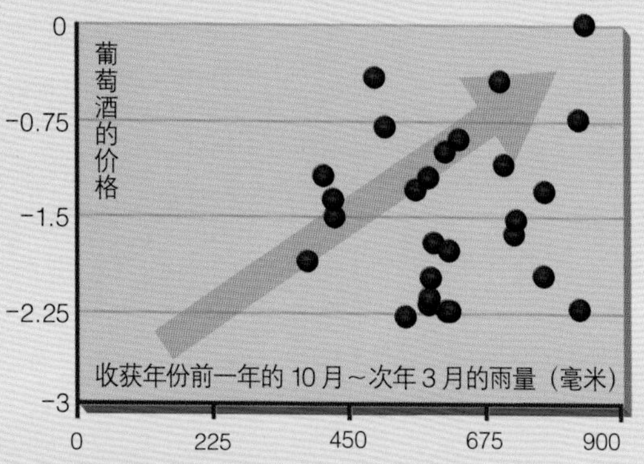

B.“8、9 月的雨量”和价格

葡萄生长的夏季的降雨量越多，葡萄酒的价格倾向于越低（负相关）。

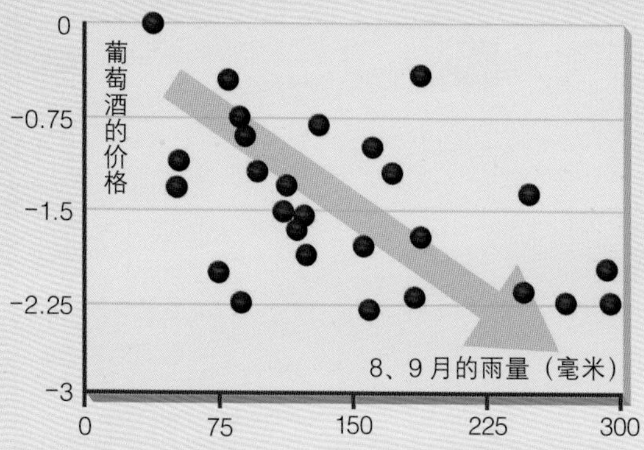

C.“4～9 月的平均气温”和价格

葡萄生长的夏季的气温越高，葡萄酒的价格倾向于越高（正相关）。

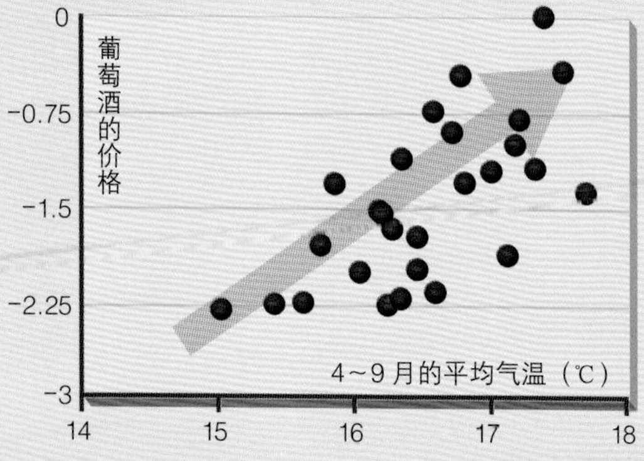

D.“葡萄酒的年龄”和价格

葡萄酒从生产之后保存的时间越长，葡萄酒的价格倾向于越高（正相关）。

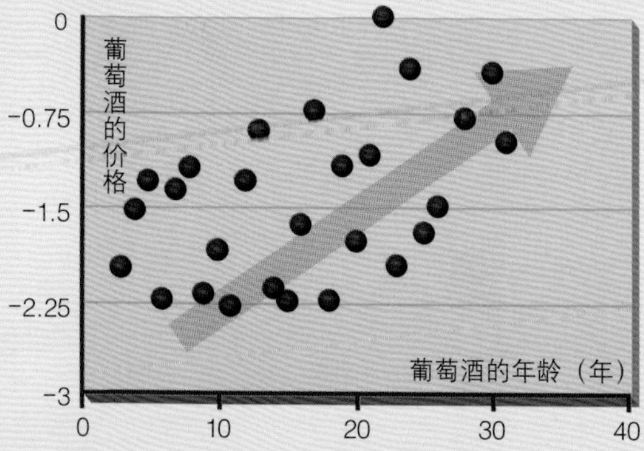

响的 4 个要素，分别是作为原料的葡萄采摘年份的“4～9 月的平均气温”“8、9 月的雨量”“收获年份前一年的 10 月～次年 3 月的雨量”，以及“葡萄酒的年龄”(生产出来后经过的年数)。

把这些要素放在横轴，葡萄酒的价格放在纵轴，用数据作图的结果，可以得到左页图所示的数据凌乱的图表。这样的图称为“分布图”。做出两种要素散布而成的分布图，就能比较方便地看出这些要素之间的关系。比如，一个要素增加的程度影响另一个要素增加的倾向，等等。这种要素之间的关系称为“相关关系”。

例如，在图 A 中，显示了葡萄收获前一年的冬季雨量越多，葡萄酒的价格越高。反之，图 B 显示了葡萄收获年的 8、9 月雨量越多，葡萄酒的价格越低。**像这种把两个要素作比较，研究它们之间存在什么关系的统计手法称作“相关分析”。**

阿申费尔特教授进一步从这些分布图导出了“葡萄酒方程式”。像这种**从分布图导出代表图上数据的方程式的统计手法称为“回归分析”。**

就这样，不依靠葡萄酒专家，阿申费尔特教授也能预测葡萄酒在将来会不会很值钱。

预测葡萄酒价格的方程式

把左页 4 种相关关系加权组合起来，就能导出“葡萄酒价格的方程式”，下面是阿申费尔特教授导出的方程式。

	收获年份前一年的 10 月～次年 3 月的雨量	×0.00117
−	8、9 月的雨量	×0.00386
+	4～9 月的平均气温	×0.616
+	葡萄酒的年龄	×0.02358
−	12.145	
=	葡萄酒的价格※	

求一下葡萄酒的价格

根据阿申费尔特教授发表的论文，求一下葡萄酒的价格看看。这里所求的是“在 1983 年时，1971 年产的葡萄酒的价格”。代入方程式的 1970～1971 年的气象信息如下：

- 前一年 10 月～次年 3 月的雨量：551 毫米
- 8、9 月的雨量：112 毫米
- 4～9 月的平均气温：16.7667℃
- 葡萄酒的年龄：12 年（1971 年是 1983 年的 12 年前）

把这 4 个数据代入左面的方程式，

$551 \times 0.00117 - 112 \times 0.00386 + 16.7667 \times 0.616 + 12 \times 0.02358 - 12.145 = -1.3214$

用当时的葡萄酒的实际价格求得的指数是“−1.3”。

※ 葡萄酒的价格，在本页上所示的方程式中用“生产后第 t 年的葡萄酒的竞拍价”除以“1961 年生产的葡萄酒的竞拍价”之后的对数来表示。这个指标为 0 时，表示和 1961 年生产的葡萄酒的竞拍价差不多高。值越是比 0 小，表示越便宜。

❖想了解更多！

一个数据增加“1”的时候，另一个数据会有多大变化？从分布图导出方程式的“回归分析”

在分布图中看不出“一个数据（x）增加‘1’的时候，另一个数据（y）会有多大变化？”所以，把分布图中两个数据的关系用“$y=a+bx$”来表示，这就是回归分析。

让我们用图来说明方程式是怎样导出的。右侧的分布图中有 5 个点。首先，画一条尽可能离 5 个点都最近的直线。然后如图所示，从 5 个点分别向直线作直线。然后，对这 5 条线的长度求和，使这个和为最小时所画的直线就是回归分析导出的方程式。

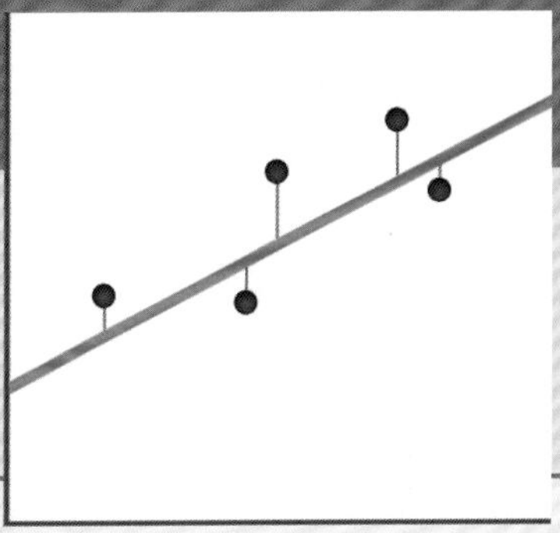

相关分析的陷阱①

入学考试是没有意义的？为什么？

下方的图 A 显示的是某大学的入学考试和入学后的学科考试成绩的相关性。可以预想入学时成绩优秀的学生在入学后也应该成绩优秀，也就是两场测试的成绩应该有相关性。

如果观察图 **A**，可以发现数据相关离散。比如，学科考试最低分的是入学考试时得分 71 的学生（学生 a），而学科考试得分最高的学生在入学考试时也得了 71 分（学生 b）。入学考试成绩和学科考试成绩之间几乎没有什么关系，入学后是否可以得到优秀的成绩，无法从入学考试的成绩进行推测。这样一来，以入学考试为基础来选择学生就没有意义了吗？

正相关变成“不相关”！？

这张相关性图表并没有问题，但不能从这张图表推导出“入学考试没有意义”的结论。

要想判断入学考试是否有意义，需要把落榜的学生也包含进来进行判断。如果让落榜的学生也接受相同的学科考试，就会变成如下方图 **B** 的一张图表。虽然数据稍有离散，但已经显示出入学考试成绩越好的学生，在学科考试中的成绩越好的“正相关”。**A** 是取了这张散点图中入学考试得分 65 以上的合格者的数据，从而看起来入学

A. 新生入学考试成绩和学科考试成绩的相关性图表

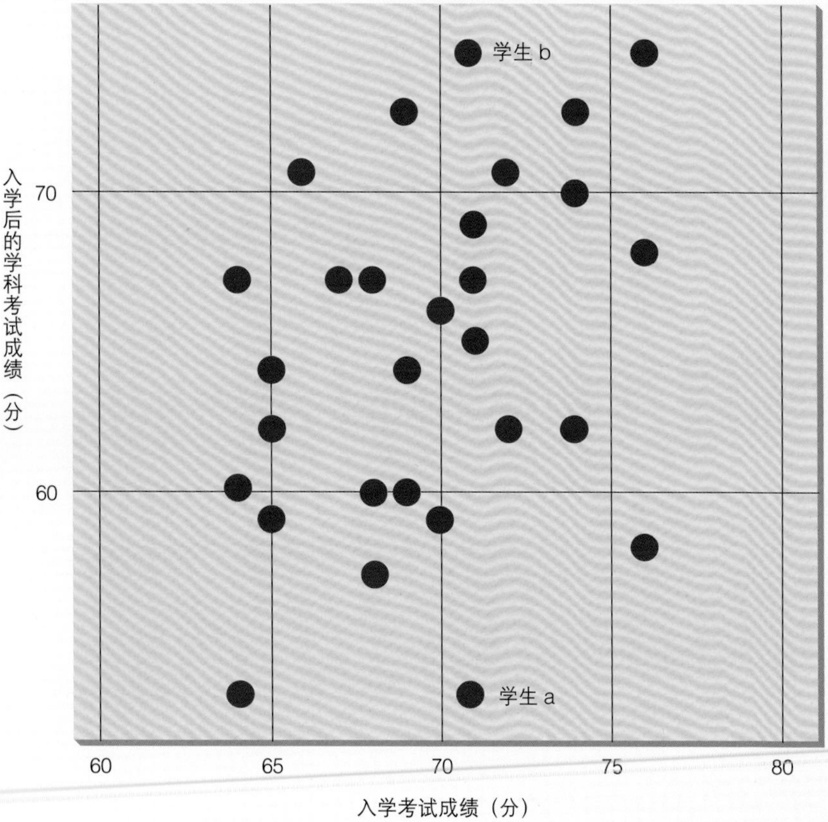

即使入学考试成绩优秀，也和大学里的成绩没关系？

左边图表是横轴为大学入学考试的成绩，纵轴为入学后学科考试成绩的相关性图表，数据相关离散。无论是入学成绩好的学生，还是压线入学的学生，学科成绩的分数差距都很大。那入学考试无法选拔优秀的学生吗？

要想判断通过入学考试选拔学生的有效性，不仅需要包含上榜的，还需要包含落榜学生的成绩来进行判断。如果落榜学生接受学科考试，其得分情况就会分布如下表，可以发现呈正相关关系。像这样过度筛选数据，导致相关性变弱，则称为“选择效应”。

B. 所有考生的入学考试成绩和学科考试成绩的相关性图表

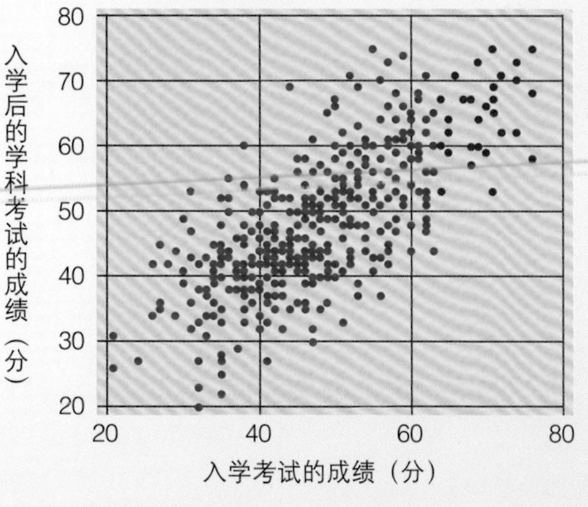

考试和学科考试之间没有相关关系。但在A中包含分数最低的学生在内，从考生整体来看都属于非常优秀的群体。

像这样对数据过度选择而使相关性变弱的现象称为“选择效应”。根据分析数据的选择方法，可能导向错误的结论。

正相关变成“负相关”！？

接下来，我们再介绍不同的数据操作方法推导出相反结论的案例。下方图C的图表是英国统计学家罗纳德·费希尔所列举的比较鸢尾花的萼片的长和宽的数据图表。

观察这张图表，数据相当离散。利用软件计算相关系数的话，得到 -0.2，不知怎么就得出了“萼片越长，宽度越窄”的弱负相关关系。这样思考其实是有问题的，这个分布图本身和左页一样看上去没错，但从这张图表推导出“萼片越长，宽度越窄”的结论是有问题的。

因为这个数据中混杂了非常相似的两种鸢尾花的数据。把这两种花用不同颜色区分（图D），两者都是正相关。明明是萼片越长，宽度也越长的倾向，却最终得到负相关的结论。

像这样，散点图由于不同的数据取样方法，形态也会发生变化。在画相关图时，需要注意不要出现入学考试案例中过度筛选数据，或者鸢尾花案例中那样选取过多数据的情况。

C. 鸢尾花的萼片长和宽的相关性图表

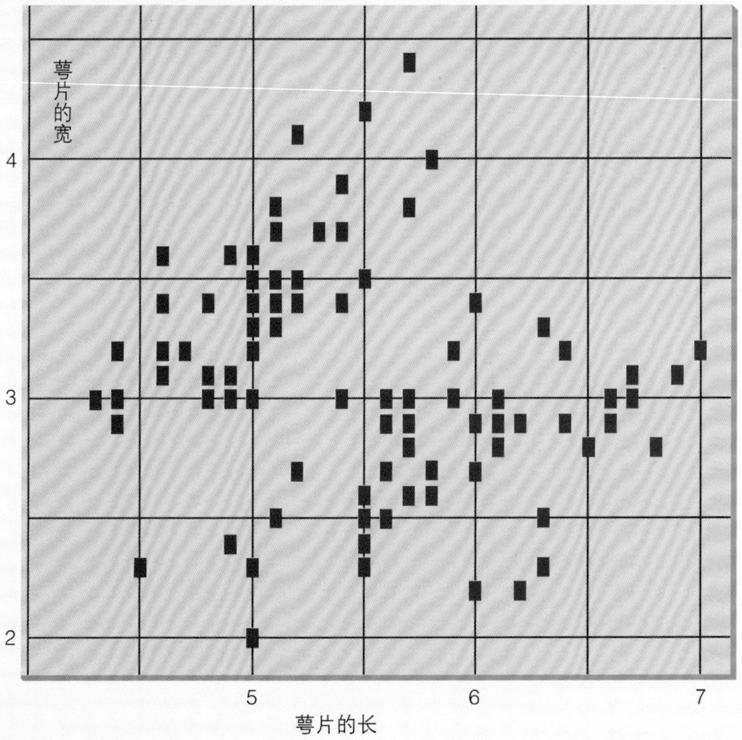

正相关变成了负相关？

左图是关于鸢尾花的萼片长和宽的相关情况，呈现出弱的负相关关系。其实，这个表格是由两种鸢尾花的数据组成的，把两个品种用不同颜色表示，就像下图D一样，就会呈现出正相关关系。

D. 两种鸢尾花分别看……

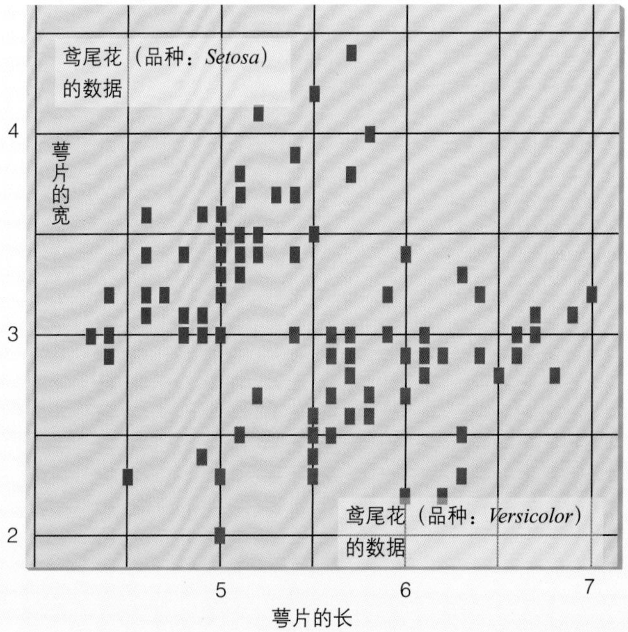

相关分析的陷阱②

乍一看似乎有关的“伪相关”

“学文科还是理科，和手指长度存在相关关系。理科生食指比无名指短的人比较多，文科生两根手指差不多长的人比较多。”

这段话有非常大的问题，虽然理科生有食指比无名指短的倾向，但如果你的食指和无名指不一样，也不是因为你是适合学理科的人，恐怕只是因为你是男性。

一般而言，理科类大学与文科类大学相比，其男生比例会更高。因此，在各个大学调查学生手指长度，就会得出“理科学生食指比无名指短的比例更高”。这样来说，可以认为“理科生还是文科生”和“手指长度不一样”这两个量之间存在相关性。但是，这两个量之间还存在“男性”这个潜在变数，并没有直接的因果关系。这样的情况被称为“疑似相关”。换言之，就是“伪相关”。

即使两个量之间存在相关关系，也不是因果关系。在看相关图表时，要时刻保持这个念头，需要考虑是否存在为两个量带来相关关系的“第三个量”。

你可以找出潜在变数吗？

右面列举了一些“疑似相关”的案例，分别推测一下什么是“第三个量”？您可以尝试挑战一下能否找出“第三个量”，答案倒写在这一页下方。

第三个量是什么？

选取的内容都是以疑似相关作为根据，招致误解的内容。试着考虑一下隐藏在每一个内容中的变数，答案在下方。

C

啤酒的销售额和落水事故的数量之间存在相关关系。如果限制啤酒的销售，或许可以减少落水事故。

A～G 的潜在变数如下：

A：年龄。男性随着年龄增长，有体重增加的倾向。年龄增加，其有年收入增加的倾向。

B：性别。男性有无名指比食指长的倾向，而女性两根手指差不多长的人比较多。男性有比女性更容易选理科学科的倾向。

C：季节（气温）。落水事故出现在夏天比较多，并且啤酒在夏天更畅销。

D：双亲的近视。双亲如果患有近视，孩子就有近视的倾向。此外，根据调查的结果，近视的双亲有在孩子睡觉时开灯的倾向。

E：健康。可以在 40 岁生育的健康女性，其身体相对更健康，因此容易长寿。

F：年龄。随着孩子长大，鞋的尺码变大，文章的阅读能力也有变强的趋势。

G：人口密度。人口越多的区域，犯罪的数量也越多。图书馆等公共设施在人口密集的区域也更多。

A

日本男性年收入与体重有相关性。存在体重越重，年收入越高的倾向。

B

理科生和文科生，与手指长度之间存在相关性。理科生食指比无名指短的比较多，文科生的这两根手指差不多长的人比较多。

D

有开着灯睡觉习惯的年轻人在以后患近视的可能性比较高。应该倡导人们关灯睡觉（根据 1999 年 *Nature* 的论文）。

E

40 多岁生育的女性有长寿的倾向。把 100 岁以上的女性和 73 岁死亡女性进行比较，长寿的女性高龄生育的比例更高。

F

鞋子尺码大的孩子，其文章阅读能力比较强。只要看脚，就可以知道孩子的阅读能力。

G

图书馆越多的街区，对违法药物使用的举报数量也越多。所以要是在街区多建一个图书馆的话，违法使用药物的情况或许也会增加……

捕获和再捕获法

统计栖息在深湖里的鱼的数量

“现在的排除方法是否使入侵鱼种的数量减少了？湖里还剩多少入侵鱼种？”

美国排除入侵鱼种的小组，采用所谓的“捕获和再捕获法”这种统计手法，推测一种鳟鱼［湖红点鲑（Lake trout）］的数量。

在美国黄石公园的湖泊中，自古以来栖息着一种名为割喉鳟（cutthroat trout）的鳟鱼。它们是灰熊、河獭和鱼鹰的主要食物，支撑着周围一带的生态系统。湖的面积约 220 平方千米。

1994 年，在该湖中发现了外来种群——湖红点鲑，估计是垂钓者擅自放进湖中的。后来，这种鱼不断增加，它们把割喉鳟当成食物，使之数量不断减少。

捕获和再捕获法的原理

根据下面的 3 个步骤，可以不必投入巨大的人力就能有效推测出巨大湖泊中鱼的数量。

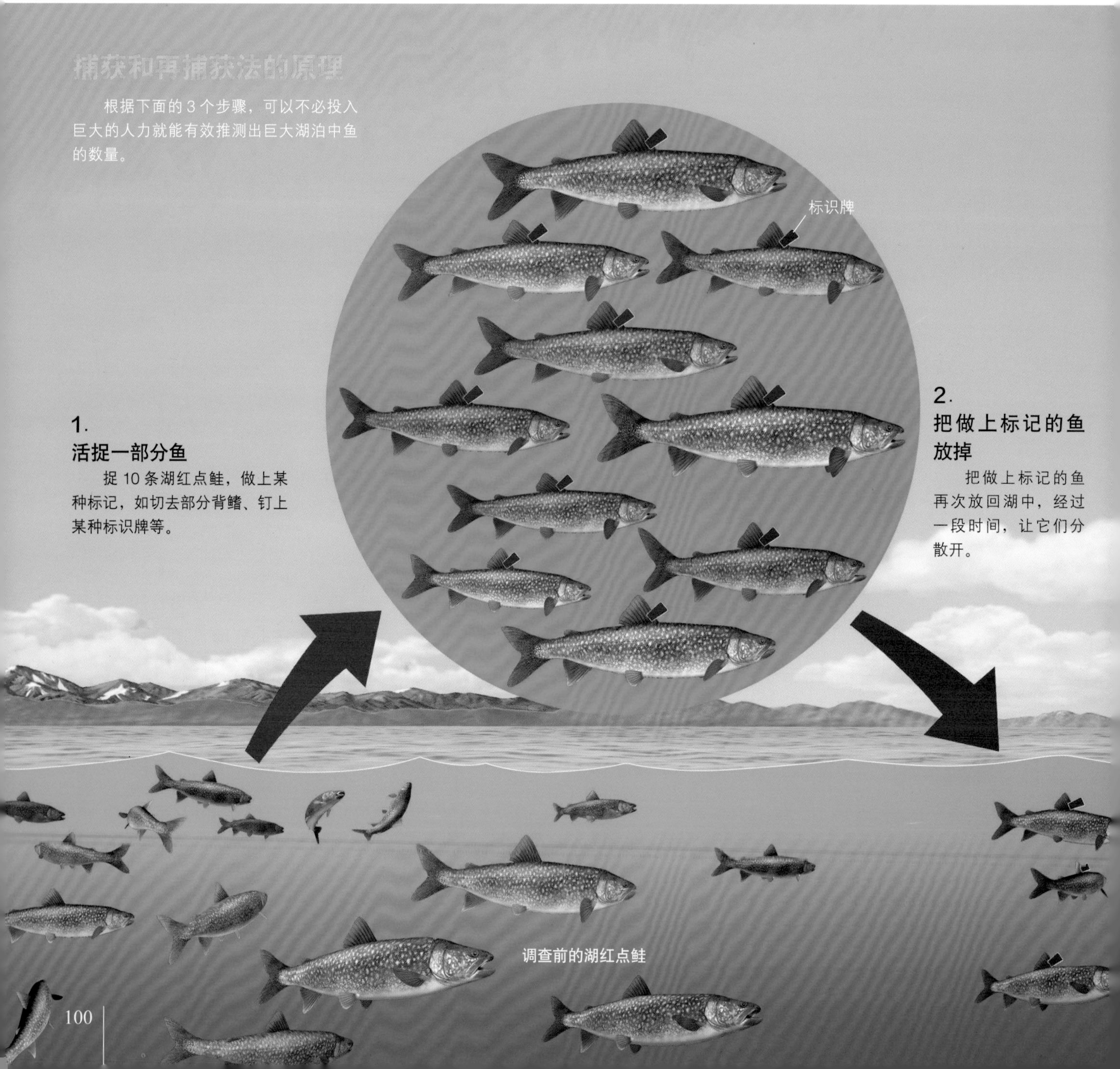

1. 活捉一部分鱼

捉 10 条湖红点鲑，做上某种标记，如切去部分背鳍、钉上某种标识牌等。

2. 把做上标记的鱼放掉

把做上标记的鱼再次放回湖中，经过一段时间，让它们分散开。

灰熊吃不到割喉鳟，又不能深潜到湖中，就改为吃幼鹿为生。因此，周边的生态系统开始发生改变。

黄石公园发现了湖红点鲑之后，从 1994 年就开始清除它。特别是近些年，发起了大规模的清除活动，累计清除了 100 万条。仅 2012 年就清除了 30 万条。另外，调查发现割喉鳟的幼鱼的数量从 2012 年起开始有所增加。在这样不断清除的作业过程中，产生了湖红点鲑还有多少的疑问。

要想得知又深又广的湖中湖红点鲑的数量，和清除它们一样费力。于是，人们采用了捕获和再捕获法。首先，捕捉几条湖红点鲑，给它们做上标记，如切去部分背鳍，再把它们放回湖中；等它们充分混迹于湖里的其他鱼之中后，再行捕捉；通过分析带有标识的鱼占所捕捉到的湖红点鲑的百分比，就能预测全体的数量。这种方法在世界各地被广泛采用。

黄石公园从 2013 年 8 月末开始使用捕获和再捕获法，现在有 3000 条湖红点鲑被做上标记、又放回到湖里。

也许有人会认为抓到了鱼再放回湖里有些滑稽，但这是为了探索更有效地清除湖红点鲑的必不可少的一步。

3. 捕捉一部分鱼，推测总数
等做上标记的鱼和湖中其他鱼充分混杂之后，随机捕捉 10 条鱼。比如，捕到了 1 条做上标记的鱼，如果在做上标记到再次被捕之间鱼的总数没有很大变化，可以推断带有标记的鱼占全体的 10%。全体（100%）也就是 100 条。这样，采用了捕获和再捕获法，只要捕捉一部分鱼就能有效地推测出鱼的总数。
总数 ×10%=10 条
第 2 次捕捉到的鱼中带有标记的鱼的比例
第 1 次捕捉并做上标记的鱼的总数
总数 =100 条
被做上标记后放回的湖红点鲑
混杂有被做上标记个体的湖红点鲑的鱼群

保险①

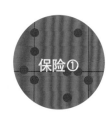

根据统计数据和概率确定保险费

参加人寿保险或财产保险，我们需要向保险公司支付保险费。在出现“万一”情况时，保险公司则按照合同赔付我们保险金。同一种类保险，如果保险公司赔付给客户的保险金总额超过了它从参加保险的全部客户那里收取到的保险费总额，保险公司就会亏本，出现赤字。在实际经营中，保险公司为了预防利率的意外变动和支付正常运营所必需的费用，它必须保证收进的保险费大于支付的保险金。为了维持正常经营而不出现赤字，保险公司会根据过去的统计数据来确定保险费率，以保证保险费和保险金达到平衡。

我们以日本的人寿保险为例来说明这个问题。日本有一个财团法人——日本保险统计师会，它负责汇总各家保险公司向它提供的过去的统计数据，通过分析，统计

确定保险费的原则

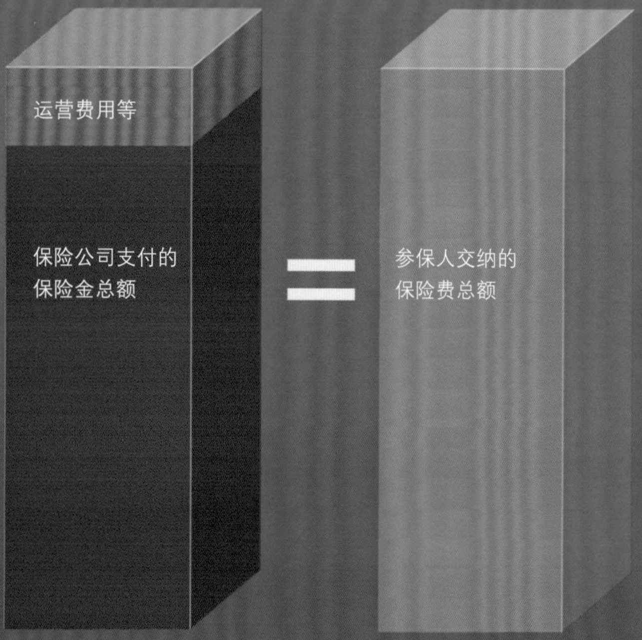

保险业生存的关键是保险公司的支出能够与收入保持平衡。保险公司的支出包括它支付给参保人的保险金，还有运营费用和利率变动的损失等。所有这些支出，全都要分摊到参保人交纳的保险费上。

保险公司支付的保险金总额必须小于公司从全部参保人那里收到的保险费总额，比率小于 100%（公司的运营费用等支出也来自保险费）。换句话说，站在全体参保人的立场，他们的收益预期值必然为负值。不过，参加保险的个人可以在发生意外时得到经济补偿，规避风险，这就是参加保险的好处。

❖想了解更多！参保人必须足够多

参加保险有点类似赌博。站在保险公司的立场，支付的保险金越少，经营得越好。然而站在参保人的立场，交了保险费，自己却没有发生意外（这本来是好事），得不到保险金，保险费就像是白交了。

对于单个参保人，保险公司是否支付保险金，完全是随机事件。但是，只要参保的人足够多，保险公司就有把握使它支付的保险金保持在当初按照概率所确定的总额之下。这就是说，保险公司的经营依靠的是大数法则。

地震灾害保险的原理

在日本，地震灾害保险是对各地区发生地震的风险进行评估，根据风险评估的结果来确定保险费。在此地图上，淡蓝色表示风险低的地区，红色越深，代表风险越高。评估结果：风险高的地区，确定交纳的保险费也比较高。确定保险费时还要考虑到房屋的结构（如是否木质结构）和使用年数等其他因素。

出在一年内各种不同年龄的人的死亡率，并把所得结果公开发表。比如，在一年内，20 岁男性的死亡率为 0.059%，40 岁男性的死亡率为 0.118%，60 岁男性的死亡率为 0.653%。各家保险公司以它公布的死亡率为基准来确定保险费。

为了方便说明问题，这里来考虑一种比较简单的人寿险。根据这个险种的合同，被保险人如果在一年的合同期内死亡，保险公司应该支付保险金 1000 万日元。当然，保险公司还会把利率和公司的运营费用也考虑进来。

假定每个年龄段都有 10 万人参加保险，20 岁男性一年内的死亡率是 0.059%，也就是说，预计会死亡 59 人。保险公司需支付保险金的总额为 59 × 1000 万日元 = 5.9 亿日元。为了简单起见，这里姑且不考虑利率和运营费用，那么，这 5.9 亿日元必须由参加保险的 10 万人分担。计算结果：参加这个品种人寿保险的人每人必须交纳保险费 5900 日元。死亡率随年龄增加而增大，因此，年龄越大，保险费越高。

对于人身意外伤害保险，基本上也是用这种方法来确定保险费。根据过去的意外伤害统计数据求出支付的保险金，进行风险评估，从而确定保险费率。

人寿保险的原理

左侧图解显示的是参保人在一年合同期内死亡，保险公司须支付 1000 万日元保险金的一个生命险种的保险费计算方法。这里只分析了年龄分别为 20、40 和 60 岁三种年龄男性的情况。假定每类男性的参保人均有 10 万人，此人数乘以该年龄的死亡率就是保险公司预计要支付的保险金总额。每位参保人分摊的金额等于此保险金总额除以参保人数。把保险公司运营费等其他支出考虑进来，参保人实际交纳的保险费自然要高于他所分摊的那份保险金。

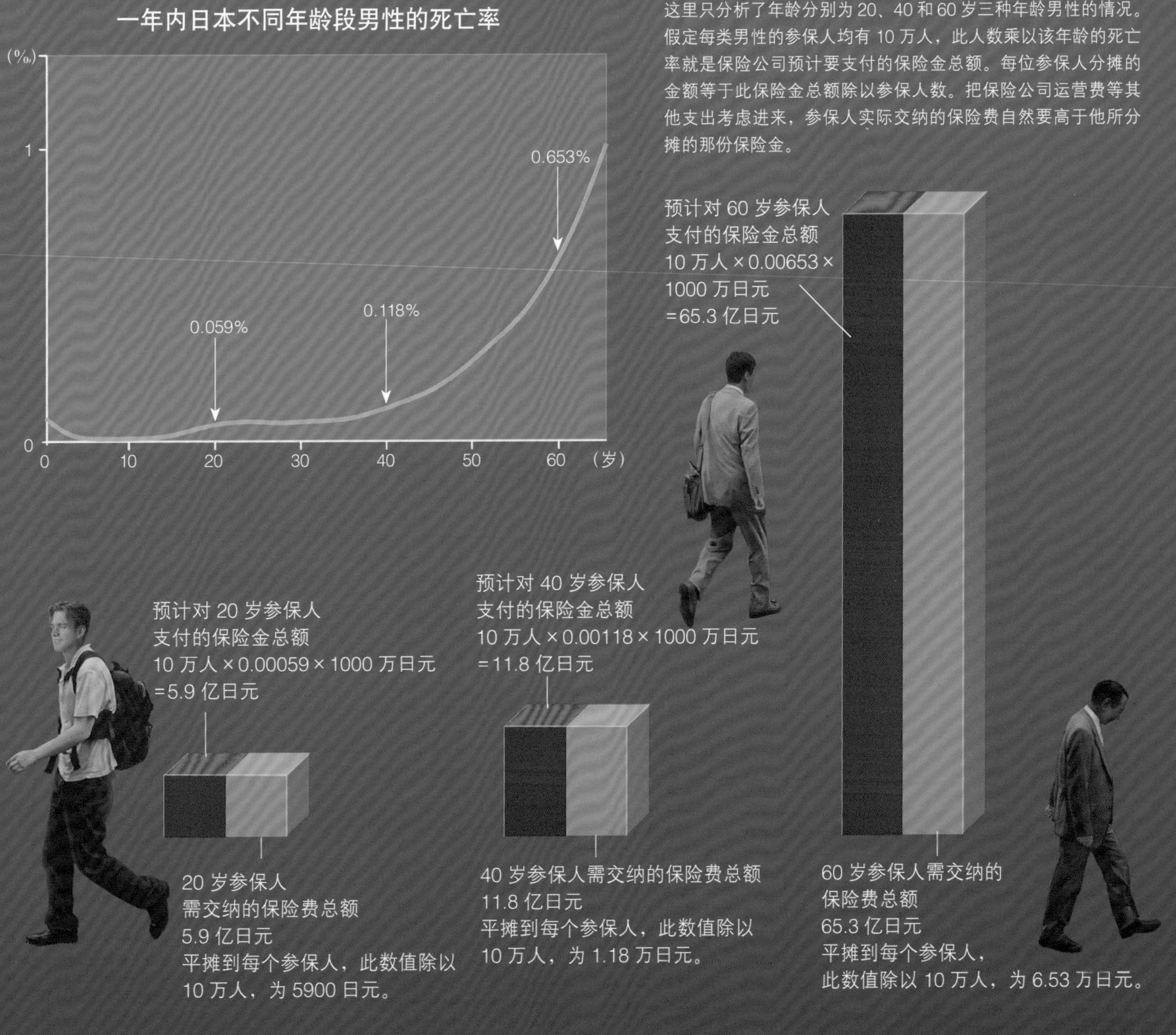

一年内日本不同年龄段男性的死亡率
(%)
1
0
0
10
20
30
40
50
60
(岁)
0.059%
0.118%
0.653%
预计对 60 岁参保人
支付的保险金总额
10 万人 × 0.00653 ×
1000 万日元
=65.3 亿日元
预计对 40 岁参保人
支付的保险金总额
10 万人 × 0.00118 × 1000 万日元
=11.8 亿日元
预计对 20 岁参保人
支付的保险金总额
10 万人 × 0.00059 × 1000 万日元
=5.9 亿日元
20 岁参保人
需交纳的保险费总额
5.9 亿日元
平摊到每个参保人，此数值除以
10 万人，为 5900 日元。
40 岁参保人需交纳的保险费总额
11.8 亿日元
平摊到每个参保人，此数值除以
10 万人，为 1.18 万日元。
60 岁参保人需交纳的
保险费总额
65.3 亿日元
平摊到每个参保人，
此数值除以 10 万人，为 6.53 万日元。

保险②

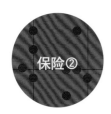

计算 10 年保期的保险费用的方法

人寿保险有很多种类，最简单的是定期缴纳保险费用，保障期间到期后，结束合同的“无返还型”保险；另外，还有缴纳的保费有部分可以储蓄的保险，以及定期返还一部分金额的保险等。

前一页讨论了“投保 1 年以内死亡”赔偿 1000 万日元，“保障 1 年”的无返还型人寿保险。这里让我们来考虑近年参加人数比较多的“投保 10 年以内死亡”赔偿 1000 万日元，“保障 10 年”的无返还型人寿保险。

右页中推算了向 10 万个 30 岁的日本男性售卖 10 年期的保险产品。

30 岁男性在投保 1 年内死亡的预期人数是 68 人，因此第 1 年保险公司需要支付的保险金总额是 68 人 × 1000 万日元=6.8 亿日元，和 1 年的保险金额相等。但从第二年开始，预期死亡人数会变多（死亡率上升），支付的保险金也会增加，同时负担保险费用（购买保险）的人也在减少。

所以，10 年间保险公司预计支付的保险费总额为 81.1 亿日元（=6.8 亿日元 +…+10.9 亿日元）。10 年间的参保人数总计 99 万 9298 人（=10 万人 +……+9 万 9901 人）。忽略保险公司的经费等，这些人数需要负担 81.1 亿日元。结果计算得出参保者每人的保险费用约为 8116 日元。比一年期的保险费用 6800 日元还要贵。

像这样保障年数比较长的生命保险，定价还包含了未来的保险金支付额增加的部分，因此比 1 年期的人寿保险费用更高。因此，相较 1 年期的保险，即使保险额度同样为 1000 万日元，但价格变高了。

合同年数不同，保险费也不同

右侧示意图中为在向 10 万位 30 岁男性推出 10 年期保险额为 1000 万日元的人寿保险时，求保险费用最低为多少。并且假定参保者每年都支付一定额度的保险费用。这个保险费用可以通过平衡保险公司支付保险金的总额和参保者支付保险费用的总额来计算。下方示意图还计算了 1 年期的保险费用。

在示意图中各年龄的死亡人数时，通过“人寿保险生命表 2018（死亡保险用）”（日本精算师学会）中总结的死亡率推算而出。

❖想了解更多！人寿保险从“死亡率”开始

原始的保险在统计学诞生之前就存在了。在各地都有由一些人共同出资建立，约定当不幸发生时，向受害者或其家属支付一定的金钱。

但这个机制存在问题。根据经验，年龄越大的人患病和死亡的风险更高。如果缔结约定的成员之间存在年龄差，那么出资金额如果相同就显得不公平，但不确定谁都可以接受的支付金额的计算方法。

1693 年，哈雷彗星的发现者——英国天文学家埃德蒙·哈雷，根据德国一个地区的死亡记录制作发表了不同年龄死亡率一览表的“生命表”。由此，大家广泛知道了从大的群体中看，不同年龄的死亡率几乎是确定的。基于统计数据的保险就是从哈雷的成果开始的。

埃德蒙·哈雷
（1656～1742）

1 年期保险的制定方法

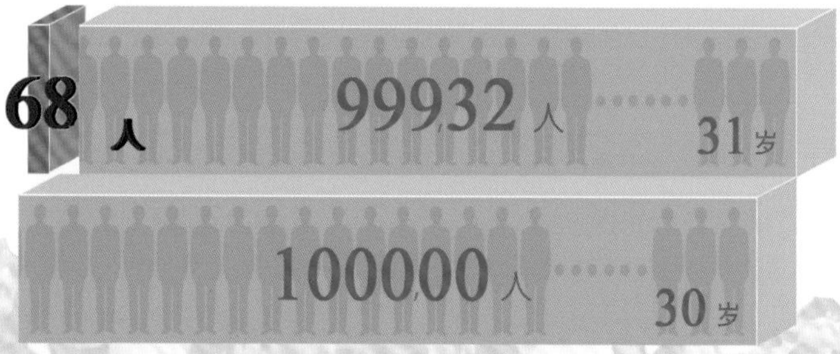

68 人 × 1000 万日元
=6 亿 8000 万日元 = 100000 人 × ? 日元

据此，1 年期保险的参保者需要支付的保险费用

?=6800 日元

10 年期生命保险的制定方法

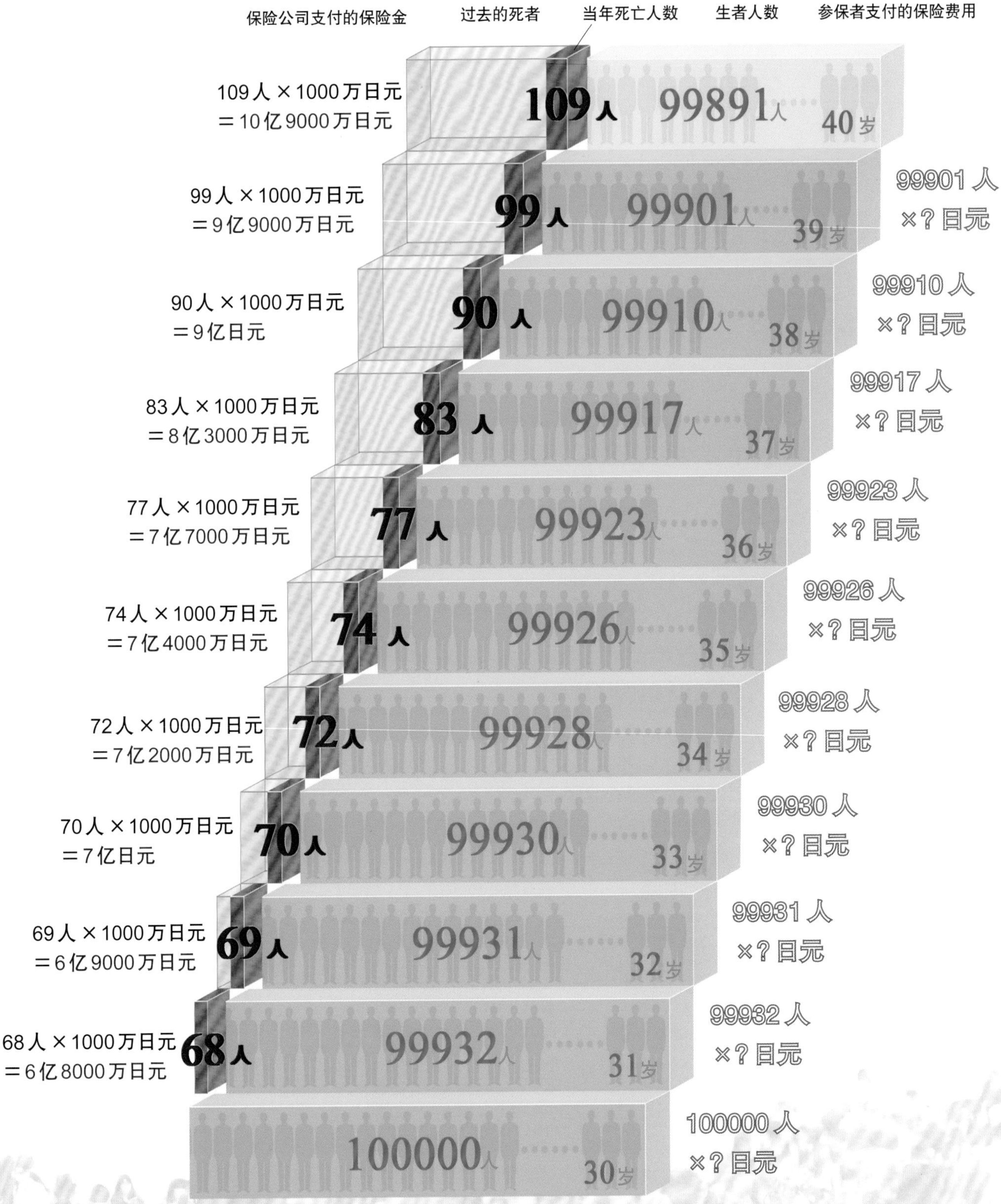

811 人 ×1000 万日元

＝81 亿 1000 万日元 ＝ 999298 人 ×？日元

10 年间保险公司支付保险金总额　　10 年间所有参保者支付保险费用的总额

据此，10 年期保险参保者每年支付的保险费用 ？ ＝ <u>8116 日元</u>

正态分布的偏离

拆穿面包店的骗人伎俩

“是不是那家面包店的面包分量不足啊？”法国数学家亨利·庞加莱（Jules Henri Poincaré，1854～1912）根据正态分布的性质拆穿了面包店的骗人伎俩。

庞加莱常去的面包店出售“1 千克面包”，但不是每个面包都是一样重的，每个面包的重量都有稍微的不同。每天都在这家店里买面包的庞加莱决心调查一下面包的重量。**1 年后，把重量分布画成图，呈现出以 950 克为顶点的正态分布**。这是因为面包店克扣了 50 克，是以 950 克为基准烘烤面包的。

面包店收到庞加莱的警告之后，每次给庞加莱的面包比以前大，但庞加莱并不满足，继续调查所买的面包的重量。

结果，发现了下述情况：**峰值为 950 克还是没有改变，只是不再是左右对称分布了，950 克以下的面包变少了。**

庞加莱马上发现真相：**面包店并没有反省，没有以 1 千克为基准，仍旧以 950 克为基准烤制面包。只是当庞加莱来买的时候，挑店里个头大一些的面包给他而已。**受到庞加莱第二次揭露的面包店不由倒吸一口冷气。

像这样应该按照正态分布的某种现象，画出来的分布图却不是正态分布时，可以推测很可能有异常发生。

例如，在现代制造业中，现场检查零部件的质量，使用的是正态分布法。工厂正常运营的话，零部件的大小和重量应该和面包的重量一样，符合正态分布。如果分布图开始不符合正态分布的形状，可以推测一定是设备发生了什么异常。

通过调查数据的分布，再次拆穿面包店的伎俩

右页上面的图是庞加莱在 1 年之间绘制的关于每天所买面包的分布图。横轴是面包的重量，纵轴是个数。面包是打着“1 千克装”的幌子出售的。庞加莱画出的是正态分布图，发现了 950 克左右的面包比例最高，从而拆穿了面包店不是以 1 千克为基准，而是以 950 克为基准销售面包的伎俩。

右页下面的图是当面包店受到庞加莱指责面包重量有问题之后，庞加莱绘制的他买到的面包的重量分布图。图像偏离了正态分布（虚线部分），950 克以上的面包增多，低于 950 克的面包减少。结果是平均重量超过了 950 克，但最多的还是 950 克左右的面包。根据这个图，庞加莱拆穿了面包店仍旧以 950 克为基准烤制面包的伎俩，只是把比较大的面包给了自己而已。

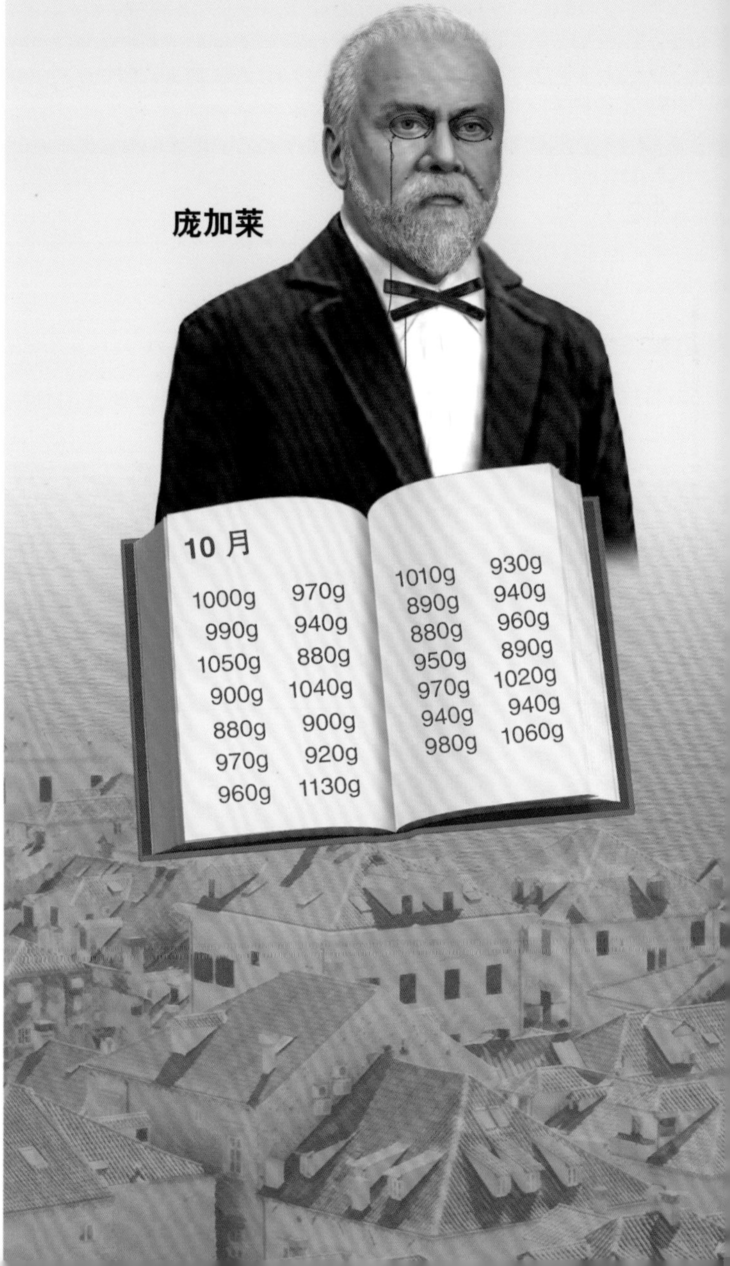

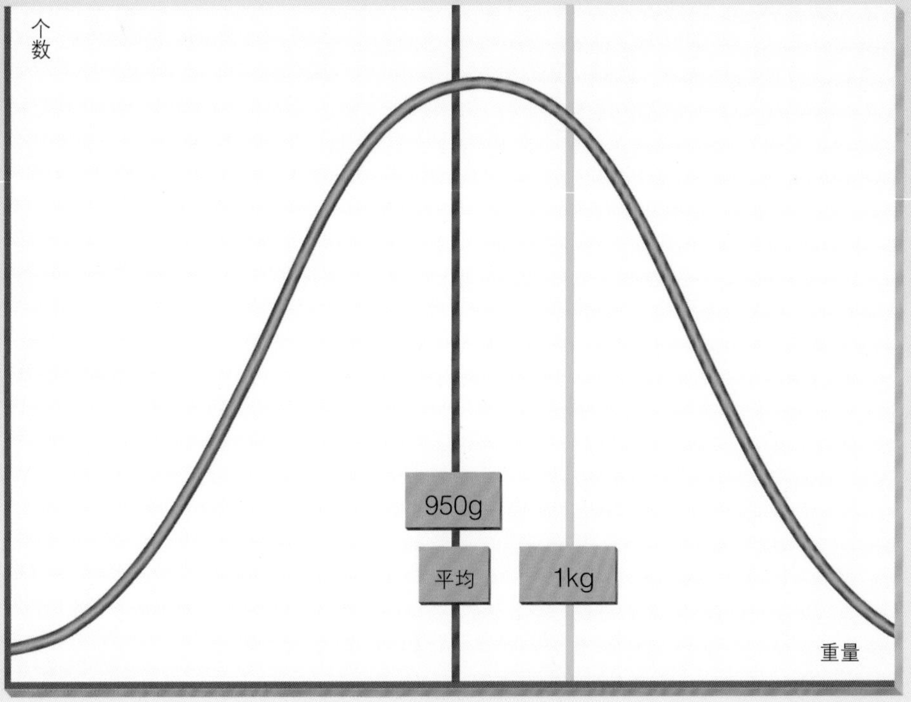

❖想了解更多!

用正态分布揭穿谎言

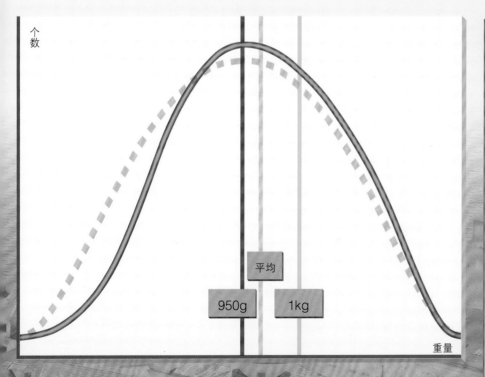

还有下面这个例子是用正态分布揭穿谎言的。科学家凯特勒（Lambert Adolphe Jacques Quetelet，1796～1874）发现法国军队的征兵体检中，对身高分布在 157 厘米左右的部分有疑问。

其原因是：有一部分人不愿意参军。当时是不招募身高不足 157 厘米的男性的。所以，略比 157 厘米高一些的人，故意装矮了。记录结果就不是正态分布图形了：刚超过 157 厘米的人特别少，而不到 157 厘米的人特别多。

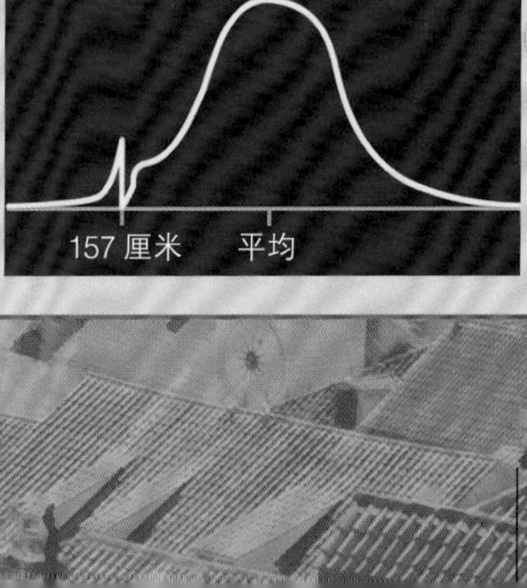

Column 3

用标准差计算投资风险

股票是一种像商品券或现金支票那样的有价证券，企业为从投资者那里得到资金而发行。

购买股票的投资者，可以通过企业利润“分红”和在股价上升时卖出而获得收益。但如果计划落空，购买的股票价格下降，在此时失去信心而卖出的话，就会发生亏损。

因此，投资者需要慎重选择投资怎样的股票。在这时必然会有平均差和标准差的“登场”。

首先来比较“股价的变化率”

根据不同的企业，每一股的价格都是不同的。因此，同样是“股价上涨 25 日元”，根据股票不同，其意义也不一样。

假设在 A 股票和 B 股票上各投资 1 万日元。A 股票每股是 100 日元，所以是获得 100 股；B 股票每股是 1000 日元，所以可得 10 股。

然后，A 股和 B 股都上涨了 20 日元：A 股就产生了 100 股 ×20 日元 =2000 日元的潜在收益，而 B 股只能得到 10 股 ×20 日元 =200 日元的收益。同样是 1 万日元的投资，股价同样上涨了 20 日元，收益却相差 10 倍。

因此投资者在比较各种各样的股票时，关注的并不仅是“股价变化”，还有“股价的变化率”。对于股价，投资者关注的是上涨了多少比例。

股票风险用“标准差”表示

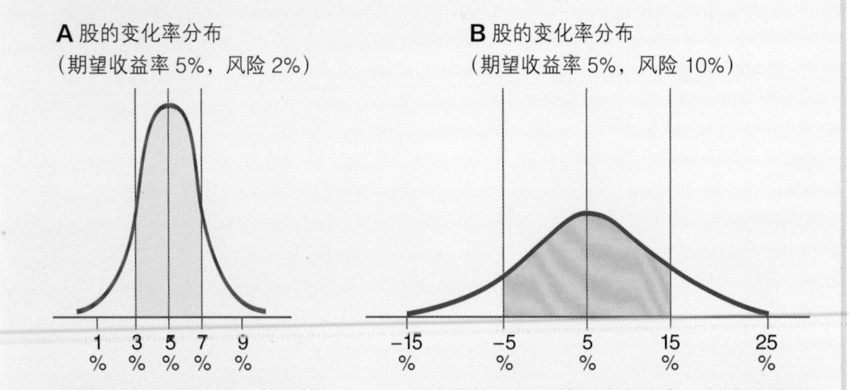

风险比较低的股票，其股价的变化率多在平均变化率的附近变动。

风险高的股票，其股价变化率大幅度偏离平均波动率的可能性较高，大幅上涨或下跌都有可能。

我们来看一下前面案例中的变化率。每股 100 日元的 A 股上涨了 20%（变化率 20%），而 B 股则上涨 2%（变化率 2%）。

像这样比较变化率，就可以轻易看出哪只股票可以得到更高的收益。在考虑实际投资股票时，如使用以过去 5 年间的股价变化为基础的“平均变化率”。这个数值多被称为“预期收益率”。

通过“变化率的标准差”来知道风险

利用变化率，可以比较容易地比较股票。但是，只关注变化率是危险的。试看以下两个案例。

①有股价变化率均为 5% 的股票 A 和 B。

② A 股的变化率的标准差为 2%，B 股的变化率的标准差为 10%。

A 和 B 中应该买哪一只股票？

①如果买 100 万日元的股票，一年后两只股票都上涨至 105 万日元，在这时卖出的话，预期可以赚到 5 万日元。只看①的话，A 和 B 可以

股票风险越高，平均变化率也会变高

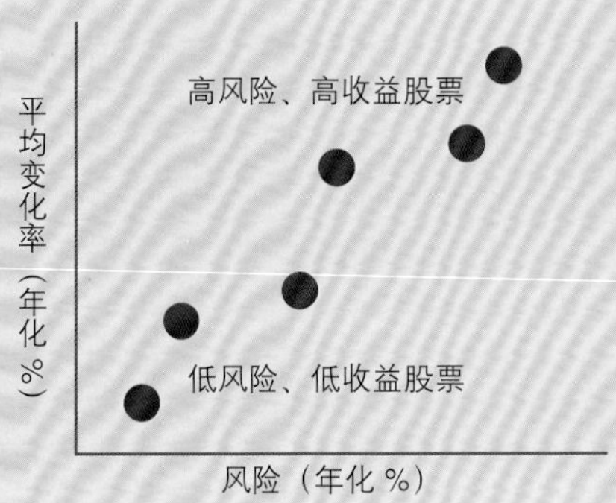

像股票这样的投资产品，具有平均变化率越高、风险也越高的倾向。

说到“风险”，比较容易理解为是指股价大幅下降的可能性，但其实是指“偏离平均变化率的结果”，也就是，大幅度超过平均变化率也包含在风险中。

视为相似的股票。

②“变化率的标准差”表示的是“实际变化率的值会分布在平均变化率周围的多大范围内”。也就是说，“A股的变化率的标准差是2%”，意味着“股价会以平均变化率5%为中心，上下2%的范围内变动”。A股多在3%～7%的范围内变化，偶尔会超出这个范围，变为1%或9%这样的变化率。

同理，“B股的变化率的标准差是10%”，B股多在-5%～15%的范围内变动，偶尔会超出这个范围，达到-15%或25%这样的变化率。也就是B股有上涨15%的可能性，同时也要有反过来变化率变为负（亏损）的准备。

这个“股价变化率的标准差”称为“风险”或“波动率”。像B股无论盈利还是亏损，股价都可能大幅度变化的股票被称为“高风险股票”。

股票A和B的平均变化率都是5%，预期的利润是相同的，但B是高风险股票。因此，选择风险低的股票A是明智的。

标准差是衡量股票风险的重要指标之一。

高风险高收益是?

如前面的案例，如果有两只变化率相同、风险不同的股票，投资者一定会选择风险低的股票。而如果有风险相同、平均变化率不同的股票，也肯定会购买平均变化率高的股票。

若这样购买股票，股市中就只会有“变化率高、风险也高的股票（高风险高收益股票）”和“变化率低、风险也低的股票（低风险低收益股票）”。

高风险、高收益股票的平均变化率低，预期收益也高，但因为股价变化大，所以亏损的可能性也大。而低风险、低收益股票平均变化率小，预期的收益也低，亏损的可能性也小。根据投资者的判断来选择购买哪种股票，没有“一定赚钱的股票”，无论购买怎样的股票，都存在亏损的风险。

只是存在可以减少风险的方法。1952年，哈利·马可维兹发表了通过组合购买多只股票，在控制风险的同时增大变化率的“投资组合理论”。由于这个成果，马可维兹获得1990年诺贝尔经济学奖。

股价变化不遵从正态分布?

无论什么股票，在股价下降时都有可能发生亏损。并且对于投资者而言，最担心的是股价暴跌。预测什么时候会暴跌是不可能的，但至少可以知道有多大概率会发生。

如果股价变化会遵从正态分布的话，超过平均3个标准差的现象仅有0.27%。达到5个标准差的“暴跌”或“暴涨”的发生概率仅有0.00006%。

然而，股价变动并不符合正态分布。虽然分布的形态是山形，但与正态分布相比，“山”的左右“裾野”部分却不小。也就是，即使是5个标准差以上的大变动的发生概率也会很大。如果变化率符合正态分布，万年难遇的大暴跌在过去100年间也已经数次发生了。

统计学用平均差、标准差和组合投资理论，教会了控制风险的方法，但无法确保一定能赚钱。

民意调查

仅从 1000 人的意见来推测 1 亿人意见的方法

“某国政府的某项政策有多少人支持？”

如果报社要向超过 1 亿公民询问意见的话，未免也太低效了，要是改成对 1000 人进行民意调查却是可行的。

为什么可以仅从 1000 人的意见来推测 1 亿人的意见呢？这就和尝一口汤就知道整锅汤的味道是同样的道理。只要用汤匙把汤搅匀，尝一勺就可知整锅的味道。同样，**只要采访的性别、年龄、知识结构等和全体公民的比例一样，这样选出的“回答人群”的意见就能代表全体的意见。**

从 1 亿人中随机选出 1000 人的机制

以有 1 亿人的国家为例。全体公民被平等地选出的可能方法之一是：给全国人每人发一个号码，用每一面是 0~9 的一个十面的骰子来决定每一位的数字就可以了。但是，因为组织调查的民间企业不能随便得知被选中者的联系方式，这种做法不可行。所以，报社等新闻行业的民意调查，大多使用电话号码选择回答者。

100000000人

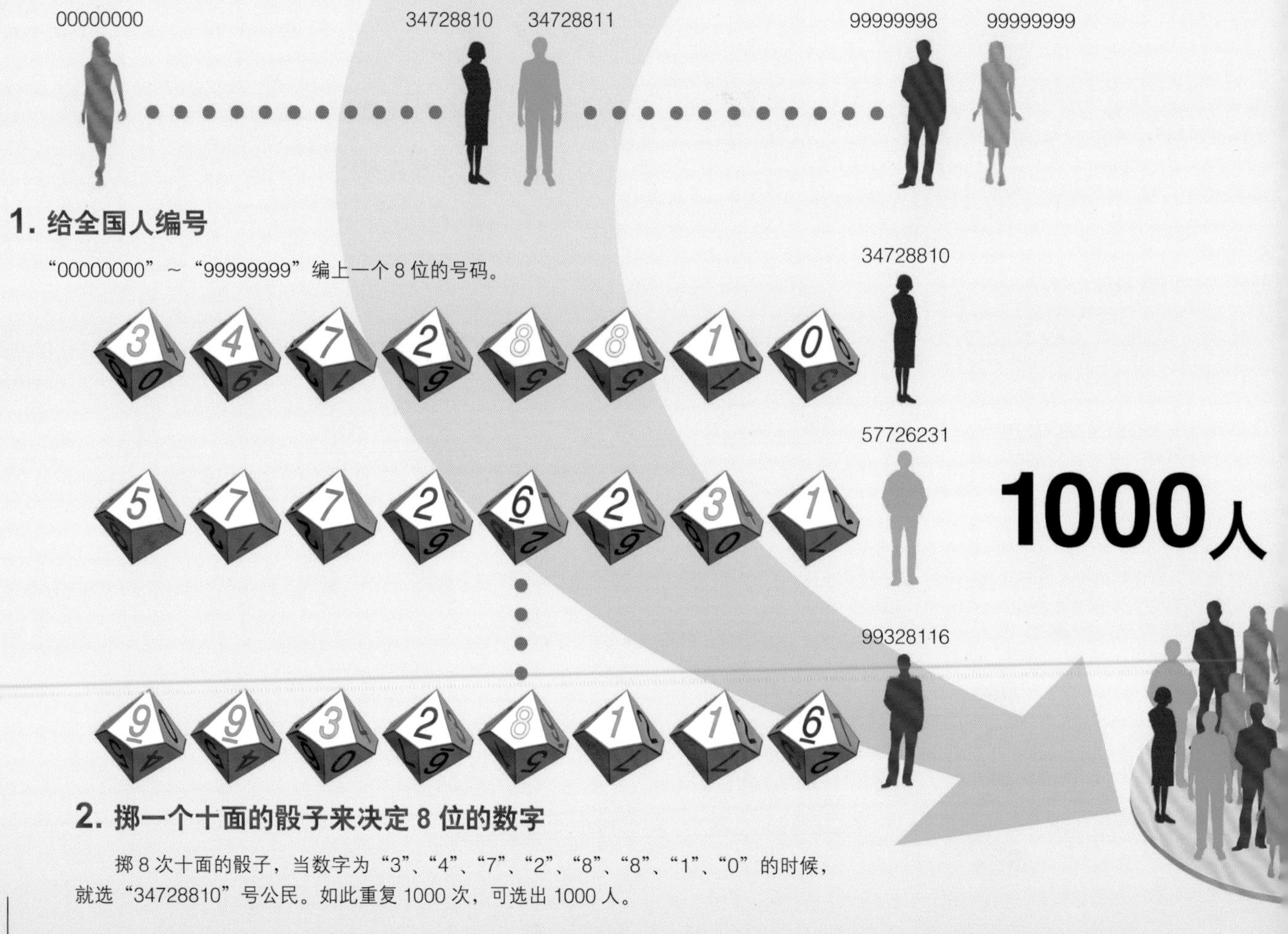
00000000
34728810
34728811
99999998
99999999
1. 给全国人编号
“00000000”～“99999999”编上一个 8 位的号码。
34728810
57726231
99328116
1000人
2. 掷一个十面的骰子来决定 8 位的数字
掷 8 次十面的骰子，当数字为“3”、“4”、“7”、“2”、“8”、“8”、“1”、“0”的时候，就选“34728810”号公民。如此重复 1000 次，可选出 1000 人。

那么，如何才能选出和全国公民结构相同的 1000 人的“回答人群”呢？

其实，如果不考虑性别、年龄差别等因素，随机选择的话，可以选出几乎和全体公民结构相同的 1000 人。但是，罗斯林博士说：“随机抽取和闭着眼睛抓一把是完全不同的。”比如，仅仅选中眼前看到的人，那么就不能得到“和全体国民结构相同的”集合。**随机抽取必须是能让每一个人被选中的概率完全相同。**

例如，在左页图中，给全体公民编号，然后投掷从 0～9 这样一个十面的骰子来确定号码，能够选出几乎和全体公民结构相同的代表，所以是随机抽取。实际上，报社等新闻行业的民意调查，大多是使用电话号码选择回答者的。

❖想了解更多！

民意调查的误差和回答者数量的关系

回答者数量太少的话，民意调查的结果背离全体国民的意见的可能性就大。比如，对 100 人进行民意调查，得到的结果是“支持率为 70%”，那么可以推断，“实际的支持率在 61%～79% 范围内的可能性是 95%”。但是，对 1000 人进行民意调查，得到的结果是“支持率为 70%”，那么可以推断，“实际的支持率在 67%～73% 范围内的可能性是 95%”。

可见，回答者数量越多，民意调查的结果就越精确。但是，回答的人超过 1000 个，精度的提高变得缓慢。所以，我们认为，报社等新闻行业的民意调查，以 1000 人为对象，精度是足够的了。并且，民意调查结果的特征是：它并非取决于全体国民的人数，而是仅仅由回答者的数量来决定的。民意调查结果的准确性分析，是利用了正态分布和标准差求得的。

$$标准差 = \pm 1.96 \times \sqrt{\frac{p(1-p)}{n}}$$

（n：回答数，p：得到的值）

1. 给从电话号码的前 6 位（地区号码），随机选取 1 万个号码

有些国家电话号码的前 6 位称为区号，是按地区分配的。现在，有效的区号有 24000 个。随机选取 1 万个区号，就选出了全国 1 万个地区。

2. 从电话号码的后 4 位号码中，随机选取，决定具体的电话号码

电话号码的后 4 位，原则上讲应该是“0000”～“9999”。从中随机选取一个，和前面的区号组合起来，就可以决定具体的电话号码。例如，“6054”，和区号“03-5552”组合起来，就是“03-5552-6054”这个电话。

打电话的调查员

3. 打电话，进行民意调查

据调查，电话号码的后 4 位，实际上使用的只有 1600 个左右。向这 1600 个电话号码拨号，或许会是无人接听，或许也会拒绝采访。要以保证 1000 个人回答为目标进行调查。

回答的随机化

回答未成年者的饮酒率，只能采取“随机化”方式

“想调查十几岁饮过酒的人有多少，可能有人不会实事求是地回答。怎样才能使人们回答这个不便回答的问题呢？”

对不便回答的问题进行民意调查时，可以采用“随机化回答”方法，能够使人们实事求是地回答问题。

未成年时饮过酒的人，如果对“未成年时饮过酒吗”说了谎，这是因为他们不想让人们知道他们在未成年时饮酒的事情。对于提问者而言，无非是要知道未成年时饮过酒的“比例”而已，并不想知道究竟是“谁”。所以，采用“随机化回答”方法，既不泄露谁是未成年时饮酒者，又能够调查到饮酒的比例。

提问方式的不同，决定了能不能实事求是地回答

要调查“未成年时饮过酒吗”，也许会有人不诚实地回答（如下图）。在这种情况下，使用“随机化回答”方法，容易使人们实事求是地回答（如右页图）。

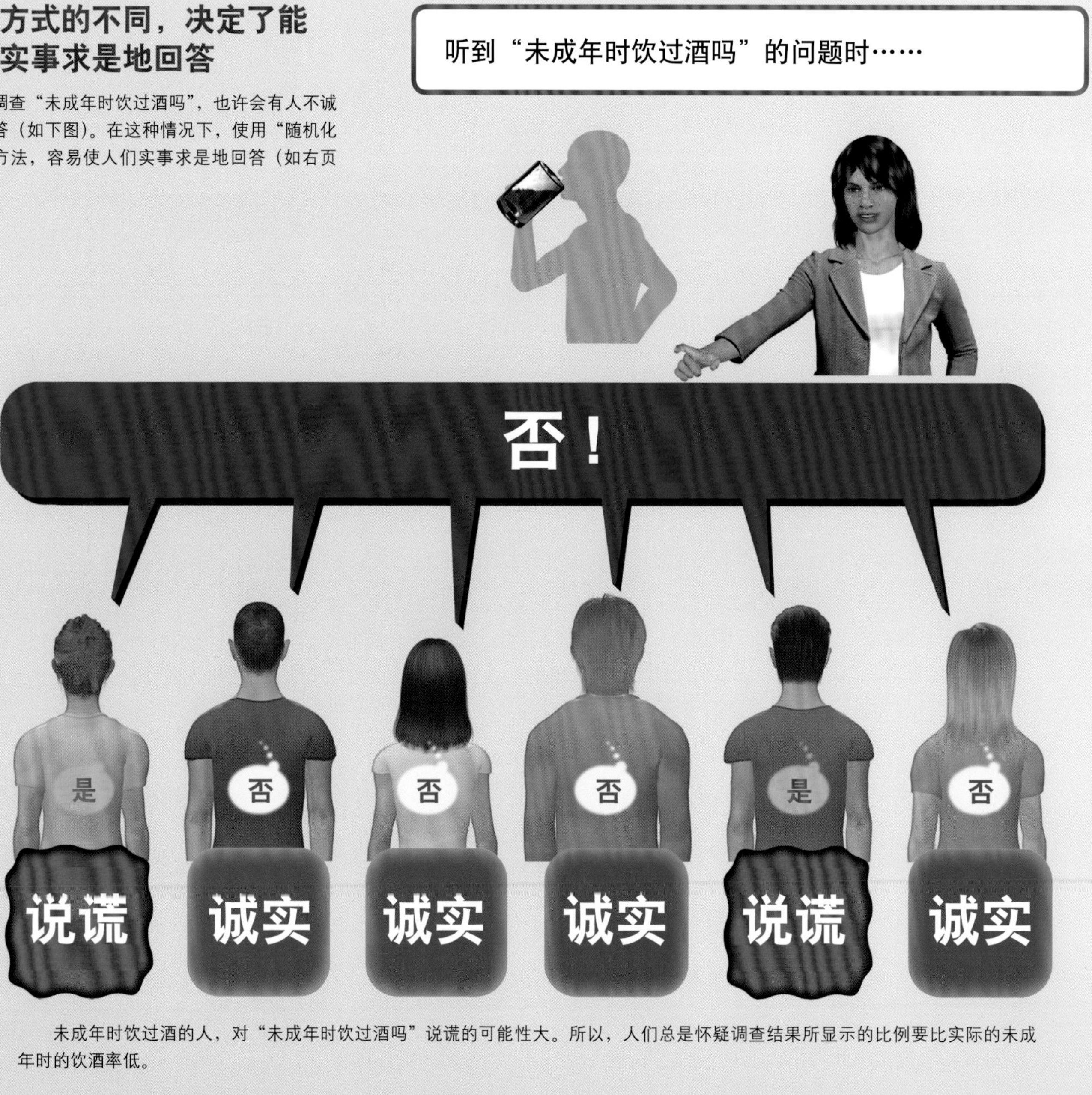

未成年时饮过酒的人，对“未成年时饮过酒吗”说谎的可能性大。所以，人们总是怀疑调查结果所显示的比例要比实际的未成年时的饮酒率低。

用“投币法”保护回答者的隐私

首先使得回答者在看不见提问者的情况下每人投出一个硬币。然后，提问者向全体回答者提问：“投出正面的人回答：‘是’；投出反面的人中在未成年时饮过酒的也回答‘是’”。

这时，回答“是”的人，也许是因为硬币是正面，也许是因为未成年时饮酒。提问者并不能区分这两种情况。回答者也理解这个意思，所以就能够期待回答者实事求是地回答未成年时饮酒与否。这种方法，能够随机地得知回答者的意思，也称为“随机化回答”方法。

提问者在统计完回答之后，用如下方法求得未成年饮酒者的比例。比如，300 人中有 200 人回答了“是”。

因为投币的概率是 1/2，可以推测 300 个人之内有 150 人因为正面而回答：“是”。这样，从回答中“是”的人中减去 150 人，剩下的就是“未成年饮酒”的比例了。例如，最终回答“是”的有 50 人，回答“否”的有 100 人，这样就可以推测：“未成年饮酒”的比例是 33%。

“请每人投出一个硬币。投出正面的人回答：‘是’；投出反面的人中在未成年时饮过酒的也回答‘是’”。如果这样提问的话……

从提问者看来，回答“是”的人之内，有多少是未成年饮酒者是不得而知的。所以，未成年饮酒者认为“诚实地回答并无大碍”，他能实事求是地回答的可能性就大。

随机对比实验

怎样设计网页才能获得更多的捐款或志愿者？

2008年，被任命为美国总统候选人贝拉克·奥巴马的网页设计人丹·希罗卡（Dan Shiroka）用**“随机对比实验”**解决了这个问题。其结果是，捐款增加了 6000 万美元，志愿者增加了 28 万人。

丹·希罗卡准备了 6 套网页的图像和动画，4 个邮箱登录按钮，两者组合起来是 24 套网页。这些网页是为日后募集捐款和招募志愿者而设计的。邮箱的登录率越高，捐款和志愿者的数量才越有希望增加。那么，使用哪一套网页，能够提高阅览者的邮箱登录率呢？他做了如下实验：

首先，**做一段时间的“随机地向阅览者显示 24 种网页”的实验**。在这期间，访问候选人贝拉克·奥巴马网页的人，在不知情的情况下被分成了 24 组。丹·希罗卡分别观察不同网页设计和阅览者邮箱登录率的变化。这种方法称为“随机对比实验”。

随机对比实验的优点在于**可以确定实验所发生的变化，不是如第 98～99 页中所介绍的伪相关（并不是由顺序等来决定的）**。

实验发现，网页的设计和文章的不同，对人们的行动的影响之大超乎想象。这种方法，广泛用于机械制造商调查哪些广告最有效、航空公司调查哪些服务使乘客最满意等场景。

网页的设计和按钮的变化，与捐助增加 6000 万美元有关

在 2008 年美国总统竞选的“战斗”中，网页上的文章和图片的变化，使阅览者的邮箱登录率提高了 40%。这种手法又被称为“A/B 测试”，很多企业都在使用。测试的内容是有众多分支的：“哪本书的书名更好”“增加一些什么服务能使客户再来”等。据说美国的信用卡公司——美国第一资本金融公司（Capital One Financial Corp.），在 2006 年这一年中，就做了 28000 件的 A/B 测试。

当阅览者访问网页时，在网页还没有显示之前，阅览者就被分到 A 组或 B 组里了。

A 组看到的网页

A 组看到的是被旗帜包围的候选者的照片和“SIGN UP”（登录）按钮组成的网页。

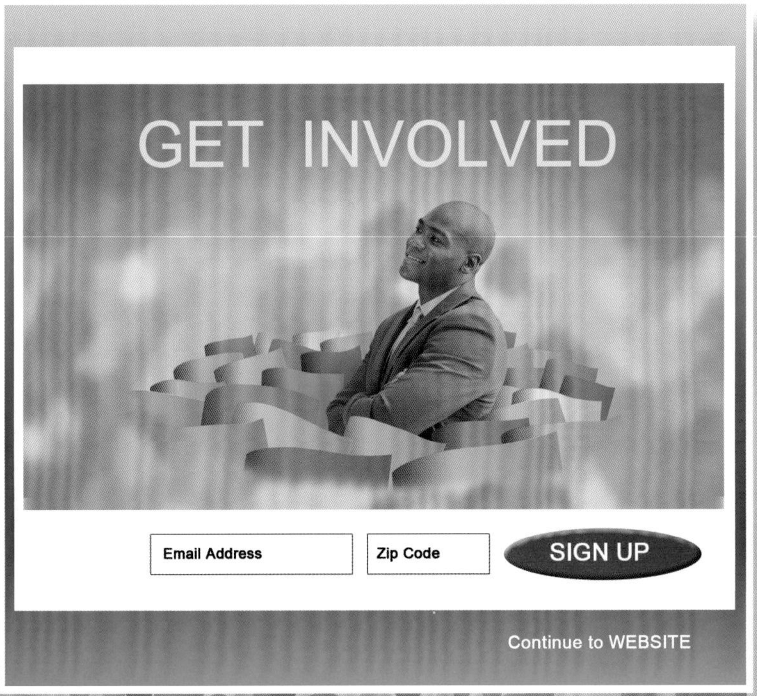

提高 40%

B 组的阅览者比 A 组的阅览者邮箱登录率提高了 40%。根据估算，其结果是，捐款增加了 6000 万美元，志愿者增加了 28 万人。

B 组看到的网页

B 组看到的是和妻女共享天伦之乐的候选者的照片和“LEARN MORE”（想知道更多）按钮组成的网页。

Column

4

教育、贫困政策、市场……运用范围广泛的“随机对比实验”

随机对比实验（Randomized Controlled Trial，简称 RCT）是把实验对象随机分为两组，其中一组有实验的介入，通过对比结果来检验实验效果的实验方法。从很早以前就在医疗领域被认为是可信度很高的实验手段，在检验新药效果的临床实验（详见第 118 页）中被广泛运用。

现在，随机对比实验被运用在不同领域中，如在墨西哥，其政策决策中运用了随机对比实验，获得很大的成功。

对于贫困政策有效果吗？

在墨西哥的贫困家庭中，孩子成为重要的劳动力，因此存在就学率低的问题。因此在 1997 年，提出了“以孩子接受健康检查，到学校上学为条件给予金钱补贴”的贫困政策（发展政策）。只是，要在全国范围内实行的话，会花费巨大的费用，也存在被质疑是否有效果的不同意见。如果没有起到应有的效果，就是对政府预算的浪费。

为了确定是否有符合预算的效果，墨西哥政府首先进行了随机对比实验。挑选贫困的村落随机分组，比较给予补贴和没有补贴的村之间的差别。

这样一来，实施了发展政策的村落与没有实施的村落相比，显示出孩子的平均身高要高 1 厘米，健康状态得到改善、就学率提高等显著的变化。以这个结果为依据，发展政策被决定在全国范围内实施。

墨西哥的成功经验和强力推

用“实验”调查有效的教育方法

※：美国麻省理工学院内设置的“阿卜杜勒·拉蒂夫·贾米尔贫困行动实验室（Abdul Latif Jameel Poverty Action Lab，简称 J-PAL）”在世界范围内推动随机对比实验的实施和政策形成。建立这个实验室的阿比吉特·班纳吉和埃丝特·迪弗洛共同获得了 2019 年诺贝尔经济学奖。其获奖理由是“在减轻全球贫困方面的实验性做法”。

动随机对比实验的研究机构的存在，特别是在发展中国家，可以使比较少的政府预算得到更好的运用或从他国获得政府开发援助，而大规模地进行随机对比实验。

此外，墨西哥在2001年为了提高青少年的学习能力，调研具有效果的教育方法，也进行了随机对比实验：一部分学校实行新的教育方法，研究与依然持续原来的教育方法的学校相比，学生成绩是否显现出区别。这样就可以从多种教育方法中区别出有效和无效的方法。

1年要进行2万次以上的实验！？

随机对比实验在商业领域也非常盛行。美国的信用卡公司“第一资本（Capital One）”仅在2006年，就进行了28000个随机对比实验。

比如，实验是如此进行的：针对希望一部分解约的人提出“3个月时间，利率下降5%”。而对于其他希望解约的人提出“6个月时间，利率下降2%”。像这样随机变换提议，调查前者和后者的团体中成功挽留下来的客户比例，就可以知道哪种挽留政策更有效果了。

另外，对于信件广告的细节设计，也是通过随机对比实验来决定的。把信件广告的目标客户分为几组，每一组都邮寄不同的信件广告，调查反响最好的设计。

随机对比实验是不公平的？

只对一部分村落实行贫困政策，只对一部分的课堂导入新的教育方法，只对一部分的患者使用新药，以作为比较对象的村落、学校或患者的立场来考虑的话，或许会觉得不公平。

确实，通过实验就可以知道贫困政策的效果，从而在全国范围内实行，更早受到这种实惠的地区比其他地区是有利的。

但是，进行实验，也能区分出没有效果，甚至是带来负面影响或副作用的情况。可以说，作为新政策或新药实验对象的村落、患者等，同时也背负着这样的风险，

此外，从随机对比实验结果中发现没有效果的政策防止税金的浪费，如果有效果就集中资金投入政策中，这种好处也是全民共享的。

无法断定实验结果

可以想到像发展政策这样已经在某个国家得到效果验证的政策很可能在其他国家也会成功。

但是，要想让随机对比实验结果值得信赖，需要保持和实验进行相同的环境。其实，也有国家导入和墨西哥发展政策相同的政策，但没有产生同样的效果。要想调查在不同的环境中，政策执行是否顺利，在这个环境中再次进行实验是非常重要的，不能轻易地认为同一政策在其他情况下也是适用的。

假设检验 新药和安慰剂的效果差异有意义吗？

“新开发的药有没有足够的效果？”

这样的问题也可以用上一页那样的随机对比实验来检验。首先，征得患者的同意之后，把患者随机地分成两组：一组给予新药，另一组给予外观没有差别、但也没有作用的安慰剂，然后对两个组进行跟踪和比较。

假设被给予新药的组和被给予安慰剂的组相比，症状有所改善，也不能草率地得出“新药是有效的”这个结论。为了确保没有意外，还需要验证另一个问题，就是：**“新药和安慰剂的效果有没有差异，试验结果显示出的差异是否仅仅是偶然的结果？”**

实际上，任何药的效果都是因人而异的。比如，即使是没有作用的安慰剂，服用之后，有患者症状改善了，有患者症状反而加重了。所以，如果新药就是和安慰剂一样没有任何效果，那么要是碰巧被选中服用新药的患者中症状改善者比

试验新药的流程

1. 把新的头痛药和安慰剂投与100人的小组A和B。

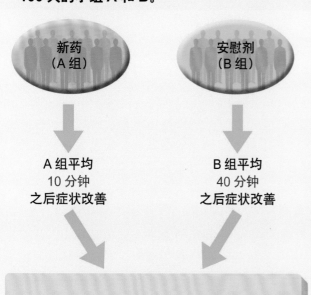

A组平均10分钟之后症状改善

B组平均40分钟之后症状改善

给予新药的A组比被给予安慰剂的B组平均提早30分钟使症状改善

我们想试验一下新研制的头痛药，首先征得患者的同意，然后把他们随机地分为A、B两个小组。一组给予新药，另一组给予没有药效的安慰剂。试验的结果是：给予新药的A组比给予安慰剂的B组，症状改善早30分钟（A组和B组的差为-30分钟）。

2. 为什么1的试验结果会有差异？让我们通过两种互斥的假设①和②来仔细思考

假设①

新药和安慰剂的效果有差异

假设②

新药和安慰剂的效果没有差异

但A组里偶然聚集了症状容易改善的人，所以，试验结果就有“A组比B组的症状改善早30分钟”的差异。

假设②成立的可能性如果低于5%，那么就放弃它，转而采用假设①。

在1的试验中，试验结果有差异的理由可以有下述两种解释：

其一是：“①新药和安慰剂的效果有差异”，其二是：“②新药和安慰剂的效果没有差异，但A组里偶然聚集了症状容易改善的人。”如果假设②的可能性足够低（如低于5%），那就采用假设①。

较多，新药和安慰剂的试验结果就有差异了。

“即使新药没有效果，安慰剂的试验结果和新药的试验结果的差异偶然发生的概率”到底是多少？在“假设检验”试验中，计算出这个概率非常小时，就能得到“差异是偶然发生的情况，可以忽略不计”的结论。

那么，概率到底多低才能使我们能够“忽略不计”呢？这个标准不能用数学的方法决定，应该由评价新药的当事者来决定。

正因为如此，标准随着场合的不同而变化。例如，新药的试验常用“小于 5%（即发生概率 $p < 0.05$）”作标准，当然也有更加严格的标准：“不到 1%（即 $p < 0.01$）”。另外，获得 2013 年诺贝尔物理学奖的确认“希格斯粒子”存在的实验使用了“不到 0.00003%※”的非常严格的标准。

假设检验无论标准多么严格，都无法断定“新药有效果”。比如，以“5% 以下”作为基准的新药试验，若可以得到“有 95% 的概率，新药是有效果的”的结论，这也是“虽然仅有 5% 以下的概率，但新药也有可能是无效的”。

※：5σ，也就是求离开平均值 5 个标准差以上范围的值。5σ 以上的范围在正态分布的最左和最右两端，总和是 0.00006%。在“希格斯粒子”的确认实验中，测到的数据要与平均值离开 5 个标准差以上，也就是要落入这最左或最右的两个极小区域之一，这样才说明希格斯粒子真的存在。在这个例子中，判定标准就设为了 0.00003%。

3. 求得假设②的概率，评价新药和安慰剂的效果差异有意义吗？

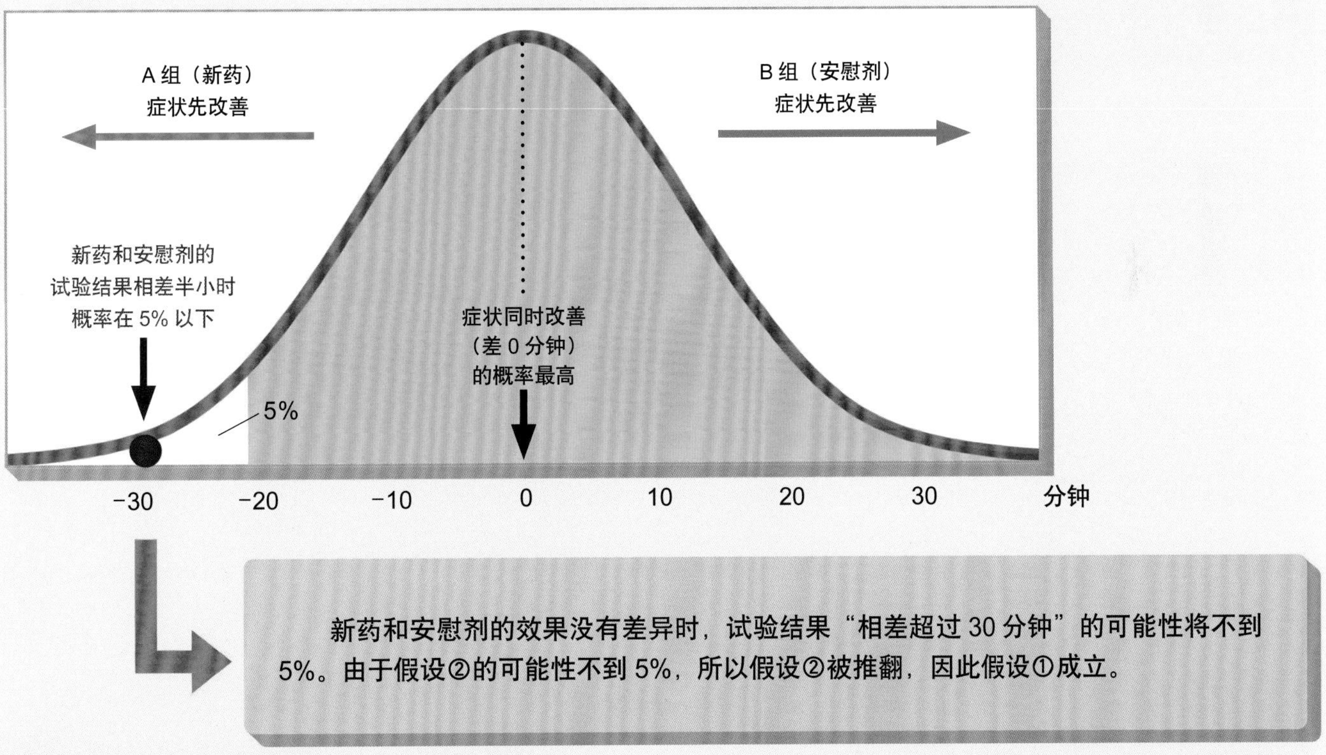
A 组（新药）
症状先改善
B 组（安慰剂）
症状先改善
新药和安慰剂的
试验结果相差半小时
概率在 5% 以下
5%
症状同时改善
（差 0 分钟）
的概率最高
-30
-20
-10
0
10
20
30
分钟
新药和安慰剂的效果没有差异时，试验结果“相差超过 30 分钟”的可能性将不到 5%。由于假设②的可能性不到 5%，所以假设②被推翻，因此假设①成立。

上图说明假定了“新药和安慰剂的效果没有差异（假设②）”时，根据患者所在组的不同，新药和安慰剂的试验结果产生差异的概率分布。上图的分布称为“***t* 分布**”，可以用数学的方法导出。

在此图中，表示新药和安慰剂“效果没有差异”的“0”是最容易找到的。“0”的正上方就是图的顶点。在横轴上，离“0”越远的地方，意味着试验结果的差异越大。即便新药与安慰剂的效果有差异，“这个差异很大”的可能性也是非常小的。

这种分布下，查看一下 1 的试验结果差“30 分钟”，就能够检验假设②的产生概率。从分布上看，提前 30 分钟的情况（新药比安慰剂早 30 分钟发生作用）还不到 5%。因此，假设②是可以被推翻的。1 的试验结果的差，被评价为是有意义的。

汉斯·罗斯林（Hans Rosling）

瑞典卡罗林斯卡学院教授，从事公众卫生学和医疗统计。通过统计调查，罗斯林教授明确了在非洲发生的一种叫作“Konzo”的疾病的病因。他还使用统计工具对社会问题进行浅显易懂的说明，也在联合国和一些企业进行演讲。

Interview 汉斯·罗斯林 博士

自由自在地操纵数字和图像的“统计大师”

以数字和图像为主的讲演，在网上的动画页面被点播了100万次。只要到了瑞典卡罗林斯卡学院的汉斯·罗斯林博士手中，数字和图像就充满生机、栩栩如生，使社会变化的话题就像实况转播足球比赛一般精彩。这位使用相关分析来探求未知疾病的原因并正全力投入讲演活动的“统计大师”，向我们介绍了统计的威力。

* 该采访于2012年进行。

N 您经常发表动画图像、进行演讲并参加各种活动。最近参加了什么活动吗？

汉斯·罗斯林博士：我们目前正在配合一家企业进行网络调查，向全世界的人提问：“你了解这世界吗？”

例如，向瑞典人提问：“50年前世界上的儿童还不到10亿，到2000年增长到了20亿。那么，您觉得联合国的专家对未来的看法是什么呢？

①本世纪中会继续增长到40亿。②增长速度变慢，但会增长到30亿。③不再增长，趋于停止。”

答案是“③不再增长，趋于停止。”这将是人类历史上非常重要的事件。但是，对这个问题回答正确的人，只有10%。

N 如果到2000年为止的增加趋势来看，这个答案确实很意外。

汉斯·罗斯林博士：我这样问：“为什么在21世纪中，人口会从30亿增加到40亿？①因为出生的儿童增多，贫困的儿童也增多。②因为更多的年轻人长大变成了大人。③因为老年人更加长寿了。”

结果，只有15%的人知道是因为“②更多的年轻人长大变成了大人。”回答错误的人听到这个答案后非常震惊，他们发觉自己的思路错了，由此导致了错误的结论。

N 您为什么要在网上公开数据、进行演讲并举行各种活动呢？

汉斯·罗斯林博士：用事实求得对整个世界的理解，要以每一个人都能明白的方式去消灭无知。

为了了解世界各国，统计是必需的

N 您从什么时候开始对统计感兴趣的？

汉斯·罗斯林博士：回顾我的人生，要追溯到我那以烘烤咖啡豆为业的父亲了。父亲带回来一枚落在咖啡袋里的外国小硬币，给我讲述了巴西、埃塞俄比亚、危地马拉采摘咖啡豆的人们的生活状况。这已经是五六十年前的事情了。我对世界各国产生了兴趣，开始旅行。

我因此开始学习统计学、经济学、政治学，后来转而攻读医学，但10年之后停止行医，开始了以调查结果为主的研究。我曾经在非洲当

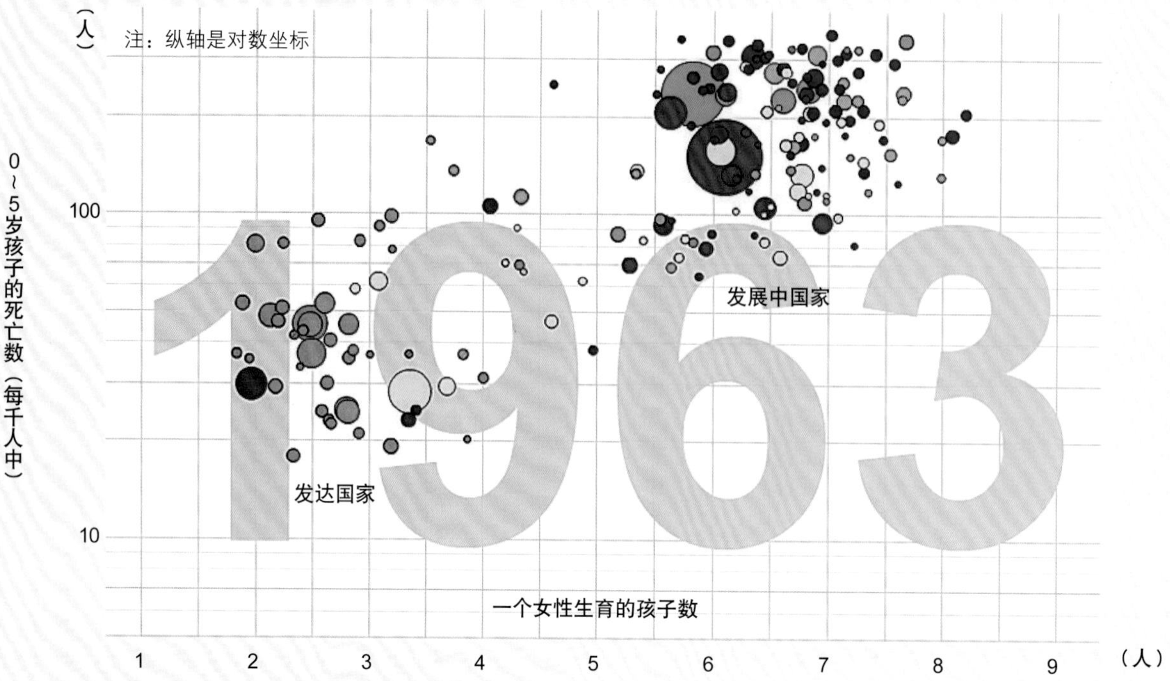

过医生，发现了当时医学书籍里还没有记载的瘫痪性疾病“Konzo”。

N 听说为了探明该疾病的原因，您使用了统计手段。

汉斯·罗斯林博士：Konzo病的发病原因是人们的食物不足，那里的人们开始吃一种叫作“cassava”的木薯树根，却没有进行任何最基本的食品加工处理。

因为这件事，我对非洲部分地区不断趋于崩溃的农业系统和地方经济产生了兴趣。这样，我的关注点也重新回到了经济学和政治学中来，很想了解为什么某些国家富裕、某些国家贫穷，而另有一些国家水平居中。

然后我感到无比愤怒，因为仍然存在“发展中国家”这个概念。多数人仍在使用发达国家、发展中国家这样的分类。但这是一个巨大的错误，是50年前的概念，如今国家之间是互相联系着的。数据图的作图软件，就是为了把这个图呈现在大学的讲义里而编写的。

N 编写软件是您主动做的吗？

汉斯·罗斯林博士：不是。我的儿子主动提出要为我在研究中使用的图编写软件。

N 您在非营利的国际演讲会“TED”做演讲时使用了这个软件，和演讲一起得到了好评。

汉斯·罗斯林博士：在TED演讲结束后，谷歌公司的创立者之一拉里·佩奇（Larry Page）从台下飞奔上台，问：“谁编的软件？”我回答：“我儿子”。谷歌公司获得了这个软件，并且把我的儿子聘请为程序员[※1]。这个发明就这样因为如此幸运的偶然，得到了支持。

20年间，不停地追究未知疾病的原因

N 您是怎么发现Konzo病的病因的？

汉斯·罗斯林博士：Konzo病是陷入极端贫困状态者容易罹患的，因为中毒和营养障碍造成的疾病。我注意到人们的生活习惯不同，因此要从“人群”这个级别开始进行调查。

首先，划出1000～2000人的小规模地区，统计1000人中有多少人发病。然后调查这个地区的典型的饮食习惯。然后再调查每个

※1：软件是无偿提供给谷歌公司的。在此之后，软件由汉斯·罗斯林的个人代表Gapminder基金会（Gapminder Foundation）在网上公开（http://www.gapminder.org/）。谷歌公司也在网上公开了加强版的软件，名叫“The Public Data Explorer”（公共数据浏览器）。

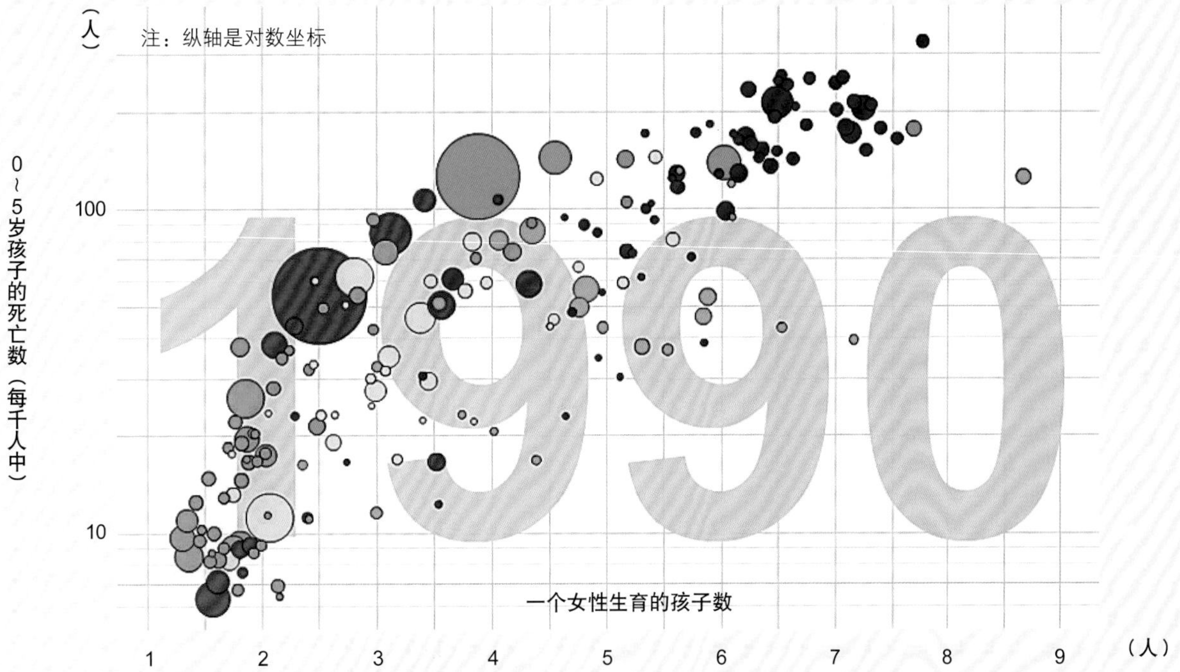

从生育孩子的数量上看，世界上几乎没有发达国家和发展中国家的区别了

汉斯·罗斯林博士说："许多人一直认为，发展中国家就是'很贫穷，一个母亲生6个以上的孩子，家庭人口多'的国家。"上图表示的是每一个女性拥有的孩子数（横轴）和孩子的死亡数（纵轴）。在1963年的图中，世界上的国家，分为发达国家和发展中国家两组。但在1990年的图中，发达国家和发展中国家合并在一起，不再分为两组了。这两幅图是从罗斯林博士的个人代表Gapminder基金会的网页上转载的。

月的发病人数、每年饮食生活的变化。其结果是，在发病率最高的地区和月份，人们只吃一种叫作"cassava"的木薯树根度日，而不进行任何最基本的食品加工处理。木薯树根不经过最基本的食品加工处理的话，导致吃进体内的氰化物就多。

N 原来您是从人们没有余力认真清理木薯树根所含的毒素，来推断出Konzo病的原因的。

汉斯·罗斯林博士：我找到了非常紧密的联系，但这不是最终证据。要证明，必须用实验证明。

N 所谓"实验"，就是把未经处理的木薯树根当成食物的人群和不吃这种食物的人群进行比较，调查发病的不同吗？※2

汉斯·罗斯林博士：是啊，但从道德上这样的实验是不可能进行的。人们在悲惨的贫困状态中，靠吃不可想象的食物生存着。在这种环境下，为了实验而给一部分人分配高营养食物是不可想象的。

N 不能进行这样的实验，只能通过继续调查来验证木薯树根中所含氰化物是不是致病原因了吧。

汉斯·罗斯林博士：20年一眨眼就过去了。我认为这种疾病的原因已经非常明确了，因为在其他地区并没有这种疾病发生。我所报告的这种疾病的8个传播区域，全部都是同样的饮食习惯，其他地区也有"同样的饮食习惯和疾病的发生一起出现"的现象。我能预测这种疾病将在坦桑尼亚南部发生。预测疾病的发生，之后到当地进行实地调查，有时候就真的能够出现这种疾病。

※2：这个实验是指第116页上介绍的"随机对比实验"。

请注意相关分析的这个地方！

N 研究两个数据之间的关系，也就是进行"相关分析"时，需要注意什么？

在 200 年中，世界各国是如何变化的？

人均收入越高，孩子的生存率就越高。罗斯林博士说："健康的主要决定因素是收入。如果某个国家富裕，几乎所有的国民都较少的损害其健康。"右图的横轴表示不同国家的人均收入，纵轴表示平均寿命。一个个圆圈表示国家，圆圈的大小表示该国的人口数量。Gapminder 基金会的网页上能看到，随着时间的流逝，表示世界各国的圆圈竟相向图像的右上方移动的动画效果。

"200 年前，全世界人口的平均寿命不到 40 岁，收入不到 3000 美元。那么，让我们把时间推移一下吧！"

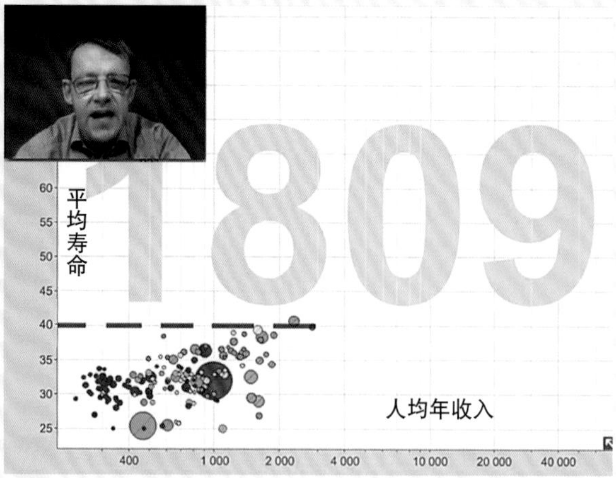

"第二次世界大战中，富裕国家和贫穷国家的差异不断加大。"

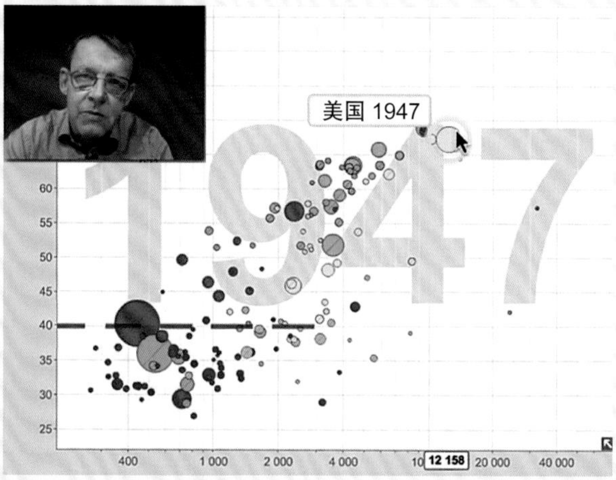

汉斯·罗斯林博士："相关性"不意味着就是"因果关系"，这点请注意。

举个例子来说。在德国，发生过一起非常惨痛的事故。几年前的夏天，发生了严重的胃感染症，死了好几个人。所以，人们就在德国的餐馆里做"感染者吃过的食物"和"无症状者吃过的食物"的相关性调查。

结果发现，感染者比无症状者多吃了蔬菜，特别是西班牙产的西红柿。于是，欧盟就禁止从西班牙进口西红柿，导致西班牙失业人数不断增加。

但后来发现，西班牙产的西红柿和这个事件毫无关系，真正的原因出在德国国内培育的豆芽上。因为农家规模小，所以被调查遗漏了。这就是根据相关性分析做出错误结论的一个例子。

Ⓝ 那么，如果知道两种数据有相关性，如何运用这个结论呢？

汉斯·罗斯林博士：多数场合，相关性是有助于建立"假定"的。不能根据相关性马上采取行动，而是要从相关性着手找出结论。

但在有的场合，要通过实验来明确相关性是很困难的。在这种时候，要好好思考用什么方法能够使研究尽量可靠。

检验假设意味着被检验者的数量发生巨大变化

汉斯·罗斯林博士：大家是否知道，在假设检验中，有时统计学上有意义的差异在现实的世界里也许没有任何意义。

举个例子，假设日本大阪人比东京人胖，怎么看出来的？这是因为分别在东京和大阪选了 10 万人进行调查，得到"大阪的人比东京的人平均重 13 克"这个"统计学上有意义"的结果。

Ⓝ 仅仅 13 克的差异？好像可以忽略，差不多一样重嘛。

汉斯·罗斯林博士：正是如此。这个结果在现实中是没有意义的。实际上，只要样本充分多，一定会得

“西欧和美洲发生了产业革命，经济开始增长，并且人们能够放松生活，恢复健康。”

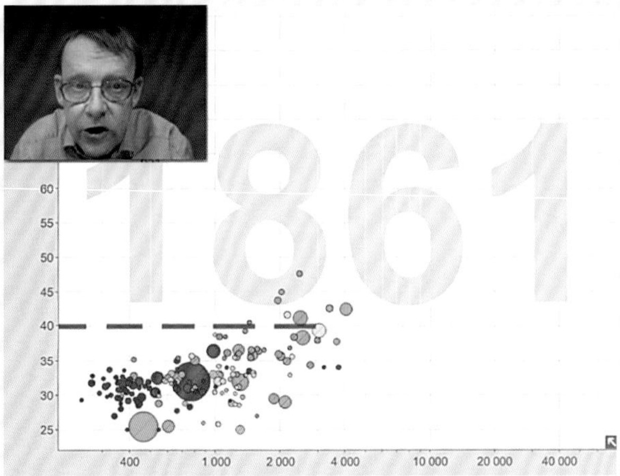

“100 多年前的时候，大部分国家的经济状况还没有得到改善，一部分国家逐渐富裕、民众趋向健康。”

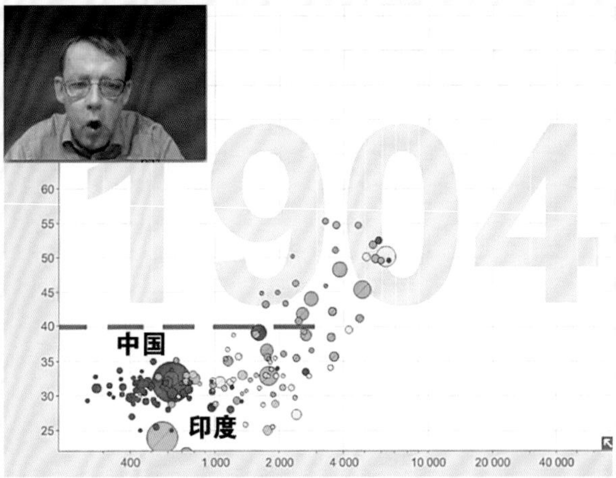

“但是，第二次世界大战之后，几乎所有的国家都发生了转变。阿拉伯地区的国家富裕起来了；中国人变得更加健康，然后开始发展经济。”

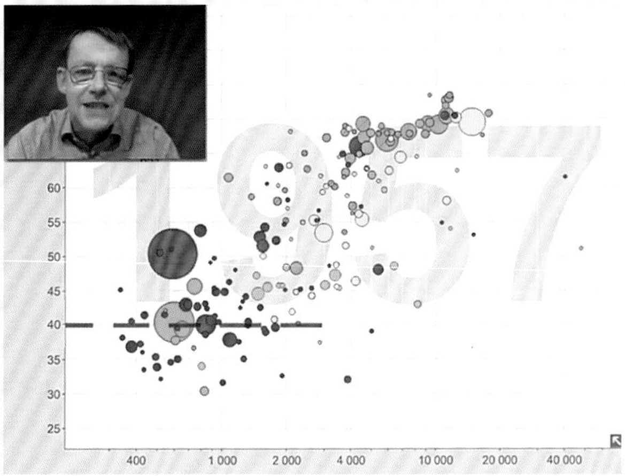

“如今，世界上所有国家的平均预期寿命都超过了 40 岁。世界变得富裕，民众更加健康，但富裕国家和贫困国家的差距仍旧很大。”

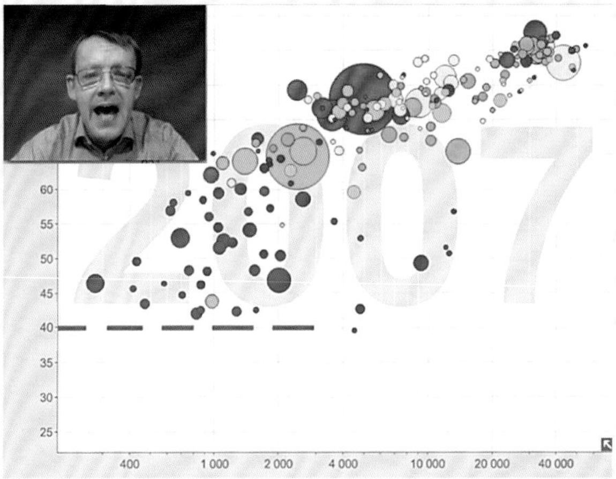

到统计学上有意义的差异。为了调查微小的差异，需要数量庞大的样本。

那么，如果有人说：“这种新药比以往的药有效。”问问其根据，“这是给 1 万名患者中，一半人给予新药，另一半人给予以往的药调查的结果。”在这个阶段，我比较容易明白刚才那结论没有问题。因为需要用 1 万个人来实验，已经说明效果是极其微小的※3。如果效果明显的话，用 100 人来实验就足够了。

比起这种大规模调查得到微小的差异来说，用小规模的调查发现巨大的差异更加重要。

N 要正确理解假设检验的结果，不仅要看差异的大小，还必须要看样本的数量，考虑所得到的差异的意义。

汉斯·罗斯林博士：人们总是说“没有数字，就不能理解世界”。但是，仅仅靠数字，也是不能理解世界的。与数字和程度有关的事物，还有与文化和宗教有关的事物，必须全面分析。

※3：猜拳 10 次，一方胜 6 次是非常有可能的，但猜拳 1000 次，一方胜 600 次的概率就非常低。前者和后者的概率是相同的 60%，但在检验假设时要调查胜的概率是否大，前者会得出“不能判定”的结论，而后者就能得出“胜的概率大”的结论。像这样，在检验假设时有样本越多，同样的差异就能被判定为越“有意义”的性质。

民意调查的正确知识

为了不被数字愚弄的统计学入门

关于政府支持率等的“民意调查”、电视节目的“视听率调查”等，媒体所报道的这些“数学”，有时会拥有巨大的影响力。然而，这些数字在多大程度上值得信赖呢？让我们从精通这些调查原理和统计学的专家那里听取“不被数字愚弄的心得”吧！

协助：田村秀 日本长野县立大学教授
今野纪雄 日本横滨国立大学教授

“关心地球环境问题的人超过9成”“赞成夏时制的人过半数”“日本内阁支持率刷新低”……

在电视新闻和报纸标题中充斥着“民意调查”。电视台和报社等报道机构会定期进行民意调查，传达“民众之声”。另外，政府行政机关为了掌握民众的“声音”，也会进行民意调查。根据日本内阁总理大臣官房广报室汇总的《全国民意调查现况（平成30年版）》，2017年，日本国内的民意调查次数超过1700次。

民意调查是把看不到的“民意”转化为具体的、有说服力的“数字”。然而这其中也隐藏着“民意调查陷阱”的可能性。

“在上个月的民意调查中，日本内阁支持率为31%，在这个月下降到29%。”

其实单从这个数字来判断，“日本内阁支持率在下降”是错误的（理由会在后文说明）。如果知道民意调查的机制和统计学的基础知识，或多或少都可以减少一些被表面数字“愚弄”的危险。

民意调查是“品尝味噌汤”

要想了解某个群体（母群体）特征的方法包括“全部调查”和“抽样调查”。

现在，假设想要知道真正的内阁支持率，向全部日本公民询问是否支持内阁的方法是“全部调查”。如果进行全部调查，肯定可以知道真正的内阁支持率。然而调查需要花费巨大的人力和时间，不适合母群体数量特别巨大的情况和想要快速知道结果的情况。

在此时，需要进行的是以民意调查为代表的“抽样调查”。抽样调查不是全部调查，而是抽取有限数量的“样本”进行调查，并以此结果来推测母群体的整体特征。相较全部调查，抽样调查有省人力和时间的优势。

“抽样调查就是‘品尝味噌汤’”，非常了解社会调查的田村秀教授如是说。

“如果品尝锅中尚未搅拌的味噌汤，无论多少杯都是无法知道整体的味道。但如果充分搅拌，无论从哪里舀都是相同的味道，仅凭1杯就可以非常清楚整体的味道。抽

民意调查需要注意方式、方法

面访调查

调查员上门访问，直接听取回答的方法。

注意点：因为是面对调查员直接回答，所以会存在难以直面回答的情况，但有效回答率比较高。

电话调查

用电话听取回答的方法，费用较低，也比较节省时间。

注意点：有效回答率比较低。

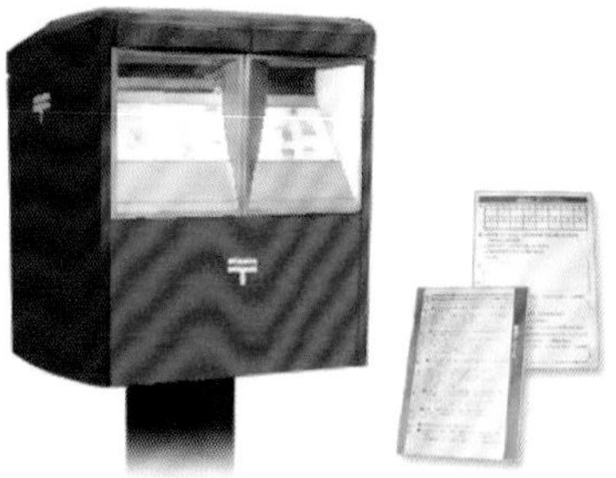

邮寄调查

邮送调查票，写好后寄回的方法。这种方法虽然费用不高，但比较耗费时间。

注意点：因为回答者是自己书写调查票，所以比较容易受他人意见的影响，有效回答率也相对较低。

应该和民意调查区分开的调查

街头问卷调查

请求路人的协助，当场回答的方法。一般愿意协助的比例比较低，样本可能会有偏差。此外，在特定的时间段里，街上的路人会因为年龄段等有偏差，常常无法显示有效回答率。

网络调查

有非特定的参与者回答在网页上公开问题的“公开型网络调查”和事先确定协助者（评论员）为对象的“评论员型网络调查”。因为都是以主动参与调查的人为样本，所以样本可能会偏向特定的人群。

总结一下民意调查各个方法的注意点，除这里列举的面访调查、电话调查、邮寄调查之外，还有调查员上门访问后留下调查票，之后再回收的“访问留置法”。另外，街头问卷调查和网络调查由于不是随机选择样本，因此需要注意结果的客观性。

样调查也是一样，样本选择决定了抽样调查的质量。”

如何得到没有偏差的样本？

没有偏差的样本的挑选方法是在母群体中，所有人被选中的概率都是相同的选择方法。这被称为“随机抽样法”。

随机抽样法的具体方法根据民意调查方式会有所不同。比如，在调查员直接访问听取回答的面访调查中，采用的是从记载所有居民名字的“居民基本台账”中随机选取样本的方法。在居民基本台账原则上不再公开的2006年以后，渐渐开始使用随机选取调查对象所在地区的地图上的点的方法。

而报社所进行的电话调查多使用被称为“随机数字拨号（RDD）”的随机抽样方法。首先，在调查对象地区的区号加上电脑随机生成的4位参与者编号，生成固定电话号码。一般与家庭相关的号码选择调查对象都是用RDD法。

这样随机选择的样本就像“充分搅拌后舀的一杯味噌汤”，是整体很好的反映。但田村秀教授也指出，即使使用这样的方法，也会产生样本有偏差的情况。

例如，近年只拥有手机没有固定电话的家庭以年轻家庭为主。利用RDD法来选取家庭样本的话，就不能否定结果更容易选择到年龄层相对较高的家庭。因此，在2016年以后，各大报社开始引入固定电话和手机并用的RDD调查，选择的样本中年轻家庭有所增加，但也被指出男性用户居多的新问题。

“调查方法各有优劣，可以说没有满分的。但是，因为这样就说民意调查完全不可信也言过其实。确定调查方法，了解它的特点，然后再去审视民意调查比较好”，田村秀教授如此说。

也要关注“有效回答率”

在同时进行的日本内阁支持率等民意调查结果根据调查的报社和电视台不同而有所差异。这是为什么呢？原因是调查方法的不同和后述的“样本误差”等。田村秀教授进一步补充道。

“被选为样本的人，也无法断定一定愿意协助调查。比如，我们也不能断言不存在会参与自己订购报纸的报社调查，但不参与其他报社的调查的人。即使抽样没有偏差，但回答者可能偏向于特定报纸的阅读层次，结果带上了这个报纸的‘色彩’，这种可能性也是无法完全否定的。”

显示民意调查的回答者是否有偏差的指标之一便是“有效回答率”。有效回答率是在“被选为调查对象的人（样本量）”中，“配合调查进行有效回答的人（有效回答数）”的比例。有效回答率越高，拒绝调查的人就越少，因此可以认为回答者偏向于某个特定层次的危险越少。

“作为一个指标，一般希望有效回答率可以超过60%，而低于50%的民意调查的可信度不可说高”（田村秀教授）。

但近年民意调查的有效回答率整体都有偏低的倾向，其中的一个原因是“隐私意识的提高”。有存在厌恶个人信息泄露而拒绝调查的案例增加的可能性。此外，作为反诈手段，不接陌生人电话的人也在增加。在对比过去进行的民意调查和现在的民意调查时，也需要意识到这个情况，作为估评调查方法的参考。

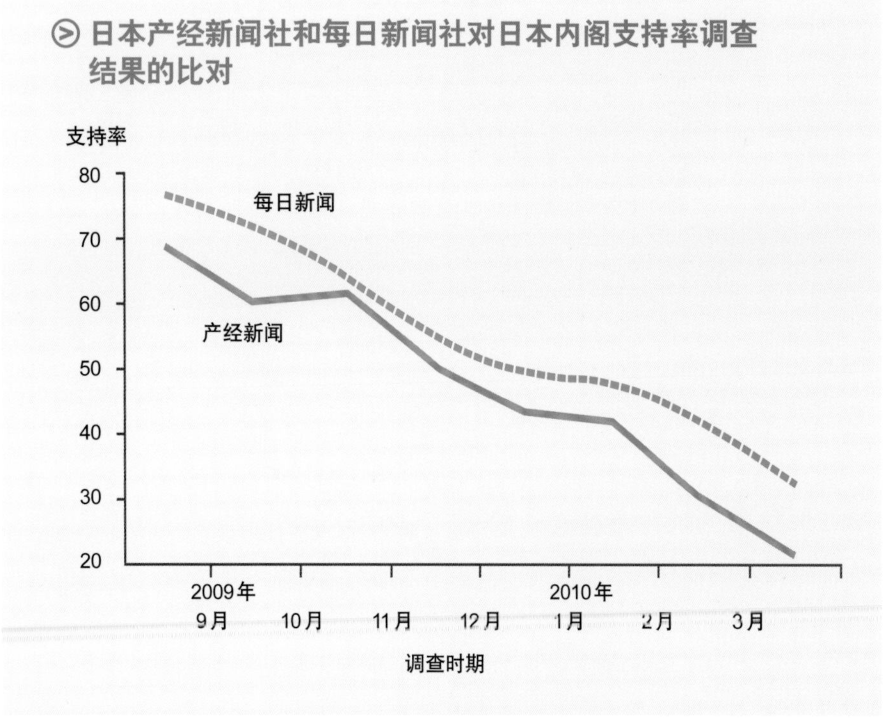

尽管是同时期进行的调查，产经新闻社的日本内阁支持率调查结果总是比较低。上图是以《入门实践统计学》（薮友良著，东洋经济新报社）中的数据为基础制成的。

⊙ 计算误差所需要的“正态分布”是什么？

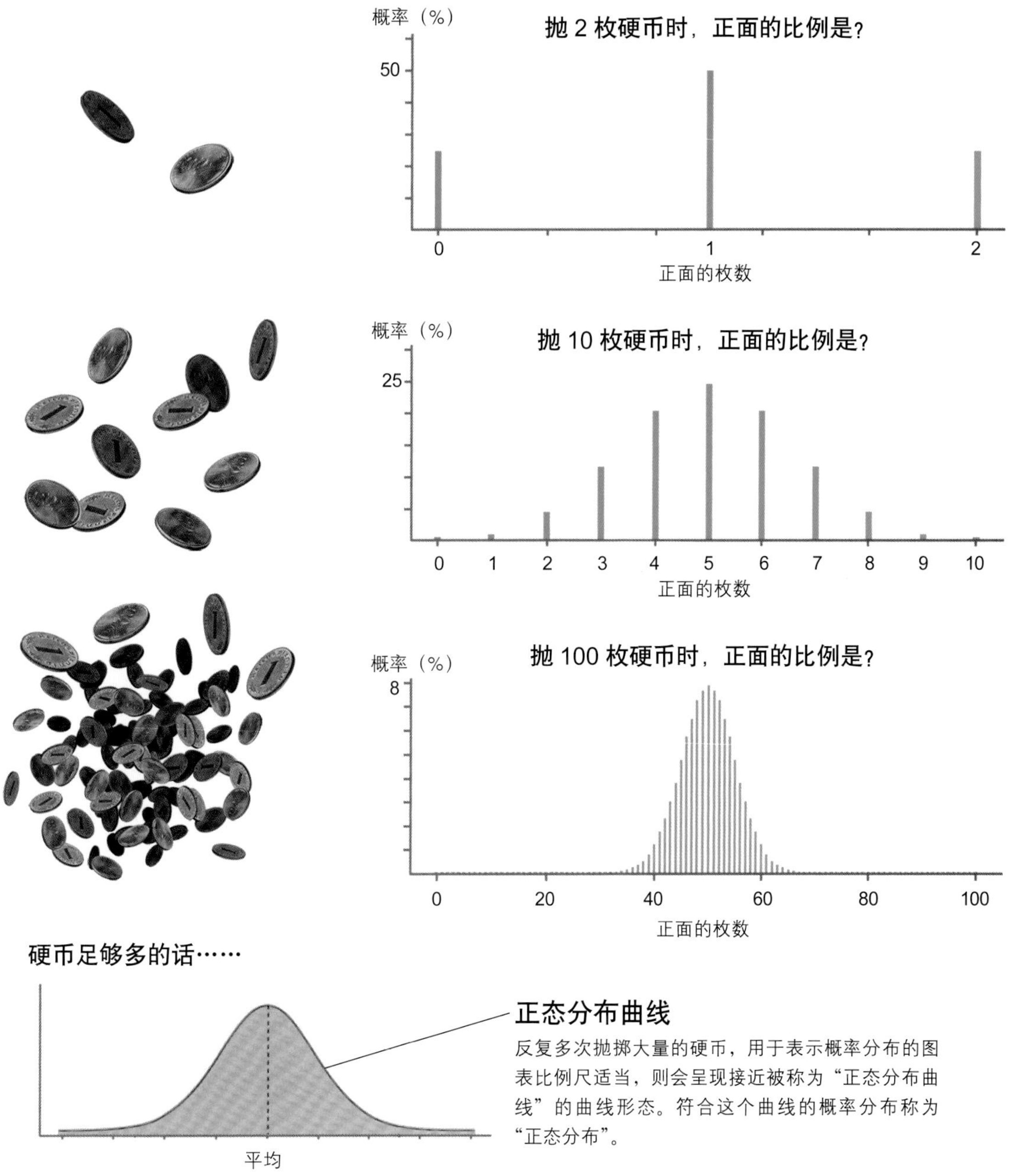

图表表示的是抛掷多枚硬币时，正面占整体的比例（横轴）与其概率（纵轴）的关系。随着硬币数量增加，图表（比例尺变化）的形态将渐渐接近“正态分布曲线”。符合这个曲线的概率分布称为“正态分布”。“日本人的身高分布”等便是遵循正态分布的。由正态分布曲线的性质来求样本误差的公式请见第 131 页的公式 A。

可信的推测需要“区间”

到底怎样的方法可以选出“完全没有偏差的样本”？其实无论怎样理想的方法选择样本，都无法避免产生一定的偏差。要想理解这点，让我们以随机事件的代表案例“掷硬币”或“掷骰子”为例，来考虑以下问题。

问题：有出现正面和反面概率相等的硬币。抛掷 10 枚硬币，可以预测其中有几枚正面朝上吗？

因为正面和反面的概率相等，所以“正面为5枚”应该是最佳的预测。然而尝试之后便会发现，抛掷10枚硬币，其中正面正好出现5枚的概率很低。试计算，其概率仅为25%。得到正面4枚（反面6枚），或者正面6枚（反面4枚）的结果的概率分别为21%。而10枚硬币全部都是正面，或者都是反面的极端偏差的结果，其出现概率分别为0.1%。

结果，“正面为5枚”的概率约

⊙ 如果知道“误差”，数据就产生了“信度”（1～3）

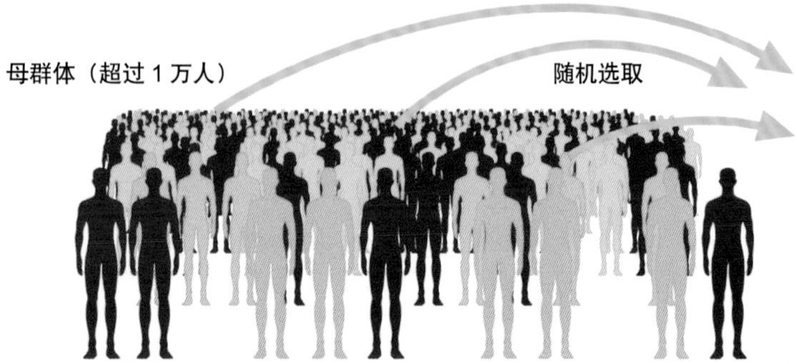

1.“红色人”占全体的百分之几？

假设想要知道在母群体中，“拥有某种意见的人”（图中红色的人）所占的比例。当难以听取所有人的意见时，调查随机选取的样本，从这个数据来进行推定的方法是抽样调查。

从样本规模2000人的抽样调查来进行推定

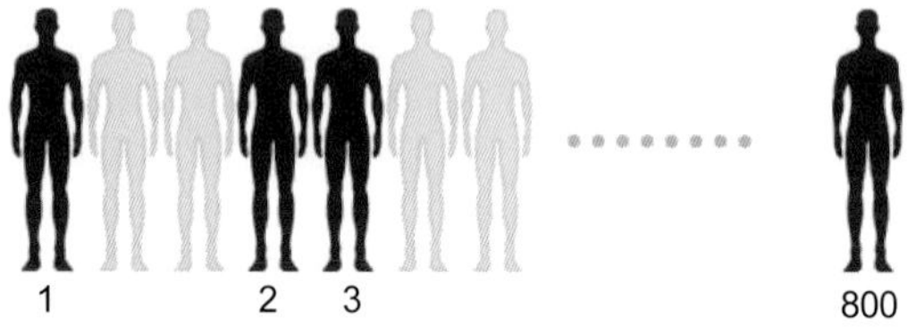

抽样调查结果为 800÷2000=40%。把这个40%视为母群体的值的推定方法称为“点估计”。

如果再抽一次样本？

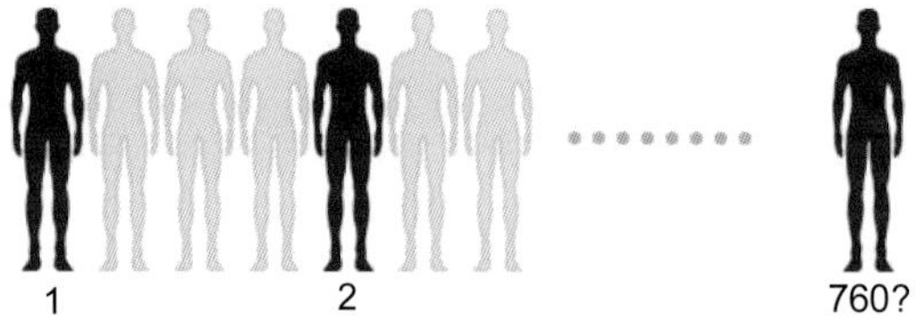

样本必然会有一些偏差，无法确保在其他样本中依然得到“40%”的结果。

2.“准确”的推定，难以令人信服

把由抽样调查所得的数据（40%）原原本本地视作母群体的值，这样的方法被称为“点估计”。然而，因为样本存在一定偏差，因此无法判断点估计的可靠性。

置信度90%

样本误差

$$\pm 1.65\times\sqrt{\frac{0.4(1-0.4)}{2000}}$$

$\approx \pm 0.018$

……±1.8%

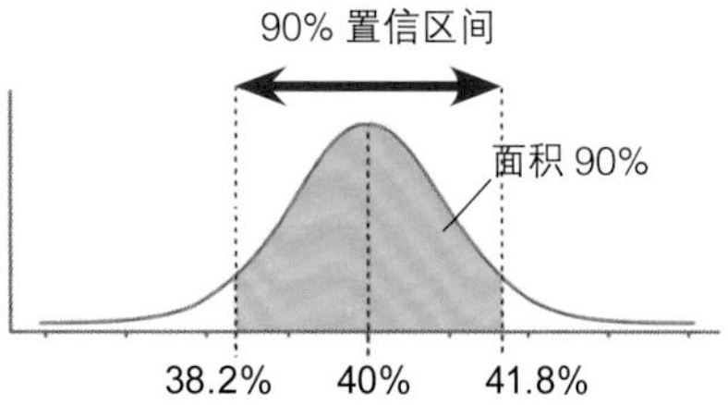

置信度95%

样本误差

$$\pm 1.96\times\sqrt{\frac{0.4(1-0.4)}{2000}}$$

$\approx \pm 0.021$

……±2.1%

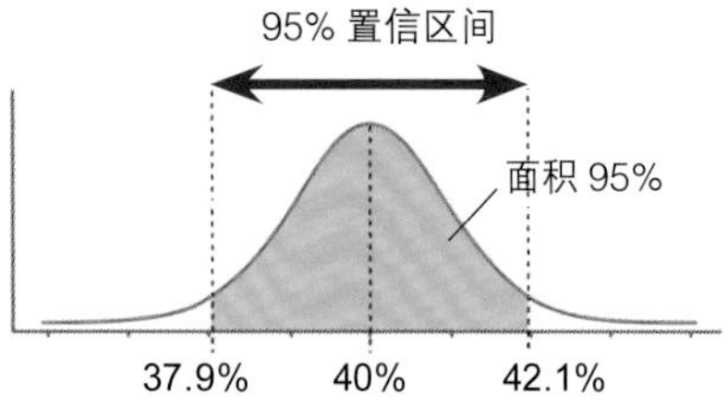

置信度99%

样本误差

$$\pm 2.58\times\sqrt{\frac{0.4(1-0.4)}{2000}}$$

$\approx \pm 0.028$

……±2.8%

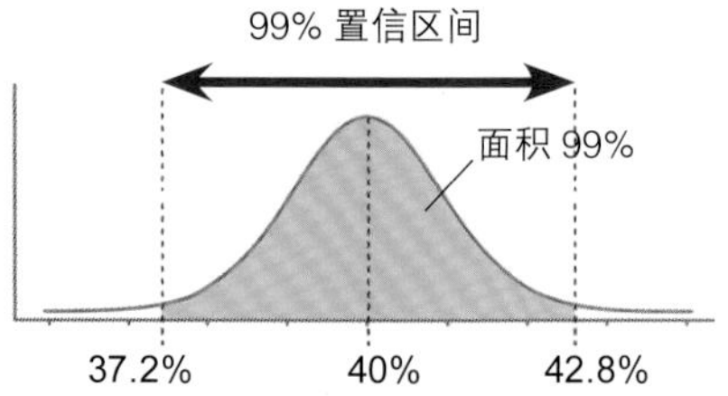

3. 求误差，推定一个区间的话，可靠性会变高

如果可以求出抽样误差的大小，就可以进行可靠性较高的推测。样本误差可以通过正态分布曲线的性质求得（本文中的公式A）。如果推测“在母群体中的比例为40%±2.1%之间”的话，置信度为95%。推测的幅度（置信区间）根据置信度不同而不同。

* 在样本误差的计算式中，置信度90%的1.65是标准正态分布的上方5%的点，置信度95%的1.96则是标准正态分布的上方2.5%的点，置信度99%的2.58则是标准正态分布的上方0.5%的点（参照第168页的表）。

在民意调查等抽样调查中，知道偏差是非常重要的。首先要知道偏差的大小，才能以抽样调查的数据为基础，进行可靠性高的推测。

为 25%，而有约 75% 的概率为其他情况。换言之，这个最佳的预测仅有 25% 的可信度（这个约 25% 称为“置信度”）。

如果想要做更加可信的预测，就需要对预测引入区间。比如，如果预测“正面为 4～6 枚（5 枚，误差 ±1 枚）”，则有约 67% 的概率（置信度为 67%）。进一步增加区间的话，预测“正面为 2～8 枚（5 枚，误差 ±3 枚）”的话，约为 98% 的概率（置信度为约 98%）。

试算“置信区间”

“这样的方法，也可以原原本本地应用在以民意调查为代表的抽样调查中。也就是，在推测中引入区间，就可以进行某种可靠性的推测。”精通概率统计的日本横滨国立大学的今野纪雄教授如是说。

在这里，让我们仔细考虑前面举例的新闻。

“在之前的民意调查中，日本内阁支持率从 31% 下降至 29%，降幅近三成。”

听了这个新闻，会有人接受了“内阁支持率在下降”的说法。但在接受 31%、29% 这样的数字之前，首先来求一下这个数字存在多少误差。

假设这个民意调查的对象数量都为 2000 人，样本规模为 75%（有效回答数 1500）。要想知道此时的误差，可以利用以下的公式。如果具备可以计算平方根（$\sqrt{\ }$）的计算器（函数计算器等），就可以计算误差。

假设民意调查等有效回答数为 n，得到的值（如内阁支持率）为 p。从这个民意调查中，置信度 95% 的推测的样本误差可以由以下式子求得。

$$\text{样本误差} = \pm 1.96 \times \sqrt{\frac{p(1-p)}{n}} \quad \cdots \text{A}$$

这个公式 A 是用公式来表示“正态分布”的性质。那么公式中的 1.96 就对应着置信度。比如，如果置信度为 90% 时为 1.65，置信度为 99% 的话则为 2.58。在统计中一般多用置信度 95%。

那么在公式 A 中代入“有效回答数 1500，内阁支持率 29%”，来计算置信度 95% 时的样本误差。p 为 29%=0.29，n 为 1500 时，样本误差为 ±2.30%。这意味着“真正的内阁支持率为 29%±2.30% 的范围中”的可信度为 95%。像这样推定出来的区间“26.70%～31.30%”称为“置信区间”。

也就是说，“29%”和“31%”都在置信区间之内，他们之间的差可以视为误差范围。因此，不难将民意调查显示出的日本内阁支持率变化解释为“几乎持平”。

像这样通过求误差和置信区间，可以客观地评价民意调查的结果。

推定棒球选手未来的安打率

“专业棒球选手的安打率换个看法也可以视为抽样调查的结果”（今野纪雄教授）。在这里，让我们使用置信区间的方法，以一朗选手 2007 年的安打率为基础，推测他之后的安打率。

2007 年，当时服役于美国西雅图水手队的一朗记录为 678 次中 238 次安打，安打率为 0.351。假定这个“0.351”就是一朗的真实实力。然而，即使在相同实力的情况下，在下一个赛季中同样以 678 次站在击球员区，也无法保证安打数恰巧还是 238 次。如果回忆投掷硬币的案例，很容易想到会存在比 238 次多或少的可能性。那么，一朗的安打率可能存在多大程度的偏差呢？

n 不再是有效回答数，而是击球次数 678，安打率 $p=0.351$ 代入公式 A 的话，可以算出置信度 95% 的样本误差为 ±0.036。此时安打率的置信区间为“0.315～0.387”。在统计学上，可以据此进行以下推断。

“以 2007 年的成绩认为是一朗选手的实力，并且之后依然维持同水平的话，在之后 20 个赛季中，会有 19 个赛季（95%）安打率介于 0.315～0.387 的范围内（此处不考虑击打数的变化）”。

让我们尝试把置信度由 95% 提升至 99%。当置信度为 99% 时，求误差只要把公式A中的“1.96”用“2.58”来代替即可。此时的样本误差为 ±0.047，置信区间为“安打率0.304～0.398”。由这个结果，可以推断出“在之后100个赛季中会有99个赛季，一朗选手的安打率在0.304到0.398的区间范围中”，今野纪雄教授说道。

“一朗选手只要维持2007年的实力，在上述的统计中，安打率之后都不会低于3成。但是，达到4成的可能性也非常低。如果一朗选手的安打率达到4成，那就不是单纯的偏差，而可能需要考虑是他的实力提升了”。

日本视听率调查中的调查户数（样本规模）

日本地区	关东	关西	名古屋	北九州、札幌	仙台、广岛、静冈、长野、福岛、新潟、冈山/香川、熊本、鹿儿岛、长崎、金泽、山形、岩手、鸟取/岛根、爱媛、富山、山口、秋田、青森、大分、冲绳、高知
户数	2700	1200	600	400	200

样本误差一览表（置信度95%的情况）

n \ p	10% 或 90%	20% 或 80%	30% 或 70%	40% 或 60%	50%
2700	±1.1%	±1.5%	±1.7%	±1.8%	±1.9%
2500	±1.2%	±1.6%	±1.8%	±1.9%	±2.0%
2000	±1.3%	±1.8%	±2.0%	±2.1%	±2.2%
1500	±1.5%	±2.0%	±2.3%	±2.5%	±2.5%
1200	±1.7%	±2.3%	±2.6%	±2.8%	±2.8%
1000	±1.9%	±2.5%	±2.8%	±3.0%	±3.1%
600	±2.4%	±3.2%	±3.7%	±3.9%	±4.0%
500	±2.6%	±3.5%	±4.0%	±4.3%	±4.4%
400	±2.9%	±3.9%	±4.5%	±4.8%	±4.9%
200	±4.2%	±5.5%	±6.4%	±6.8%	±6.9%
100	±5.9%	±7.8%	±9.0%	±9.6%	±9.8%

上表是电视视听率调查公司所实施的日本视听率调查的调查户数（样本规模）。下表是可以快速知道样本误差的表格。在报道民意调查结果和视听率的报道中，虽然会写出有效回答率，但无法显示出误差。此时，这个表可以帮助我们估算误差。n为有效回答率（视听率调查的情况下是样本规模），p为调查结果的值（内阁支持率或视听率）。

比如，假设“有效回答数为1500的民意调查中，内阁支持率为60%”。此时，n=1500，p=60%=0.6，由上表可知样本误差为 ±2.5%。此时的置信区间（置信度95%）为“57.5%～62.5%”。

视听率排行榜的陷阱

电视的“视听率调查”和民意调查一样，都是一种抽样调查。在电视和报纸中，都会以“上周视听率排行榜”等来为电视节目或报纸栏目进行排序。对于这样的排行榜，如果知道误差范围的话，可能会更客观地看待。

视听率（户视听率）是推测某个电视节目在某个地区有多少百分比的家庭在收看的值。在日本国内实施电视视听率调查的公司仅有名为“电视视听率调查公司”这一家。

电视视听率调查公司在日本名古屋地区进行的视听率调查的样本规模为600户。因为数据是自动回收的，把600户都作为有效回答者，尝试计算置信度95%时的误差。

虽然可以用公式A计算，但左侧的一览表更为简单。由这个表可知，当n为600时，误差最大为 ±4.0%（视听率50%时）。视听率20%（或80%）时，误差为 ±3.2%。也就是，20%左右的视听率，必然有3%左右的误差。在电视视听率调查公司的网站上，也明确写出视听率伴随着这样的误差。

“若两个节目的视听率的差在误差范围内，将其看作基本相同是明智的。更不用说以0.1%的单位来表示优劣，几乎不存在统计学上的意义”（田村秀教授）。

若想减少误差、提高调查精

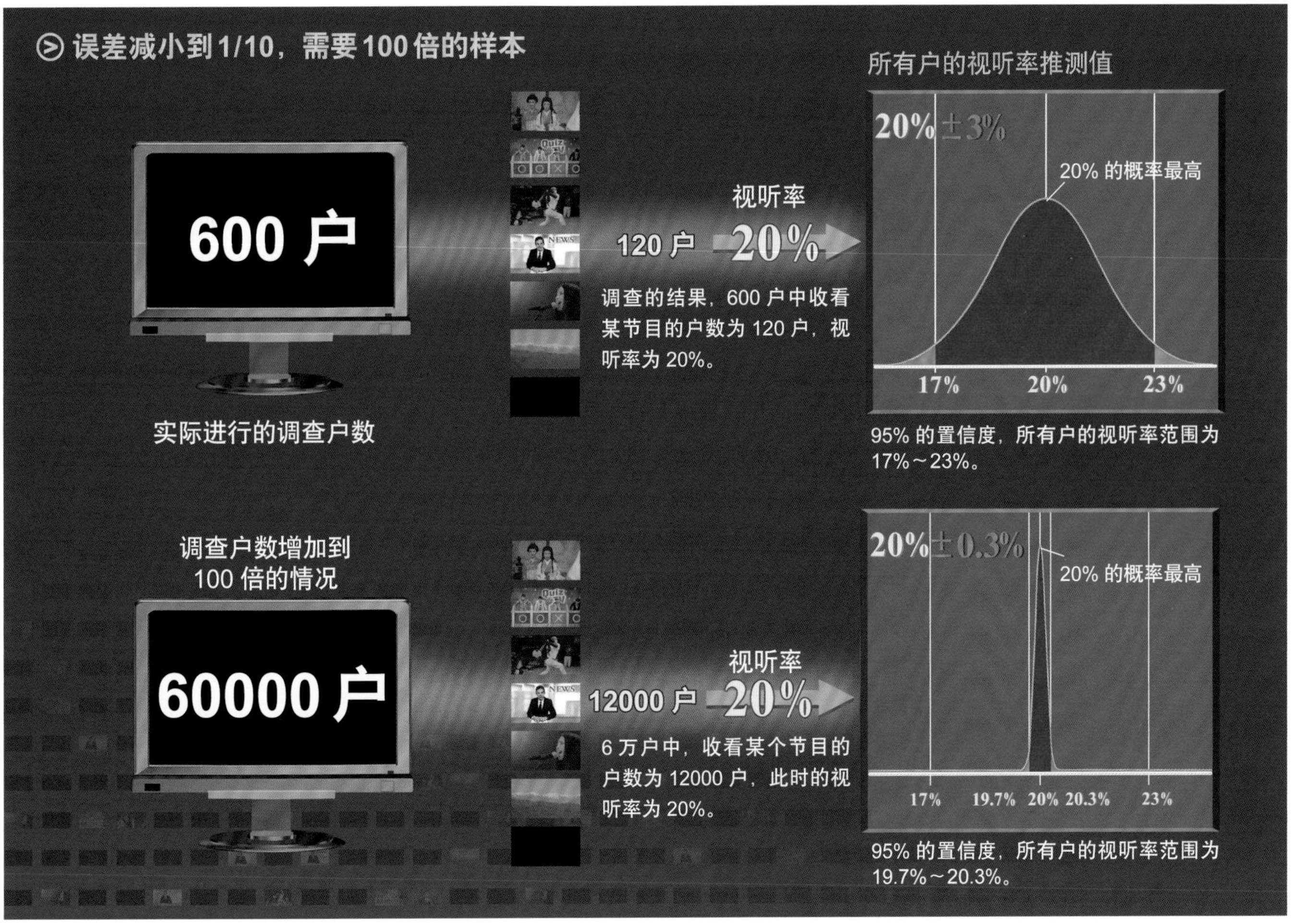

误差减小到1/10，需要100倍的样本
600 户
实际进行的调查户数
视听率
120 户 20%
调查的结果，600 户中收看某节目的户数为 120 户，视听率为 20%。
所有户的视听率推测值
20% ±3%
20% 的概率最高
17%
20%
23%
95% 的置信度，所有户的视听率范围为 17%～23%。
调查户数增加到 100 倍的情况
60000 户
视听率
12000 户 20%
6 万户中，收看某个节目的户数为 12000 户，此时的视听率为 20%。
20% ±0.3%
20% 的概率最高
17%
19.7%
20%
20.3%
23%
95% 的置信度，所有户的视听率范围为 19.7%～20.3%。

随着样本规模增加，误差幅度越小，要使误差幅度缩小至 1/10，就需要调查 100 倍的样本规模。

度的话，样本规模需要增加到多少呢?

在这里，我们再看一下公式 A。

$$\text{样本误差} = \pm 1.96 \times \sqrt{\frac{p(1-p)}{n}}$$

在这个式子中，n 的值越大，$\sqrt{\ }$ 中的值越小，所以误差越小。然而因为存在 $\sqrt{\ }$，样本规模即使增加 100 倍，误差也仅为 1/10（精度为 10 倍）。增加样本规模，所增加的巨量成本，比起增加的误差精度，不如不增加。

民意调查也可以说是类似的。有效回答数为 2000 的民意调查，样本误差最大为 ±2.2%。把这个误差减小到 1/10（精度 10 倍）的话，样本规模需要增加到 100 倍，也就是 20 万，并不现实。只要不忘记存在 2% 左右的误差，有效回答数为 2000 的民意调查也拥有足够的样本意义。

不存在没有误差的调查

其实不仅限于民意调查，调查都伴随着一定的误差。工业制品的成品检查、气温测定、新药的临床试验结果等，从母群体中抽取一部分样本，就必然伴随着误差。无论怎样的调查、怎样的测定，只要没有正确把握误差的大小，就无法正确解读数据的意义。

田村秀教授推荐在看民意调查结果时，要多比较不同的报社或电视台的民意调查结果，只相信“一个数字”或“一个结果”是“危险”的。“看穿”数字背后的误差，比较多个调查，可以说是不被数字或数据“愚弄”的第一步（田村秀教授）。

投票中的数学悖论

“少数服从多数”是我们常说的一句话，小到一群人去哪里吃饭、学校班干部选举，大到国家政策的决定、某些国家议员的选举，通常都是遵照这条规则行事。然而，如果从数学的角度分析“多数决定”的规则，我们就会发现，按照这种规则做出的决定也有可能不是“最佳”决定，甚至可能是“最差”决定。

协助 松原望
东京大学名誉教授

上至议员选举，下至学校班干部选举，甚至同几位朋友相约到什么地方去玩，今晚到哪儿去吃饭……在日常生活中，我们经常会遇到“按照大家意见做出决定”的事情。

如果说任何事情都要按大家的意见办，那么，如何才能够知道什么是“集体的意见”呢？人数不多，譬如10人以下，也许大家商量一下就能统一。不过，有时商量也无法达成一致意见，而且当人数较多时，大概就得由举手或投票进行表决。这时，大家对几个可能的方案进行举手或投票表决，最终把多数人支持的那个方案当作是集体的意见。

当然，对得票数最多的那个方案，你未必赞同。不过，多数决定是自古以来就在使用的一种传统民主方法，我们只好相信通过表决做出的这种集体决定是“最佳”选项，并接受这种决定。

然而，不知道你是否听说过，有时候，“多数决定”的事情也不一定真正是集体的“最佳”判断，反而可能是“最差”决定？

实在不想吃这个

举个例子，办公室有7个人，打电话订快餐，只能共同选择一种食品。可选择的食品有3种：蛋炒饭、盖浇饭和面条。7个人想吃的品种的排名顺序各不相同。比如，A先生想吃的顺序是“蛋炒饭＞盖浇饭＞面条”。F先生想吃的顺序相反，是“面条＞盖浇饭＞蛋炒饭”。

A先生负责汇总意见，根据多数人最想吃的食品订餐。收集到的意见是，最想吃蛋炒饭的有3人，最想吃盖浇饭或面条的各有2人。于是，按照“多数决定”订了蛋炒饭（**1**）。

看起来好像是多数人想吃蛋炒饭，但从另一个角度看，想吃盖浇饭或面条的人才是最多的，占了4人。如果你深入听取一下他们的意见，就会发现，原来，最想吃盖浇饭或面条的4个人最不喜欢吃的都是蛋炒饭。

计算结果出人意料

右页图表列出了从A到G共7个人对3种可选择食品的喜好顺序意见。按照通常采取的多数决定的方法，蛋炒饭获得3票“当选”。

现在，我们改换一下思路，假定可选择的食品只有两种，每个人只能二选一。在只有“蛋炒饭和盖浇饭”可供选择时，分析7个人的意见，结果是3对4，盖浇饭获胜。进行同样的分析，在只有“盖浇饭和面条”可供选择时，盖浇饭获胜；在只有“面条和蛋炒饭”可供选择时，面条获胜。由此可见，在7个人中，与蛋炒饭和面条比较起来，想吃盖浇饭的人最多。事实上，在这三种可供选择的食品中，最不想吃蛋炒饭的人最多（**2**）。

关于这一点，只要注意到列表

投票悖谬

7 个人对午餐食品的喜好顺序

选项 选择者			
A	1	2	3
B	1	2	3
C	1	3	2
D	3	1	2
E	3	1	2
F	3	2	1
G	3	2	1

1. 把“蛋炒饭”选为最想吃的食品的人占多数

问 7 个人最想吃的午餐食品是什么，回答最想吃“蛋炒饭”的人最多（所谓普通多数决定），有 3 票。

1 的结论

2. 把问题改为只能二选一，想吃“盖浇饭”的人最多

如果问 7 个人，只有蛋炒饭和盖浇饭，你们想吃哪一种，结论就会如右侧列表所示，选盖浇饭的人比选蛋炒饭的人多，为 4 比 3。同样，如果只可以选择盖浇饭或面条，则是选盖浇饭的人多，为 4 比 3。只可以选择面条或蛋炒饭时，则是选面条的人多，为 4 比 3。

这就是说，同其他两种食品相比，其实是想吃“盖浇饭”的人占多数。

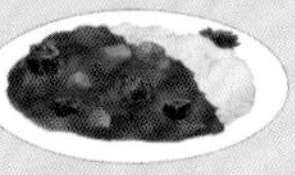

2 的结论

A	①	>	2
B	①	>	2
C	①	>	3
D	3	<	①
E	3	<	①
F	3	<	②
G	3	<	②

- 蛋炒饭 VS 盖浇饭→盖浇饭
- 盖浇饭 VS 面条→盖浇饭
- 面条 VS 蛋炒饭→面条

3. 把“蛋炒饭”选为最不想吃的食品的人也占多数

同 1 的结论相对立，问 7 个人最不想吃的午餐食品是什么，恰好是最不想吃蛋炒饭的人最多，有 4 票。

3 的结论

投票悖谬　在挑出三种食品中的两种进行一一对决时，7 个人中的选择其实并不是多数人想吃的食品，事实上，“多数决定”想吃的食品恰好是多数人不想吃的食品。

中用了 1、2 和 3 三个数字来代表对三种食品的喜好顺序（1—最喜欢，2—其次，3—最不喜欢）便不难看出：选择蛋炒饭为“最不喜欢吃的食品”的有 4 票，即“多数决定”最不喜欢吃蛋炒饭（**3**）。

这个例子表明，在选举中，有时确实有可能并没有选出在一对一的比较中获得最高评价的候选者，反而选出了获得最差评价的候选者，也就是说，希望根据投票结果选出“最佳”，结果却选出了“最差”。意味着，在投票中，即使每一位投票者都做出了他认为是最合理的选择，投票结果却也有可能是不合理的。这种现象被称为“投票悖谬”。

早在 18 世纪，法国的数学家和政治家孔多塞（1743 ~ 1794）就揭示了投票所具有的这种奇怪的性质。于是，像上面例子中那样，通过一对一比较得到的由多数人选择的那个选项（盖浇饭）就叫作“孔多塞胜者”。

日本东京大学的名誉教授松原望利用统计学专门研究过如何判读集体意思的理论，他说：“孔多塞在法国大革命时期对民主主义和投票的合理性从数学上进行了分析，首先揭示出，根据多数决定的投票必然有可能得到不合理的结果（投票悖谬）。”

改变投票先后轮次会改变结果

除了上面介绍的这种投票悖谬，还会出现另一种悖谬情况。假定有 3 个人——A、B 和 C，他们对可供选择的 3 种午餐食品喜好的先后顺序分别是

A：蛋炒饭>盖浇饭>面条

B：盖浇饭>面条>蛋炒饭

C：面条>蛋炒饭>盖浇饭

在这种情况下投票会特别分散，按照多数决定的规则，无法做出决定。这就像是3个球队作一对一的比赛，三场比赛结果成为连环套，无法决出最后胜负（孔多塞胜者）。在这个例子中，每位投票者做出的都是自己的合理判断，但是，最后得到的却是不合理的结果（无法作出决定）。这也是一种投票悖谬。

在这种情况下，如果进行二选一的投票，A可以设法按照自己安排的投票先后轮次来得到自己所希望的结果。他提议三个人先就"盖浇饭对面条"的两个选项进行表决。第一轮次投票的结果，盖浇饭获胜，面条被淘汰出局。接着，再就"盖浇饭对蛋炒饭"的两个选项进行表决，最后，A想吃的蛋炒饭获胜。他达到了自己的目的。当然，B和C也可以使用这样的策略来得到他们各自所希望的结果。

这个例子说明，集体的意思并没有变，但是，改变进行一对一投票的先后轮次却可以改变"多数决定"的结果。这种现象在议会"斗争"中并不少见，所以，议员在审议提交表决的几个法案时，会对投票的先后顺序争论不休。这种现象叫作"议程悖谬"。

投票悖谬并不罕见

读者中也许有人以为出现上面介绍的这些投票悖谬仅仅是一种极其罕见的特例。那么，出现投票悖谬现象的概率究竟有多大呢？

为了判断在多大程度上会出现投票悖谬，有必要对可供选择的各个选项在各位投票者心中的排名顺序进行仔细的分析。这当然不是一项简单的工作，如在前面介绍的7个人选择3种午餐食品的例子中，就总共有多达约28万种可能的排名顺序。改变选项数目和投票人数，则排名顺序和数量都会随之变化。估算投票悖谬的出现概率的确不像计算投掷骰子某种点数的出现概率那样简单。通常的做法是，先设定选项的数目和投票者的人数，通过计算机模拟实验来求出投票悖谬的出现概率。

某项模拟实验是求上面介绍过的出现三人连环套（无法作出决定）悖谬的概率。计算机模拟实验的结果表明，在有3个选项和3个投票者的场合，出现这种投票悖谬的概率为5.7%。一般说来，随着选项数目和投票者人数的增加，这种概率有增大的倾向（见右页图表）。

在实际选举中确实出现过这种无法作出决定的投票悖谬吗？据说，在英国某次大选中，有一个小选区的选举就曾被证实出现了无法确定谁是孔多塞胜者的投票悖谬。但为了确认是否出现了投票悖谬，需要通过调查知道选举者对候选人是怎样的排名顺序，而进行这种调查的难度很大，所以，通常我们很难知道有没有出现投票悖谬。

日本两大政党的出现是必然的吗？

除了投票悖谬，投票选举还会涉及其他一些规律和统计学等知识。

例如，日本议员选举实行混合代表制（即采取双票制）：即把全国划分为300个小选区，每个选区产生1名众议员；同时把全国再分为11个大选区，以比例代表制方式产生其余的300名众议员。选民在一次选举中同时投两张选票，一张投给小选区的某个候选人，另一张投给大选区中的由某个政党提出的候选人名单。

比如，对采取"小选区制"和"比例代表制"的日本众议院议员选举，统计学告诉我们，在这种规则下，日本肯定会出现两大政党。

所谓小选区制，是指一个选区只选出一名议员，而所谓比例代表制，是指选民的投票不是把选票投给个人，而是投给政党，然后根据得票率在各政党之间分配议席。

根据由法国政治学者莫里斯·杜瓦杰提出的一条关于选举的杜瓦杰定律，经过重复的多次选举，在选区需要选出的议员名额为定数的情况下，候选人数目会逐渐逼近"定数+1"人。在上面这句话中，候选人特指在选举中"最有竞争力的候选人"。

根据上次选举的结果和投票前的舆论调查，选民若发现自己原来支持的那位候选人根本不可能当选，此时，他（她）会觉得把选票投给那位候选人毫无意义，于是就会在那些可能当选的候选人当中挑选一个人，把自己的选票改投给他。结果，选票就会集中在最有可能当选的候选人身上，从而使得最有竞争力的候选人的数目逐渐接近"定数+1"人。

根据这个定律，在一个议员名额定数为1的小选区中，候选人会逐渐接近于2人。这意味着，那些不属于某个政党或属于小政党的候选人最终会毫无希望，只剩下分属于两个大政党的两名有竞争力的候选人在那里竞争。

关于这类选举，还有一条三次方比例定律，意思是，在两个政党

“民意”各式各样，有大量不同的选择

在有 3 种选项时，如下面的投票者 A 那样，每位投票者都有 6 种可能的选项排列顺序。

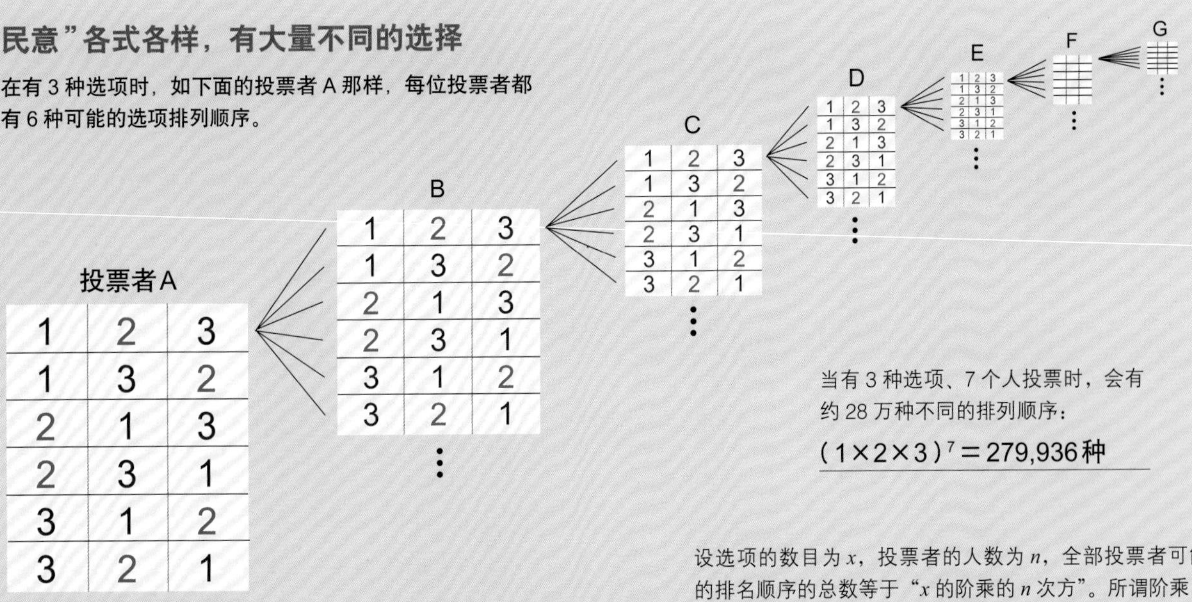

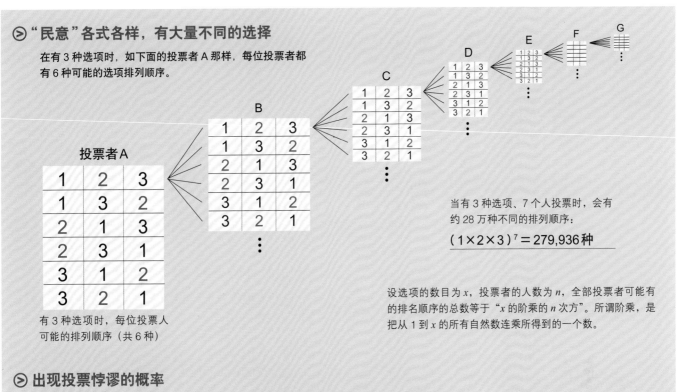

有 3 种选项时，每位投票人可能的排列顺序（共 6 种）

当有 3 种选项、7 个人投票时，会有约 28 万种不同的排列顺序：

$(1\times2\times3)^7=279,936$种

设选项的数目为 x，投票者的人数为 n，全部投票者可能有的排名顺序的总数等于“x 的阶乘的 n 次方”。所谓阶乘，是把从 1 到 x 的所有自然数连乘所得到的一个数。

出现投票悖谬的概率

用计算机模拟实验计算出现“无法做出决定”投票悖谬的概率（%），所得结果如下表所示。

		投票者人数						
		3	7	11	15	19	23	27
选项数目	3	5.7%	8.4%	8.5%	7.4%	8.0%	9.1%	11.1%
	4	10.7%	15.9%	15.1%	15.5%	16.9%	16.4%	18.6%
	5	15.0%	21.5%	25.1%	25.3%	23.9%	25.4%	24.0%

如果选项和投票者的数量增加，排序规模就会急剧增加。另外，投票悖谬发生的概率也根据选项和投票者数量而变化。投票悖谬出现的概率是根据《公共选择》（小林良彰著，东京大学出版社出版）中的数据制作的。

之间分配的议席数目之比会接近于两者得票数的三次方之比。松原望教授说，“这是一条无法从数学导出的经验定律”。

这里，我们以日本的自民党和民主党两大党为例，利用日本 2005 年大选中在各个选区的投票结果来检验这条定律。两大党的总得票数之比为 57:43（自民党获 3252 万票，民主党获 2480 万票），得票数的三次方之比为 69:31。显然，三次方所表示的两大党之间的差距被拉大了。事实上，经两票制选举两大党最终实际获得的议席数目之比是 81:19（自民党 219 席，民主党 52 席），其差距与这个三次方比例定律有所偏离，差距更加拉大了，可以看出，实际议席数目之比比得票数之比所得差距大很多。

出现三次方比定律的原因是因为每个小选区只能有一个政党候选人当选，得票数列第二位及以下的其他政党候选人所获得的选票同议席分配无缘，成为“死票”。正是这种“死票”比较多，造成在小选区制下的选举中，各政党分配到的议席数目的差距变大了。各政党之间的议席分配虽然不一定符合这条经验性的三次方比例定律，但是，这条用数学表示的定律的确反映了政党之间获得议席数的差距要大于得票数差距这样一个事实。

如何提前预测谁会“当选”？

谈到选举，不少人都对那种在计票结束之前就急急忙忙声称某某

已经当选的报道持有怀疑态度。提前宣布当选，不过是有关机构对“有相当大的概率当选”的一种预测。在开票后计点票数的过程中，许多竞选班子都会根据已经点过的选票结果不时地向外界报告这种预测。不过，也有在“开票率为 0%”（开始计票之前）的时候，还没有任何关于点票情况的信息前就声称已经当选的预测。这是怎么回事呢？

有关机构通过大量的调查，如选举前的民意调查，在投票站出口处直接询问投票选民的投票情况，如果发现有压倒性差距的投票倾向，那么，便也有可能在开票率为 0% 的时候根据各方面的信息做出综合判断，早早地宣称某人必定会当选。这种在投票站出口处进行的调查，属于根据部分“样本”来推测全体的一种“抽样调查”，而这种“综合判断”，其实有许多都称不上是真正的统计学预测。

开票率为 0% 就进行预测是种不得已的做法。不过，开票后，只要有百分之几的开票结果，那就有可能采用统计学的方法来推测最终的得票数，也就是说，能够对一名候选人是否当选做出统计预测。

最终得票数等于“全部选票数 × 最终得票率”，预测到最终得票率，便可以计算出最终得票数。设开票后已经清点过的票数为 n，此时的得票率为 p，则可以从理论上推测出最终得票率有 95% 的概率是在

$$p \pm 1.96\sqrt{\frac{p(1-p)}{n}}$$

这个范围内。

举一个选区为例（投票者 20 万人，有两位候选人，选出 1 人），把它作为模型在计算机上进行模拟实验，看有怎样的预测结果（见右页图表）。在开票率为 5% 的阶段，两位候选人的得票数（得票率）差距极小。由于只有 5% 的很少信息，预测两名候选人的最终得票数各自都有一个很大的不确定范围，而且从图表上可以看出，两者的不确定范围彼此有较大的重叠。开票到此时，B 虽然负于 A，但随着继续开票，还有追上并超过 A 而最终获胜的可能。在这个时候就宣称 A 当选，从数学上看，肯定为时过早。

继续开票，为预测提供的信息越来越多，预测的最终得票数的不确定范围越来越窄，预测也越来越准确。当开票率达到 80% 时，A 和 B 两位候选人的预测最终得票数的不确定范围已经没有重叠，B 几乎再无翻盘超过 A 的可能性。在这个时候宣布 A 当选，就不会有太大的问题。在这个例子中，两名候选人的得票数差距不大，如果差距比较

杜瓦杰定率

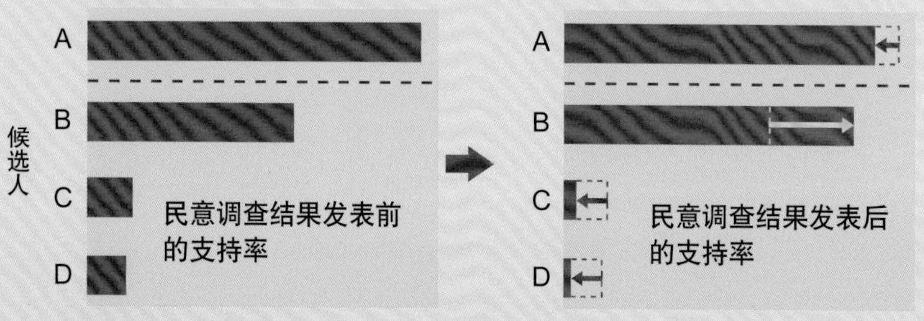

杜瓦杰定律认为，当一个选区的议员名额为定数时，经过多次选举，最有竞争力的候选人数目会逐渐逼近“定数＋ 1”人。上面两个图表给出了只有一个议员名额的某个小选区，4 名参选候选人所获得的支持率在一次选举前后的变化。通过舆论调查，选举人发现自己所支持的那位候选人根本不可能当选（如 C），他为了使自己的投票能够发挥作用，便倾向于把自己的选票改投向另一位有可能被选上的候选人（如 B）。

这条三次方比例定律显示：两个政党获得的议席数目之比会接近他们得票数之比的三次方。这反映了实行小选区制的一种现象，那就是，两个政党获得的议席数差距要大于他们得票数的差距。下面给出的是利用曾经日本三次大选数据计算得到的结果：

三次方比例定律

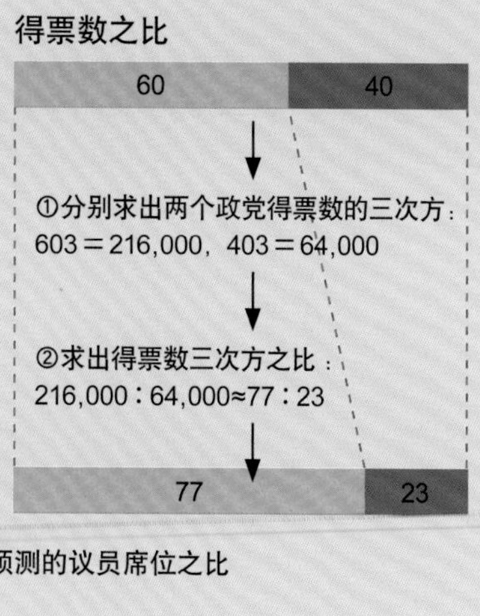

这条三次方比例定律显示：两个政党获得的议席数目之比会接近他们得票数之比的三次方。这反映了实行小选区制的一种现象，那就是，两个政党获得的议席数差距要大于他们得票数的差距。下面给出的是利用曾经日本三次大选数据计算得到的结果：

- 2005 年
  三次方之比 69：31 → 议席数 81：19
- 2003 年
  三次方之比 63：37 → 议席数 62：38
- 2000 年
  三次方之比 77：23 → 议席数 69：31
  （日本自民党和民主党）

在多党制国家，采用小选区制进行选举，有两条定律在起作用。据认为，这两条定律都有利于实力强大的政党，会加速两个大政党的形成。

何时提前宣布当选比较可靠？

※ 模型选区：名额 1 人，参选候选人 2 人（A 和 B），投票人数 20 万人

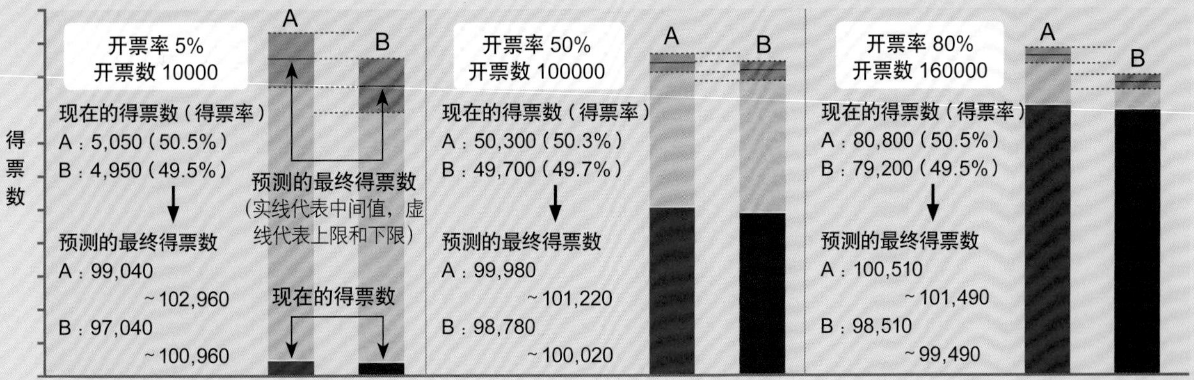

此时预测的两位候选人的最终得票数有很大的不确定范围，而且两者有较大部分重叠，难以判断最后究竟谁会当选。

此时预测的两位候选人的最终得票数，不确定范围减小了，但仍有重叠部分，B 还有翻盘的可能。

此时预测的两位候选人的最终得票数已经没有重叠部分，B 基本上再无翻盘的可能，可以认为 A 已经当选。

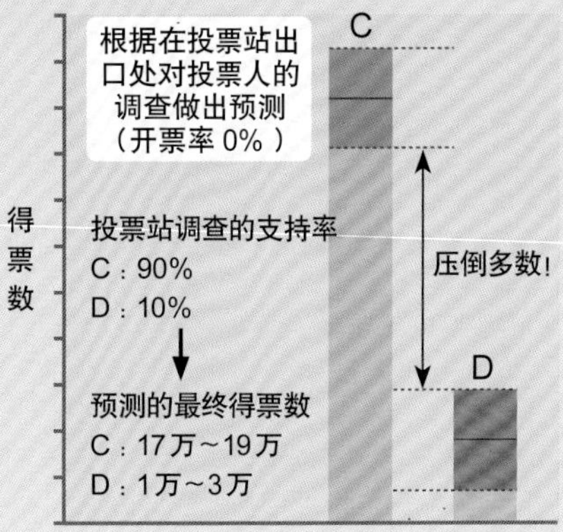

开票率为 0%，如何能够做出预测？

媒体根据选举前的舆论调查和投票当日在投票站出口处对投票人的直接了解，如果发现投票人对两位候选人的支持率相差很大，那么，也可以在完全不知道计票结果的情况下发表哪位候选人当选的预测。不过，在开票率为 0% 时做出的这种判断，常常并不是真正的统计预测。

随着开票的继续进行，预测逐渐接近实际结果

上面 3 个图表显示了在开票的过程中，对最终得票数的预测会随开票率发生变化。在每个时刻根据已经统计出来的得票数（得票率）推测得到的最终得票数都有一个上下不确定的范围。这个不确定范围的意思是，最终的得票数有 95% 的概率是在这个范围内。当预测的两位候选人的最终得票数的不确定范围已经没有重叠部分时，便可以提前判断出谁已经当选。上面图表中画出的这种不确定范围有夸张，现实选举中不会有图表上显示的这么大差异。

现实的选举中，即使在一个选区内，居住在不同区域的选民对候选人的支持率有时也会很不相同。因此，这个作了简化的例子不一定符合实际情况。比如，如果开票时所统计的选票正好是来自对候选人 B 的支持率特别高的区域，那么，B 也会在开始开票后的一段时间暂时显示出优势。

提前宣布当选毕竟是一种预测，如果以后的计票结果出现了未曾预料到的变化，预测结果就会同最后的实际结果不同。候选人之间的差距越小，就越难做出正确预测。日本的大选就曾多次出现过预测错误，在大多数情况下，都是因为当选人所得票数领先第二位的候选人很少，有时票数相差不到 2000 张。

大的话，在开票的更早阶段就可以做出 A 当选的判断。

选举制度并非完美无缺

通过以上对选举进行的数学分析，读者大概已经认识到，借助一种选举制度来获得合理的结论，未必总是靠得住的。尤其是小选区制的选举制度，既存在投票悖谬，又有两条定律在起作用，缺陷甚多。

松原望教授对选举制度的看法是，“没有十全十美的选举制度，重要的是，必须根据我们追求的政治和社会目标来选择适合这一追求的选举制度”。

6

贝叶斯统计

“我喉咙痛，是不是感冒了？”“他送我礼物了，是不是喜欢我？”……在日常生活中，我们经常会遇到不仅要“知其然”，还要“知其所以然”的情况，即希望根据某一“结果”而推断出隐藏在其背后的“原因”。贝叶斯统计就是有可能解决这种问题的统计学理论。

本章将介绍近年来备受关注的贝叶斯统计及其应用。目前，贝叶斯统计也广泛应用于发展迅猛的人工智能（AI）领域。

A
B
C

到底选哪个盒子？你注意到概率“陷阱”了吗？

假设你正在参加一个关于智力竞赛的电视节目，突破重重难关的你要挑战赢取大奖的最后一关。现在，你面前有 A、B、C 三个盒子，其中一个盒子里有大奖（钻石），另外两个盒子里则是石块。节目主持人知道哪个盒子里装着钻石，当然，作为闯关者的你并不知道（**1**）。

主持人要求你选一个盒子，于是，你选择了盒子 A（**2**）。接下来，主持人说：“下面，在你没有

1. 你选哪一个盒子？

A、B、C 三个盒子中有一个装有大奖

只有一个盒子中奖

游戏规则是猜三个盒子中的哪个盒子（只有一个）里有大奖。你先选择一个盒子，之后主持人打开剩余两个盒子中的一个，这个盒子没有中奖。这时，你有一次机会可以换盒子。这个游戏出自 20 世纪 60 年代的一个美国电视节目，在此只是略微修改了一下游戏的设定情景。这个游戏因节目主持人蒙提·霍尔而被称为“蒙提·霍尔问题”，也被称为“三门问题”。

选的盒子中，我们打开一个没有中奖的盒子”。于是，主持人打开了盒子 C——当然，里面没有钻石（**3**）。紧接着，主持人问你“那么，现在只剩下盒子 A 与盒子 B。你是继续选盒子 A，还是要换成盒子 B？”

你究竟该换成另外一个盒子，还是坚持之前的选择不换呢？

盒子数量减少了，中奖概率增大了？！

我们来梳理一下目前的局面。主持人打开了一个没有中奖的盒子，所以还剩两个盒子，其中一个盒子里装着大奖。中大奖的盒子是不变的，那么你是否应该换成另外一个盒子？换句话说，这是一个“你最初选择的盒子中奖的概率”与“你没有选的盒子中奖的概率”，到底哪个概率更高的问题。

最初有三个盒子，所以，你之前选择的盒子中奖的概率为 1/3。主持人后来打开了一个盒子，还剩下两个盒子，那么，中奖概率变了吗？

主持人打开剩余两个盒子中的一个

条件概率

换盒子中奖概率将翻倍

正如题目所写的那样，你应该果断换盒子，这样做的理由在于换盒子后的中奖概率会翻倍。

主持人必定打开未中奖的那个盒子

右图描绘了你最初选择了盒子 A 时可能出现的所有情况。如果你选择的盒子 A 真的中奖（**1**），那么，剩下的两个盒子 B 与 C 肯定都不会中奖，所以，主持人会以 $\frac{1}{2}$ 的概率打开盒子 B 或 C 中的一个。

另外，如果盒子 B 或 C 中有一个装有大奖（**2**、**3**），由于主持人知道哪个盒子里有大奖，所以只能打开没有中奖的那个盒子。结果是在剩余的两个盒子中，你最初没有选的那个盒子必定会中奖。

下面，让我们分别计算一下主持人打开一个盒子后“你不换盒子的中奖概率（红色）”与“换盒子的中奖概率（蓝色）”。计算结果显示，不换盒子的中奖概率为 $\frac{1}{3}\left(=\frac{1}{6}+\frac{1}{6}\right)$，换盒子的中奖概率为 $\frac{2}{3}\left(=\frac{1}{3}+\frac{1}{3}\right)$。显而易见，如果换盒子的话，中奖概率提高至两倍。

概率因情况而异

发生了某个现象 X 时，另一现象 Y 发生的概率称为“条件概率”。在这个例子中，主持人打开了未中奖的盒子时，你最初选择的盒子 A 的中奖概率就是条件概率。

如果能全面地考虑条件概率，即便情况（条件）发生了改变，也能够帮助我们准确把握现状，理智地做出下一步选择或推测结果。

最初选择了 A 时可能出现的全部情景

右页图片为最初选择了 A 时可能出现的全部情景及其概率。1 为最初选择的盒子中奖时的情景（A 中奖），2 与 3 是最初选择的盒子没有中奖时的情景（B 或 C 中奖）。

这个游戏的关键之处在于主持人知道哪个盒子会中奖。由于主持人不能打开中奖的盒子（他一定会尽量减少未中奖盒子的数量），所以，打开盒子后的中奖概率会发生变化。当然，在计算概率时，没有考虑你和主持人之间的“玩心眼”。如果你能够“读取”主持人打开未中奖盒子时的视线与手部动作，概率或许还会再发生变化。

如果有 10 个盒子，结果又会怎样呢？

前面举的例子中共有3个盒子，如果盒子数量增加至10个，或许更便于理解。

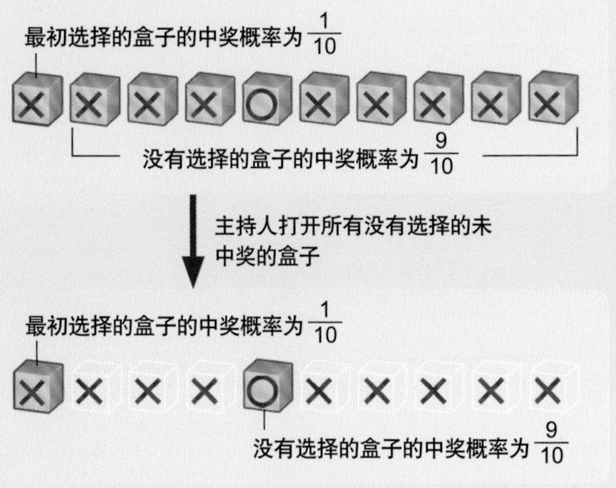
最初选择的盒子的中奖概率为 $\frac{1}{10}$
没有选择的盒子的中奖概率为 $\frac{9}{10}$
主持人打开所有没有选择的未中奖的盒子
最初选择的盒子的中奖概率为 $\frac{1}{10}$
没有选择的盒子的中奖概率为 $\frac{9}{10}$

由于主持人“好心”帮你把所选盒子之外的未中奖盒子全都打开了，所以，当你最初选择的盒子未中奖时，你更换盒子的话必定会中奖。

由此可知，盒子数量越多，直接中奖的概率越小。与其赌自己最初选择的盒子碰巧会幸运中奖，倒不如换成主持人给你留下的盒子，这样更合乎概率结果。

【最初选择时的概率】　　【打开一个盒子后的概率】

1. 最初选择了盒子 A，且 A 中奖时

概率 $\frac{1}{3}$（最初选择的盒子中奖）

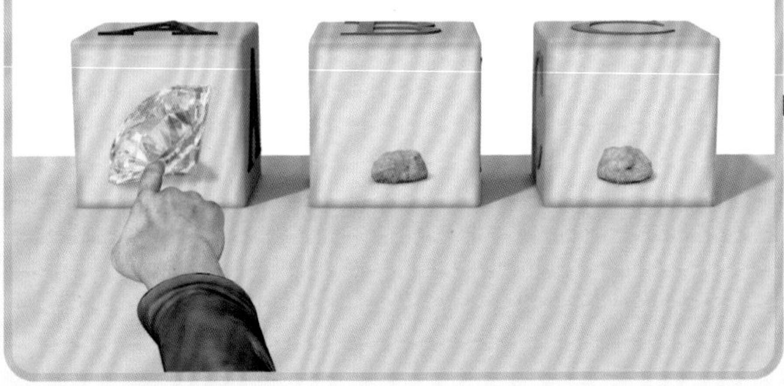

主持人打开盒子 B　概率 $\frac{1}{2}$

概率 $\frac{1}{6}$（不换盒子会中奖）

概率 $\frac{1}{2}$　主持人打开盒子 C

概率 $\frac{1}{6}$（不换盒子会中奖）

2. 最初选择了盒子 A，但盒子 B 中奖时

概率 $\frac{1}{3}$（最初选择的盒子没有中奖）

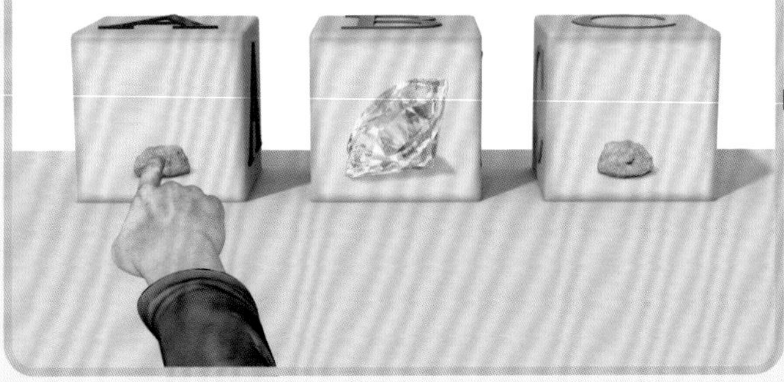

主持人打开盒子 B　概率 0

概率 0（不会出现这种情况）

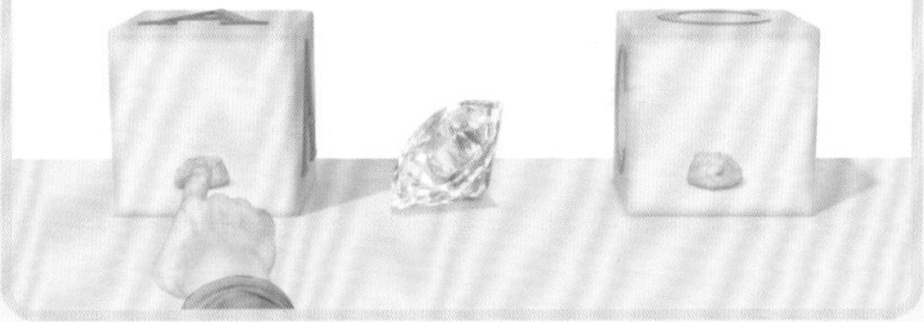

概率 1　主持人打开盒子 C

概率 $\frac{1}{3}$（换盒子会中奖）

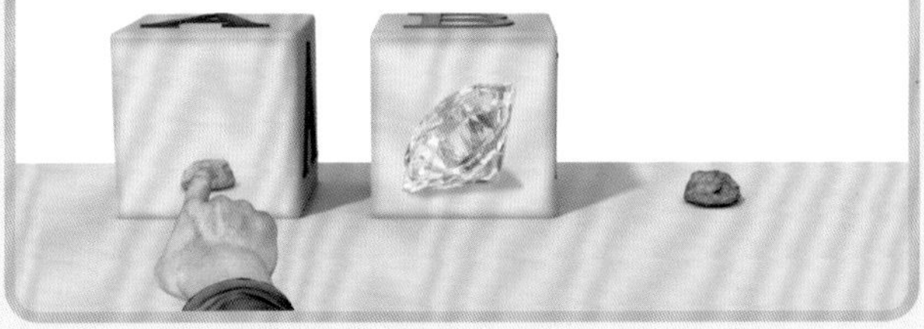

3. 最初选择了盒子 A，但盒子 C 中奖时

概率 $\frac{1}{3}$（最初选择的盒子没有中奖）

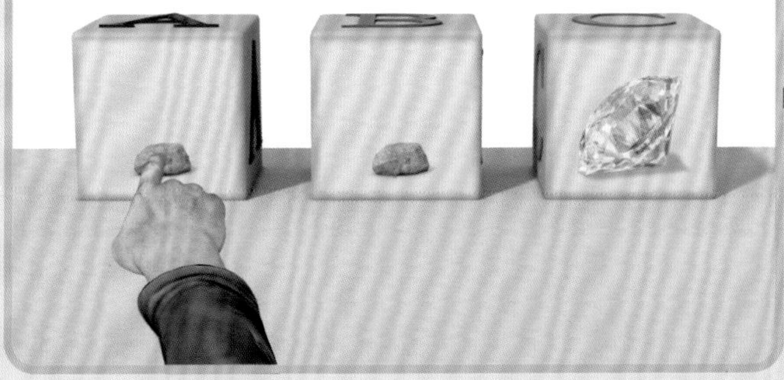

主持人打开盒子 B　概率 1

概率 $\frac{1}{3}$（换盒子会中奖）

概率 0　主持人打开盒子 C

概率 0（不会出现这种情况）

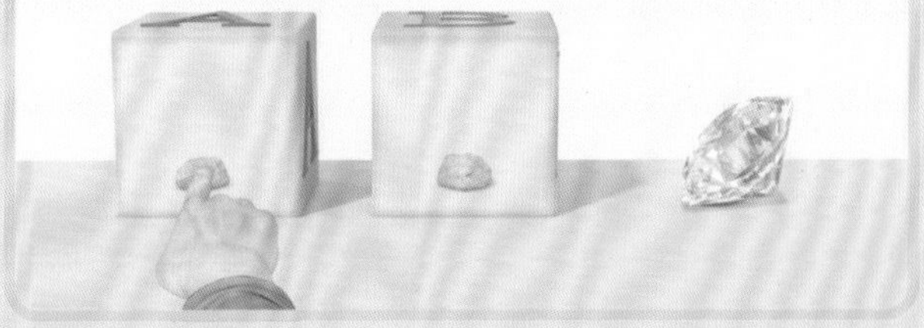

在准确率 80% 的癌症筛查中，结果为阳性，患癌的概率有多大？

现在，咱们言归正传，进入贝叶斯统计这一主题。简单地说，贝叶斯统计是用来计算条件概率的统计学，尤其在计算导致某一结果的原因概率时经常使用。

例如，一位男性做了“如果患癌，检测结果有 80% 的概率为阳性”的检查，结果显示为“阳性”。简单考虑的话，大家可能会认为这名男性得癌症的概率就是 80%，其实并不是这样的。利用贝叶斯统计，可以在得出阳性这一结果时，计算出其原因真是癌症的概率。

只需把数值输入“贝叶斯定理”进行计算，利用贝叶斯统计来计算概率并不难，把数值输入一个简单公式“贝叶斯定理”就可以了。本次计算所需的信息包括“患

患癌概率是多少？

本页为癌症筛查的相关信息，右页是检查结果为阳性时，真正患癌概率的计算方法。

这里所显示的概率是虚拟数值，并非癌症筛查的实际数据。

癌症筛查的结果
检查结果为“阳性”

本次癌症筛查的相关信息

1. 患癌时，有 80% 的概率为阳性。
   即便是癌症，也有 20% 的概率被误判为阴性。

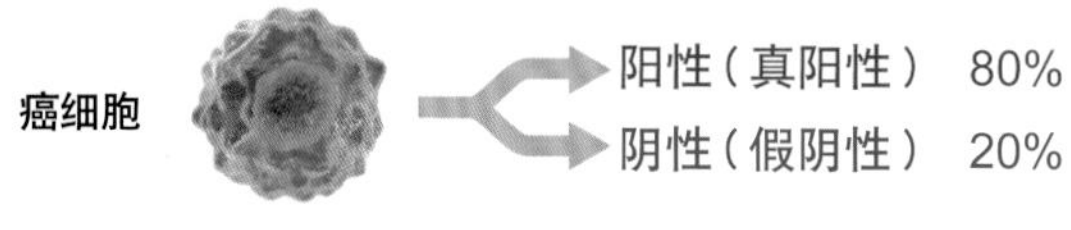

2. 即便不是癌症，也有 5% 的概率被误判为阳性。
   不是癌症时，有 95% 的概率为阴性。

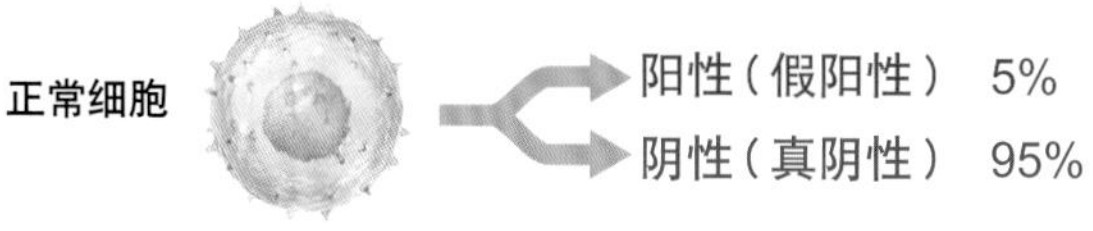

3. 在本次癌症筛查中，成年男性患癌的比例（患癌率）为 0.3%。

癌时，检查结果真是阳性的概率（真阳性概率）”与“没有患癌，但检查误认为是阳性的概率（假阳性概率）”，以及“成年男性的患癌比例（患癌率）”。

我们把这些概率输入贝叶斯定理进行计算（各数值与详细计算如下）。计算结果表明，检查结果为阳性时，真正患癌的概率大约为4.6%。由此可见，利用贝叶斯统计可以更准确地解释检查结果。

用贝叶斯定理解释三门问题

利用贝叶斯定理，也可以非常简单地计算出三门问题中选择盒子所需的条件概率。

$$\text{主持人打开盒子 B 时，最初选择的盒子 A 的中奖概率} = \frac{\text{盒子 A 中奖时，主持人打开盒子 B 的概率} \times \text{A 中奖的概率}}{\text{主持人打开B的概率}}$$

$$= \frac{\frac{1}{2} \times \frac{1}{3}}{\frac{1}{2}} = \frac{1}{3}$$

经计算“主持人打开了 B 时，最初没有选择的 C 中奖的概率”，结果为 2/3，由此可见，还是换盒子更为明智（中奖概率提高至两倍）。

贝叶斯定理

$$\text{发生了 } Y \text{ 时，} X \text{ 的发生概率} = \frac{\text{发生了 } X \text{ 时，} Y \text{ 的发生概率} \times X \text{ 的发生概率}}{Y \text{ 的发生概率}}$$

X 与 Y 为不同现象。

在贝叶斯统计中，经常适用的情况是“X=原因、Y=结果”。

把贝叶斯定理应用于癌症筛查的例子中，即“X=患癌（原因），Y=癌症筛查结果为阳性（结果）”，可以置换为：

$$\text{呈阳性时的患癌概率} = \frac{\text{患癌时，呈阳性的概率} \times \text{患癌概率}}{\text{呈阳性的概率}}$$

把各概率值输入右侧，计算结果为：

$$\text{呈阳性时的患癌概率} = \frac{\underset{\text{真阳性概率}}{0.80} \times \underset{\text{患癌率}}{0.003}}{\underset{\text{癌症患者呈阳性的真阳性概率}}{(0.003 \times 0.80)} + \underset{\text{非癌症患者呈阳性的假阳性概率}}{(0.997 \times 0.05)}}$$

$$= \frac{0.00240}{0.05225} = 0.0459\cdots \text{（大约 4.6\%）}$$

由此可见，即便筛查结果为阳性，真正患癌的概率也仅有 4.6% 左右。

借助贝叶斯统计来识别垃圾邮件

贝叶斯统计是指利用贝叶斯定理，根据结果来推测其原因的统计学。在日常生活中，我们经常会根据结果来推断原因。比如，“我喉咙痛，大概是感冒了吧”“猫靠近人，也许是饿了吧”“他送我礼物了，可能是喜欢我吧”……

这些全部属于贝叶斯统计的范畴。也就是说，从理论上讲，利用贝叶斯定理能够计算出“那个人喜欢我的概率”(注：为了准确计算，当然也需要知道“普通人送意中人礼物的概率”等数据)。

利用“容易出现的单词”来识别垃圾邮件

在日常生活中，我们可以利用贝叶斯统计来识别垃圾邮件。垃圾邮件一般是指单方面强行发送的邮件。具体来说，包括电商网站的广告、催促用户缴纳费用的诈骗邮件、为了盗取个人信息而让用户电脑感染电子病毒的邮件等。

大多数的邮件服务系统都能够自动识别垃圾邮件（垃圾邮件过滤）。当接收到的邮件中含有特定单词或信息时（＝结果），就可以利用贝叶斯定理来计算该邮件是垃圾邮件（＝原因）的概率，从而判断是不是垃圾邮件。

如果邮件标题或内容中含有“免费”“付款”等文字的话，是垃圾邮件的概率非常高。如果对以前接收到的垃圾邮件中所含的词进行分析，我们就能够计算出各种词在垃圾邮件中出现的概率。

利用贝叶斯定理，可以计算出当邮件中出现“免费”这一词时，其为垃圾邮件的概率。如果利用多个词进行计算，我们还能计算出“当邮件中含有○○与△△与◇◇等词时，其是垃圾邮件的概率”。如果这个概率超过一定的数值，就会被认为是垃圾邮件。

用贝叶斯统计来识别垃圾邮件

下面，我们用贝叶斯定理来计算一下邮件中含有“免费”这一词时，其是垃圾邮件的概率。假设垃圾邮件占全部邮件的 58%，垃圾邮件中含“免费”这一词的概率为 12%，正常邮件中含“免费”这一词的概率为 2%。

正如过滤垃圾邮件那样，利用贝叶斯统计进行判断或分类的方法也称为“贝叶斯过滤器”。

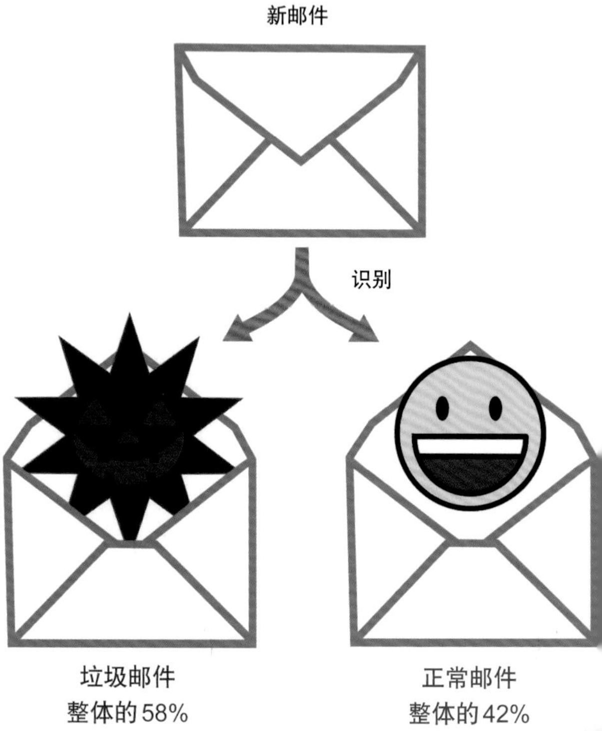

贝叶斯定理

$$\text{发生了}Y\text{时，}X\text{的发生概率} = \frac{\text{发生了}X\text{时，}Y\text{的发生概率} \times X\text{的发生概率}}{Y\text{的发生概率}}$$

下面，我们用“免费”这一词来判断垃圾邮件。
X = 垃圾邮件（原因），Y = 含有“免费”（结果），所以，

$$\text{邮件中含“免费”这一词时，其是垃圾邮件的概率} = \frac{\text{垃圾邮件中含“免费”这一词的概率} \times \text{垃圾邮件的概率}}{\text{含“免费”这一词的概率}}$$

$$= \frac{0.12 \times 0.58}{(0.58 \times 0.12) + (0.42 \times 0.02)}$$

(0.58×0.12)：垃圾邮件中含有“免费”这一词的概率

(0.42×0.02)：正常邮件中含有“免费”这一词的概率

$$= 0.892\cdots \text{（约 }89\%\text{）}$$

由此可见，当邮件中含有“免费”这一词时，其是垃圾邮件的概率约为 89%。
以多个词为对象，叠加进行同样的计算，就能更准确地计算出是垃圾邮件的概率。

接近于人类感觉的统计学

在贝叶斯统计中，如果增加了新的信息（条件），概率也将随之改变（更新），这称为“贝叶斯更新”。以垃圾邮件为例，每增加一个词，其为垃圾邮件的概率也将随之改变（更新）。

实际上，我们自己在看到多个词或信息后，也能在一定程度上识别垃圾邮件。虽然只靠“免费”这一个词还无法判断，但如果再看到“最后机会”“打开这一页”等文字，基本上大家都可以确定这是垃圾邮件了。贝叶斯统计就是把这一过程作为具体的概率进行计算，因此，有时也被称为接近于人类思考的“主观的统计学”。

贝叶斯统计促进人工智能发展

前文介绍的概率与统计，如“掷骰子出现6点的概率”“甜甜圈重量参差不齐”等，都是基于客观事实与数据推导出的结果，并不包含人类的经验和意见。

与之不同，贝叶斯统计还把客观数据无法体现的“人类的主观预测”巧妙地用作信息。这一点是贝叶斯统计有别于传统统计学的一大特征，也是贝叶斯统计的优势。

也可以从“暂定概率”开始

下面，我们就以公司来了一位男性新员工为例，来解释一下灵活应用主观预测是怎么一回事儿。这位新员工好像来自日本九州，也就是说，他来自福冈、佐贺、长崎、熊本、大分、宫崎或鹿儿岛这7个县之一。那么，暂且假定他来自福冈县的概率为1/7。

之后，你问他“你喜欢哪个棒球队？”如果他回答“我从小就喜欢鹰队”(日本福冈软件银行鹰队的昵称)，则他来自福冈的概率就会增大。紧接着，如果再问他“喜欢哪种拉面”等问题，则应该能够在很大概率上推断出他来自哪个县(日本不同地区的拉面各有特色)。

贝叶斯统计有一个“不充分推理原则”——若没有其他可作为依据的数据，可以把主观预测当作数据使用。比如，在上面的例子中，暂且将男同事来自福冈县的概率设为1/7。其实，福冈县是九州地区人口最多的县，因此，也可以把概率设定得再高一些。

贝叶斯统计的创始人——托马斯·贝叶斯牧师

贝叶斯统计的名字来自推导出贝叶斯定理的英国数学家托马斯·贝叶斯（1702～1761）。贝叶斯统计诞生于250多年前，但近年来才开始受到广泛关注。

托马斯·贝叶斯的本职工作是基督教牧师，但他并不是在从事牧师工作的同时仅凭个人爱好而业余研究数学，而是作为英国皇家学会会员，在数学研究领域具有很深的造诣。

去世后，贝叶斯牧师的研究成果在其友人的帮助下得以发表，才终于被世人所知。法国数学家皮埃尔-西蒙·拉普拉斯（1749～1827）看到贝叶斯的研究成果后，将其总结为“逆向概率”（从结果推测原因的概率）理论，才最终形成了如今的“贝叶斯定理”。

正如本章所介绍的那样，由于贝叶斯统计会把“主观预测”当作信息使用，与传统的统计学相比显得“模棱两可”，所以曾受到传统统计学学者的广泛批判，认为其“是缺乏严密性的数学”。直到20世纪，人们才意识到，“模棱两可”正是贝叶斯统计之所以能够广泛应用于许多领域的关键所在。正因为有这些历史原委，贝叶斯统计被视为“新的”统计学。

如果后来增加了新的信息（条件），概率会不断更新，使结果越来越准确。所以，就算最开始信息有些模糊不清也不要紧，贝叶斯统计就是采用这种“柔性”思考方式。

人工智能也要依赖统计与概率

对于不太了解的信息，暂且先赋予它一个数值，之后再不断修正——这种思考方式与人类的感觉非常相似。可以说，接近人类感觉的贝叶斯统计与模仿人类智能的人工智能（AI）可谓异曲同工。例如，用来“识别形状”和“诊断病名”的AI也用到了贝叶斯统计(右页上图)。

近年来，AI实现了飞跃性进步。例如，在围棋或象棋比赛中战胜人类、从病理图像中准确发现癌细胞、能够与人类自然而流畅地对话等。尽管AI能够完成各种各样的任务，但实际上，这些功能的基础都是根据统计学与概率论进行“判断”与“分类”的计算机程序。

而且，AI的一大特点是通过“学习”大量数据来提高判断或分类的准确度，从而变得更加“聪明”。贝叶斯统计则通过增加数据来进一步提高原因概率的准确度，因此，是一种很容易应用于AI的统计学方法。

利用贝叶斯统计，根据鲜花形状来确定品种

目前，图像识别（识别图像中的形状或文字）是 AI 最擅长的领域之一。鉴别鸢尾花（下图）就是利用贝叶斯统计来识别“形状”的例子之一。

首先，收集要鉴别的 3 种鸢尾花的花瓣形状等相关信息（花萼或花瓣的长度与宽度），并由此得出“如果是这个品种的话，花瓣是这种形状的概率高”等信息。反过来，利用这个信息，就能够判断“这种形状的花瓣是哪个品种的概率高”。

右图是 3 个品种的分布结果（利用根据花形推导出的两种评分标准进行判断）。分布区域因品种而异，意味着使用这种评分系统可以识别花的品种。

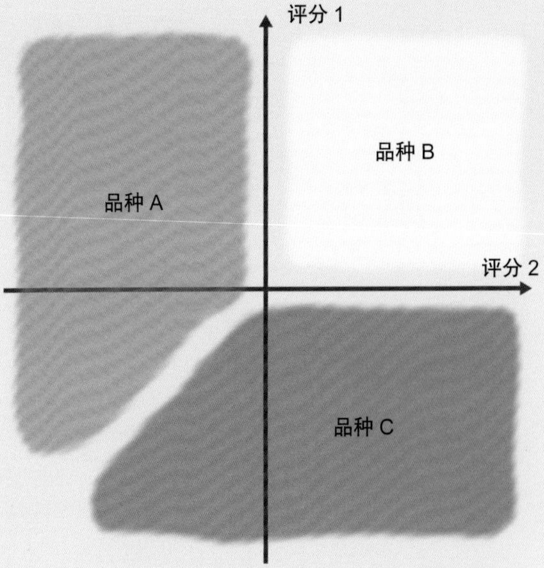

根据症状来判断疾病

通常，医生根据患者自述的“我发烧”“我头痛”等症状来判断病因。不过，导致头痛的原因有很多，如撞到头了、感冒了、患有脑瘤等。

如果收集许多如“感冒后，喉咙发炎的概率”等这样能表示因果关系的数据，并把这些数据汇总起来，就能构建一个连接不同疾病（原因）与症状（结果）的“网络”。

利用这个“网络”（称为贝叶斯网络），可以根据症状倒推，具体计算导致这一结果（症状）的可能原因（疾病）的概率，并把其应用于辅助医生诊断疾病或诊断机械故障原因的 AI 上。

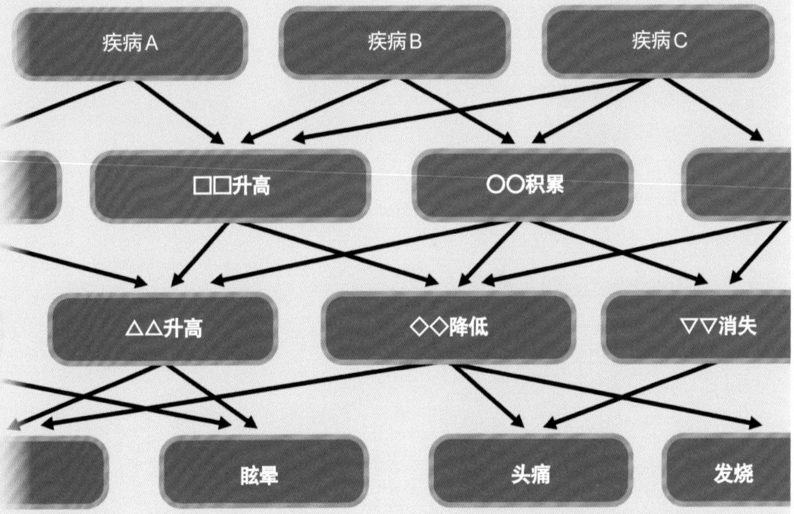

无限扩展的贝叶斯统计应用范围

贝叶斯统计是以贝叶斯定理为出发点而推广的理论。虽然贝叶斯定理诞生于 18 世纪，但直到 20 世纪，人们才终于认识到其重要性。进入 21 世纪后，贝叶斯定理的应用范围急速扩展到人工智能、数学、经济学、医学、心理学等许多领域。

贝叶斯统计应用范围极其广泛，本章介绍的仅仅是其最基本的内容。在网上还可以找到一些能够进行贝叶斯统计实际计算的免费统计软件，如果你想进一步学习贝叶斯统计，不妨挑战一下！

掌握这几点就够啦！

条件概率

发生了某一事件 X 时，另一事件 Y 发生的概率称为“条件概率”，可以用下面的公式计算。

发生了 X 时，Y 发生的概率 ＝ $\dfrac{X\text{与}Y\text{都发生的概率}}{X\text{发生的概率}}$

用数学符号表示为：

$$P(Y|X)=\frac{P(X\cap Y)}{P(X)}$$

在有些教科书中，会把 $P(Y|X)$ 写作 $P_X(Y)$。

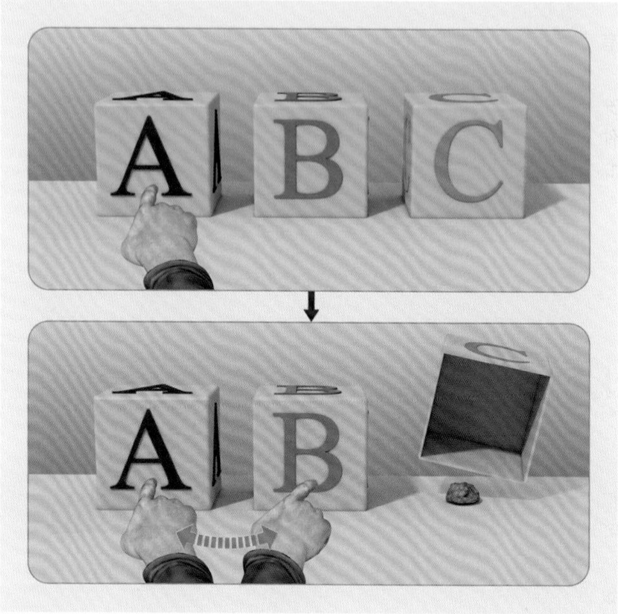

贝叶斯定律

在条件概率的公式中，可以用“（Y 发生的概率）×（发生了 Y 时，X 发生的概率）”来计算（替换）“X 与 Y 都发生的概率”。

X 与 Y 都发生的概率 ＝ Y 发生的概率 × 发生了 Y 时，X 发生的概率

在此基础上把公式变形，可推导出贝叶斯统计的基础——贝叶斯定理。

发生了 Y 时，X 发生的概率 ＝ $\dfrac{\text{发生了}X\text{时，}Y\text{发生的概率}\times X\text{发生的概率}}{Y\text{发生的概率}}$

如果把“X＝原因，Y＝结果”套用在上面的贝叶斯定理中，就可以计算“得出某一结果 X 时，导致该结果的原因是 Y 的概率”。

不充分理由原则

当我们利用贝叶斯统计来求解导致某一结果的原因的概率时，有时并不清楚计算所需的概率信息（先验概率）。

这时，贝叶斯统计允许利用一个暂定的临时概率进行计算（不充分理由原则）。一般来说，在不知道具体概率时，只能认为每个事件发生的概率是相等的（有两项选择时，则每个事件发生的概率为1/2；有三项选择时，则每个事件发生的概率为1/3）。

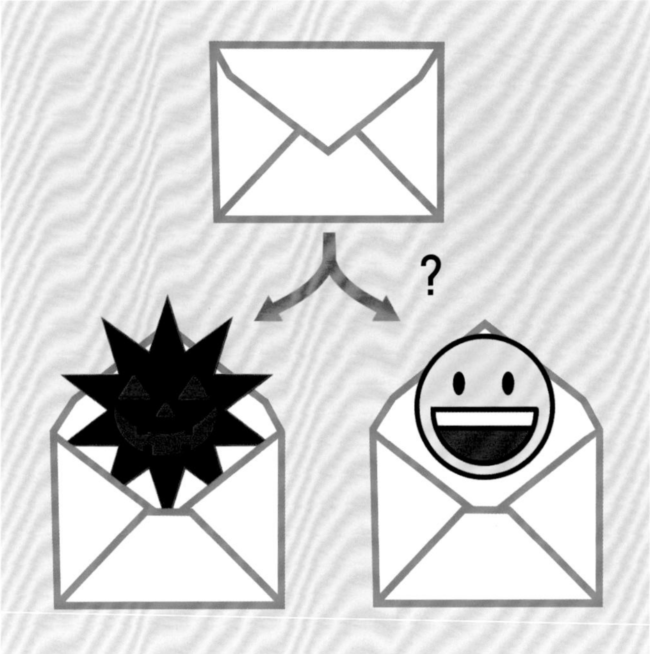

贝叶斯更新

在贝叶斯统计中，当得到新的结果（后验概率）后，可把这一信息当作先验概率再次计算，从而不断更新概率的数值，这称为贝叶斯更新。

如果把贝叶斯定理与贝叶斯更新结合起来，可以向前倒推出导致某一结果的原因的概率。利用贝叶斯网络（多个因果关系的网络），即便是多个因素纠缠在一起所产生的结果，也能具体计算出每一个原因（因素）的概率。

贝叶斯定理可用下面的数学符号表示。在下面的公式中，$P(X\mid Y)$ 有时称为后验概率，$P(Y\mid X)$ 称为似然（最相似的程度），$P(X)$ 称为先验概率，$P(Y)$ 称为全概率。

$$P(X\mid Y)=\frac{P(Y\mid X)\times P(X)}{P(Y)}$$

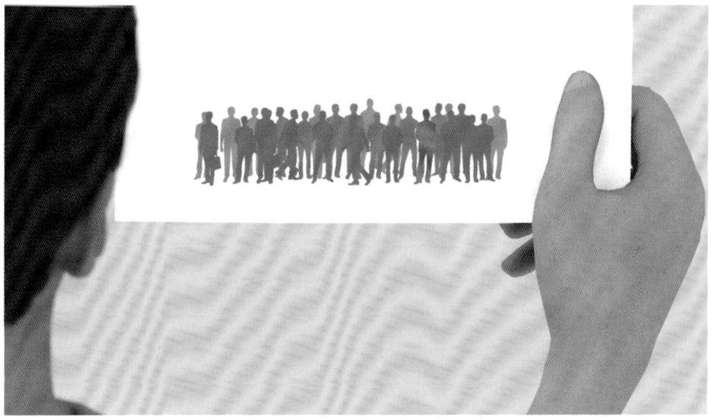

7

IT统计学的基础知识

统计学随着电脑等信息技术（IT）的进化而一同发展，且近年迅速进步。给社会带来重要影响的“人工智能（AI）”的核心技术中也包含着统计学的知识。另外，无论 IT 如何发展，需要掌握的统计学基础是不变的。在本章中，对理解现代统计学和 AI 技术等重要话题进行了解读。

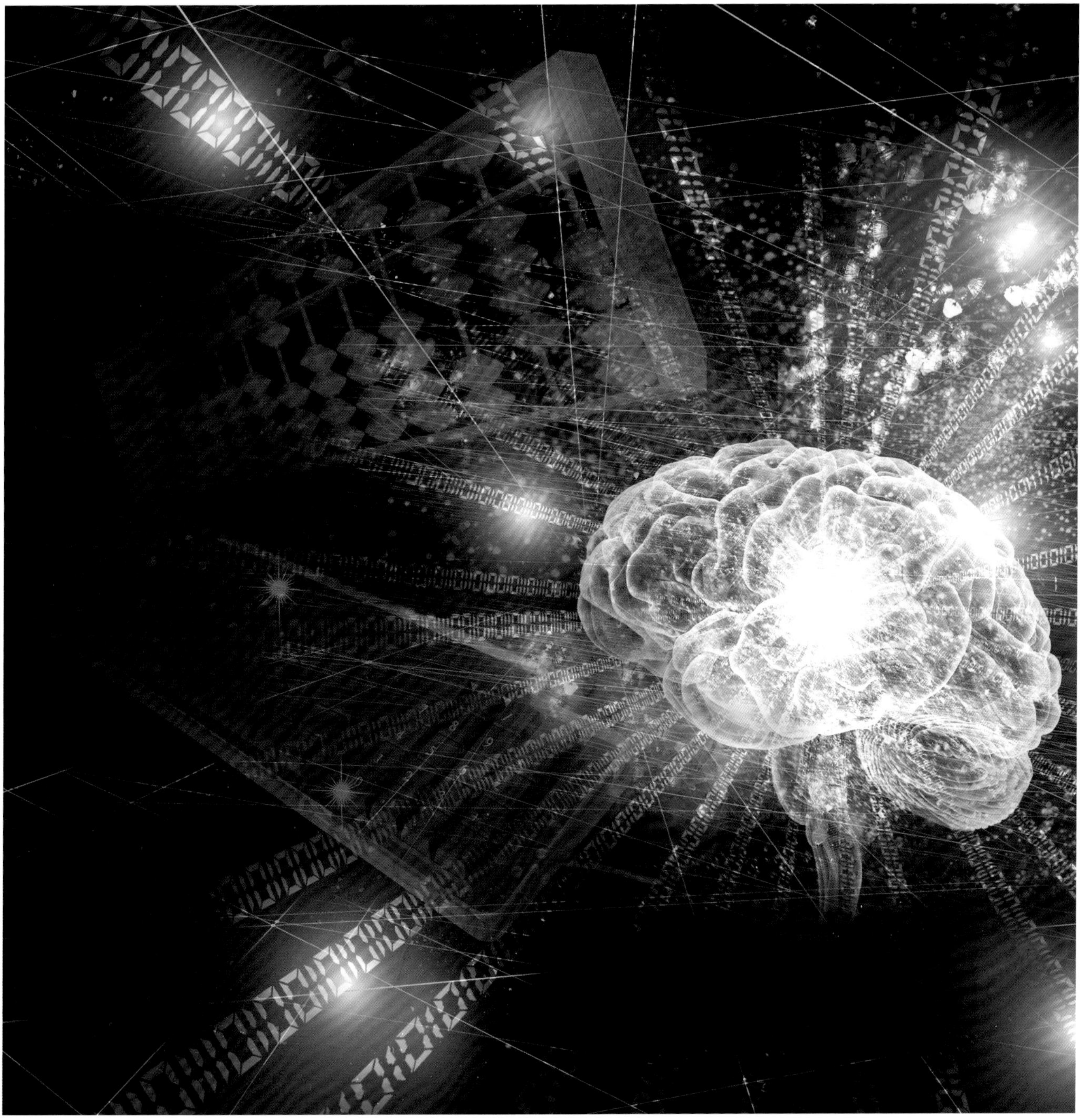

统计数据的概要和推算

用计算机抓住统计数据的特征，推算整个群体

均值和方差，标准差及“偏差值”

均值（或者说平均数）是指“相加平均”，把样本设为 x_1，…，x_n，将和 n 等分得 $\frac{x_1+\cdots x_n}{n}$ ※1※2。均值是用一个值来代表样本的一个“代表值”。比如，某个宣讲会一周的出席者分为 10、2、9、4、6、8、3（人），那一周中平均出席人数如下。

$$均值\ \bar{x}=\frac{10+2+9+4+6+8+3}{7}=6(人)$$

然而，本来是无法用一个值来表示样本的，与 $\bar{x}$ 是会产生偏差的。将其偏差用平方来进行测量的是“方差”，如下计算。

$$方差\ s^2=\frac{(10-6)^2+\cdots+(3-6)^2}{7}=8.3(人^2)$$

方差是表示平均周围离散的程度，因为是平方量，所以用 s^2 表示 ※3。在统计学上仅有均值是不充分的，为了进行比较还需要写出方差。

方差的单位变成原有单位的平方，意思难以表示，因此取其平方根 $\sqrt{\ }$ 。这称为“标准差”，用 s 表示。用计算机开根键（$\sqrt{\ }$）进行计算，可得 $s=\sqrt{8.3}\approx 2.88$。

均值用英语表示是 Average，方差是 Variance，标准差是 Standard Deviation（SD）。即使原始数据比较简单，这些计算也依然比较麻烦。因此用计算器或表计算软件 Excel 等进行计算时，函数名都是英语的缩略名。

均值、方差、标准差是根据样本最早进行计算求得的基本量，称为“基本统计量”。如果是二维数据，还包含相关系数 r。以它们为基础，可以推导出各种统计学意义上有用的量，广为人知的“偏差值”就是其一。换算素点 x 来计算得出，表示在群体中的位置。某学生 A 的考试分数为 x，该考试所有考生平均分数为 $\bar{x}$，标准差为 s，则 x 的偏差值为

$$T=50+10\cdot\frac{x-\bar{x}}{s}$$

当 $\bar{x}$=59、s=6.3 时，试算 x=62 分的偏差值（答案在下方）。

那么，这个值就是“A 的分数 x”的偏差值，表示其在全体中的位置。要注意的是，A 的能力的绝对评价与“分数的偏差值”并无直接关系。

数据的五数概括和箱形图

均值、方差和标准差是重要的

箱形图

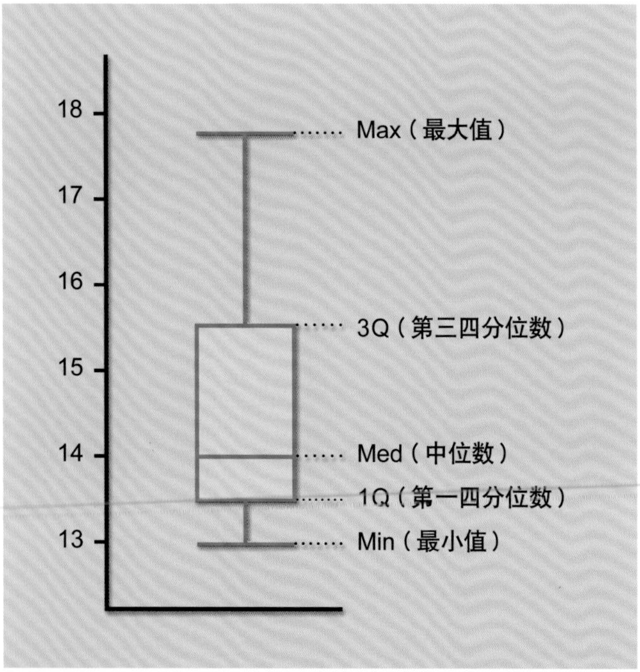

箱形图和直方图（第 76 页中的图等）一样，适用于表示数据的分布。在箱形图中，除了这 5 个数，也有用“+”表示均值记入的情况。此外，也有把图横向使用的情况。

※1：n 称为“样本规模”“样本大小”。“样本数”的说法并不准确。

※2：除了相加平均，还有相乘平均（样本设为 x_1，…，x_n，将其乘积进行 n 次方根）和加权平均（为各样本加上“权重”的平均）

※3：s 是后述 Standard Deviation 的首字母。

答案 54.6

案例1

显著

女儿：爸爸，我的考试成绩有长进哦。
父亲：哟，怎么样啊？
女儿：上个月得了72分，这次是89分。
父亲：这段时间你很努力呀！
女儿：给点零花钱吧。
父亲：原来想说的是这个呀！

案例2

不显著

儿子：爸爸，我的考试成绩有长进哦。
父亲：哟，怎么样啊？
儿子：上个月得了75分，这次是76分。
父亲：嗯？
儿子：因为有长进，给点零花钱吧。
父亲：这没有啥长进啊！
儿子：从75分到76分，确实有长进。爸爸，你不会算数吗？
父亲：差不多没长进，几乎没长进，长进很小，其实就是没长进……唔，真烦恼啊！

案例源自松原望所著《统计学超入门》，日本技术评论出版社出版。

量，然而计算的结果失去了样本 $x_1, \cdots, x_n$ 整体的情况。在先前举例宣讲会出席者的案例中，最少为2人，最多为10人，中位数（把7个值按照大小排列时位于中央的，从小到大也是第4个）为6人，用 $\bar{x}$ 和 s 是无法表示的（且中位数和 $\bar{x}$ 是不一样的）。

因此，把样本自下而上（或自左向右）按照大小排序，对样本以25%为刻度选出5个数（最小值，25%，中位数，75%，最大值），这被称为样本的"五数概括"。在统计计算免费软件R中表示为Min，1Q，Med，3Q，Max。Q是指"四分位数"（quartile：由quarter=四分之一而来），1Q是指"第一四分位数"，3Q是指"第三四分位数"，而Med为"中位数"（Median）。

五数概括因为可以表示接近整体情况的信息，因此无论是在科学意义上，还是在社会意义上，都是公正的概括方法。美国统计学家约翰·图基（J.Tukey,1915～2000）从数据可视化视角出发提出在箱形中添加线来表示五数概括的"箱形图"（Box-and-whisker plot），今日依然被广泛使用。左页的箱形图中显示Min=13、1Q=13.5、Med=14、3Q=15.5、Max=17.7。

概括数据时，虽说数据可能不合适，但毫无理由地无视最小值和最大值，并将其剔除无法称为正确的分析态度，根据情况不同可能还会带来"数据篡改"的嫌疑。

显著性——两段对话

在统计学上，经常听到"显著性"这个词汇。在这里，你可以理解上方所示两段对话的差异吗？如果可以理解，对于统计学是由怎样的基础所构成的也有了较多了解。

最初的对话是"显著"，而后面的对话对应的是"不显著"。"显著"是指有意义的差，称为实质性差异，换句话说就是"真的存在差异"。不显著差异可以说是"称不上存在差异""没有实质性差异""偶然出现的差异"等，总而言之可以判断为"其实没差异"。在数学上因为不相等而存在差，而统计学与数学拥有不同的方面。社会层面的涉及范围很广，学习统计学的优点也在于此。

要想判断是否显著，虽有不同统计学理论，在此举一简单案例的结果，方便理解原理。

是否如标示一致：检测成功

饮料标示“果汁成分为15%”。选取大小（n）为25的样本，测定果汁的成分比例，平均x=13.5，标准差s=2.3。标示是否准确？

差为13.5−15=−1.5（%），存在不足标示的可能性。要想知道误差是否显著，就需要判定

$$t=\frac{差}{\frac{s}{\sqrt{n}}}<-1.96 \rightarrow 差异显著。$$

这个判定法则被称为“学生t检验”。现在，对于差=−1.5，因为s=2.3，n=25，因此t=−3.26，在左端大幅度突破−1.96，可以判定差异是显著的，该饮料“事实上与标示不符”。忘了说一句，要注意−1.5是通过25次测定的结果。

让我们来说明一下这个t检验。在统计学的基本教科书中，有t的概率分布的函数图（左下图），以及分布表（请见卷末资料），乍一看和正态分布相似。

从图中可知，偏差如果没有达到一定程度，就会变得不显著。当差缩小为−0.5时，会变成什么样？t=−1.09，不显著，不能说饮料与“标示不符”。我们要懂得“只有误差足够大时才显著”。

这个“t检验”最初由英国统计学家威廉·戈塞（笔名为Student，1876～1937）提出使用。在统计推论中应用概率最初成功的案例，是否显著的基准−1.96也是由概率分布计算“显著水平5%”中得到的。就这样，对于统计学方法的正确理解中从此需要概率。

以上统计方法包含在函数计算器的统计计算功能中，依赖计算机的计算也是作为计算器来进行。

t分布图

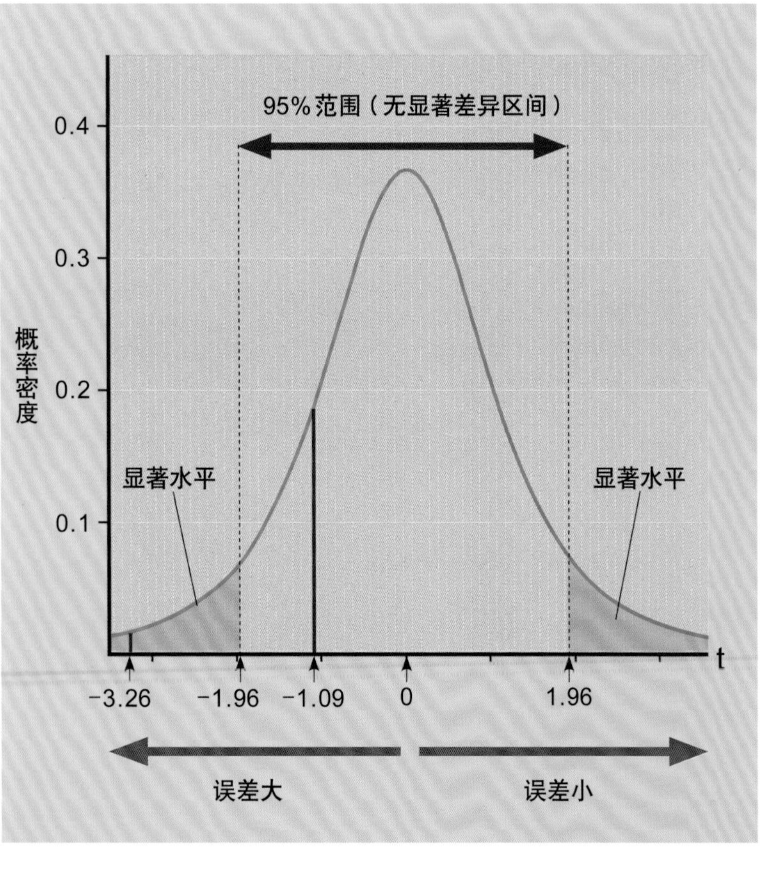

想出t检验的统计学家 威廉·戈塞

随机化和随机取样

数据是“抽取”的东西，这种理解很重要。“数据科学”是针对在已经抽取数据的情况下，也必须常常在头脑中思考是采用了怎样的取样方法。“稀里糊涂”或“只要能取出样本”的想法存在错误，或者获得了只有在某种情况下才能得出的结论，对于得出结论的人的信用也会产生影响。统计学是以群体作为对象的学问，要在心中记得对于数据选择要慎重、科学。“数据科学”是一门科学的学问。

例如，医师在使用新药的情况下，准备不给上午的患者使用，而给午后的患者使用。比较使用了新药和没有使用新药的两组患者，得出新药有效果的结论，这存在怎样的问题?

比如，上午来的患者一般是住院患者病症较重，而午后的患者多是轻症。除了新药的效果，还可能混入有关病症轻重的影响（这被称为“干扰因子”），这些因素不能区分开，是无法得出正确结论的。

像这样的“陷阱”到处都是，一言以蔽之，排除干扰的一种方法是把服药群体分为上午、下午各一半，随机确定组别。作为比较对照的不服药群体也分为上午、下午各一半，也采取随机的方法。

花费时间慎重选取数据是统计分析的第一步。即使到了如今的AI时代，这也是不变的。

此外，在调查时抽取样本的情况也一定要记得随机取样。随机取样的优点是对于想要知道的标的量，是没有偏差的。在已经选取积蓄了工作数据的情况下，工作中已经存在了偏差。

作为一个案例，在依据零售业的充值卡结算数据进行分析时，由于是以充值卡保有者作为对象，因此结论会有偏差，可信度不高。考虑母群体的构成，分为几个群体（层）来抽取样本的情况（分层抽样），以及还需要不同知识和需要注意的地方，此处不多加赘述。也就是说，即使是“大数据”这样的数据，仅依靠计算机的计算能力而获得正确的结论，这种情况也是很少的。

在抽样调查中，随机抽取样本十分重要。

"自举法"的革命

充分利用计算机能力的统计学登场

随着计算机的计算能力不断提高，20 世纪 80 年代，充分利用计算机的"计算机统计学（计算机多功能统计学）"出现了。从单纯依靠计算机作为计算器进行统计的简单计算，到现如今即使没有概率论的帮助，仅依靠计算机压倒性的计算能力，而产生了革命性的统计学。

开端是美国的布拉德利·埃弗龙（斯坦福大学教授，1938～）的"自举法（Bootstrap）"。我们用埃弗龙所举例子进行说明。

右页左上的样本是美国 15 所法学院学生的入学成绩的平均分 x 和入学后 GPA（Grade Point Average，学科成绩分数换算成 1～5 的分数后的加权平均）的数据 y，散点图是 (x, y) 的二维图表。

问题是入学成绩与学科成绩是否存在正相关？这似乎有关系，又可能没有关系（如果存在不相关，或许会主张不进行学科考试）。相关系数 r=0.7764，在统计学上处于有和没有的边界。结论到底应该怎样判断呢？

非常遗憾，相关系数 r 的概率分布并不清楚（其实从以前就知道但令人费解），无法确定这个值的位置，推论不得不终止。

在这里，把样本编号{1，2，3，…，15}进行 15 个编号的采样，编号可以重复（抽样后，放回又再次被抽样）抽取，这些编号所对应的 (x, y) 的组作为数据计算相关系数 r_1。如此重复 100 次，制成 r_1、r_2、…、r_{100} 的直方图，这就是"相关系数 r 的概率分布"（**1**）。

重复 500 次或 1000 次的话，就会变得更加精确（**2**，**3**）。

仅仅 15 个点就可以制作出如图 3 一般精确的图（再增加取样次数，还可以变得更加精确），真的是令人惊奇的"宝物"。这样一来，就不再需要数学的复杂计算。对于由这样的"信息"所产生的不可思议的策略，最初学者也有疑问、异议，或者是反对的声音，但在很多概率分布不确定的情况下，都非常有效，到今天已经是被公认为没有异议的统计方法了。

并且自举法最初指的是把能够使靴子绷紧的拔靴带（strap），拉自己的鞋带把自己举起是非常困难的，意指以自己的力量挑战难题的气魄。在这里仅仅使用原始数据，"独自"推定统计量，因此被叫作 Bootstrap。

美国 15 所法学院的“入学成绩”和“学科成绩”的相关性

用埃弗龙教授的自举法分析法学院的数据。样本量仅为 15，数据量非常小。通过这个数据，无法确定入学成绩和学科成绩是否存在相关性。

法学院	1	2	3	4	5	6	7	8	9	10	11	12	13	14	15
x：入学考试成绩	576	635	558	578	666	580	555	661	651	605	653	575	545	572	594
y：学科成绩（GPA）	3.39	3.30	2.81	3.03	3.44	3.07	3.00	3.43	3.36	3.13	3.12	2.74	2.76	2.88	2.96

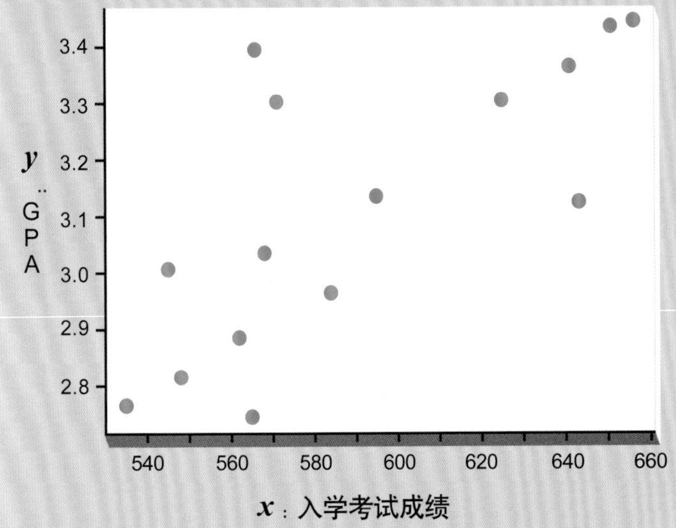

通过自举法产生的相关系数的分布

1. 100 次重复采样产生的相关系数分布

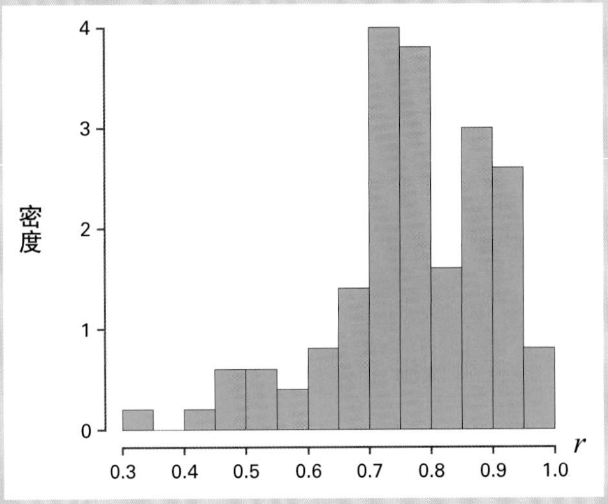

2. 500 次重复采样产生的相关系数分布

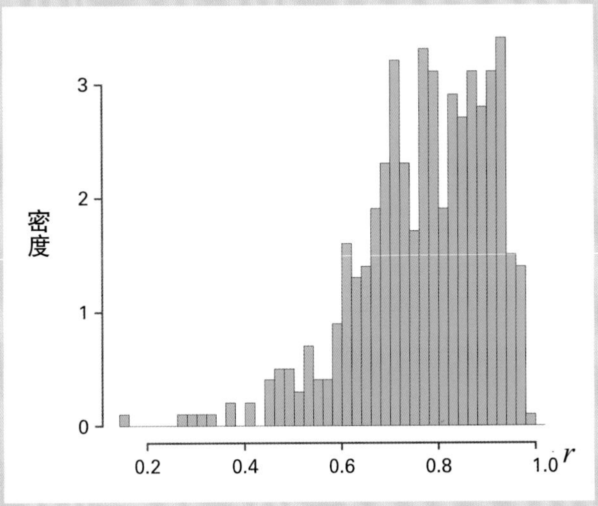

3. 1000 次重复采样产生的相关系数分布

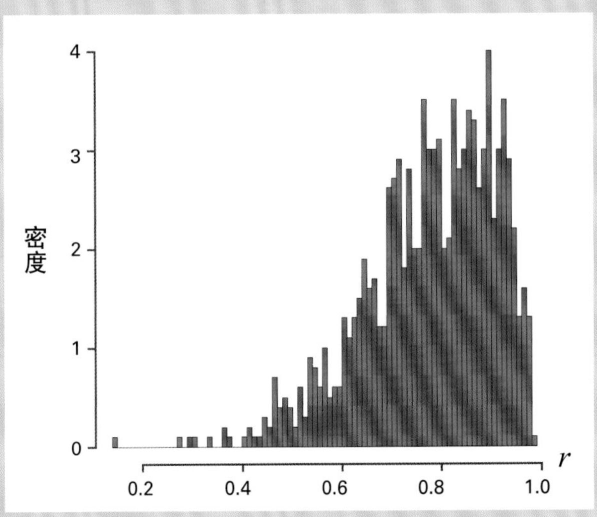

以人的智能和知识为基础的统计学

学习“贝叶斯定理”的练习

读者可能听过“频率派”和“主观派”（或者“贝叶斯派”）等统计学流派的区别。前者基本在大学的统计学课堂上会教授，使用的概率是“客观的概率”，也就是表现的是事情发生的可能性；与之相对，后者是把人（个人）的预测、信念、眼界等主观因素的概率也作为数据的统计学。“贝叶斯派”指的是“信奉”以“主观概率”为基础，计算概率的贝叶斯定理，并进一步积极“信奉”贝叶斯统计学的方法或人。贝叶斯是指托马斯·贝叶斯，是一名研究概率的英国新教牧师。

同时考虑人的预测、信念、眼界的贝叶斯统计学在很长一段时间都处在频率派的阴影之下，但其深奥的思考方法渐渐地被重新认识，如今迎来了复兴。特别是被认为与当下的AI（人工智能）完美契合的统计学，俨然成了“现代统计学”的重要部分。为什么这么说呢？让我们来介绍经常使用的案例。

问题：壶和其中带有颜色的球的模型，有3个球（A_1、A_2、A_3），假设其中红色球和蓝色球的概率分别为3比1、1比1、1比2。

首先随机选择一个壶，然后从其中取出球。当操作的结果中球为红色时，计算这个球是从A_1中（选中的壶是A_1）取出的概率，同时也求从A_2、A_3中取出红球的概率。

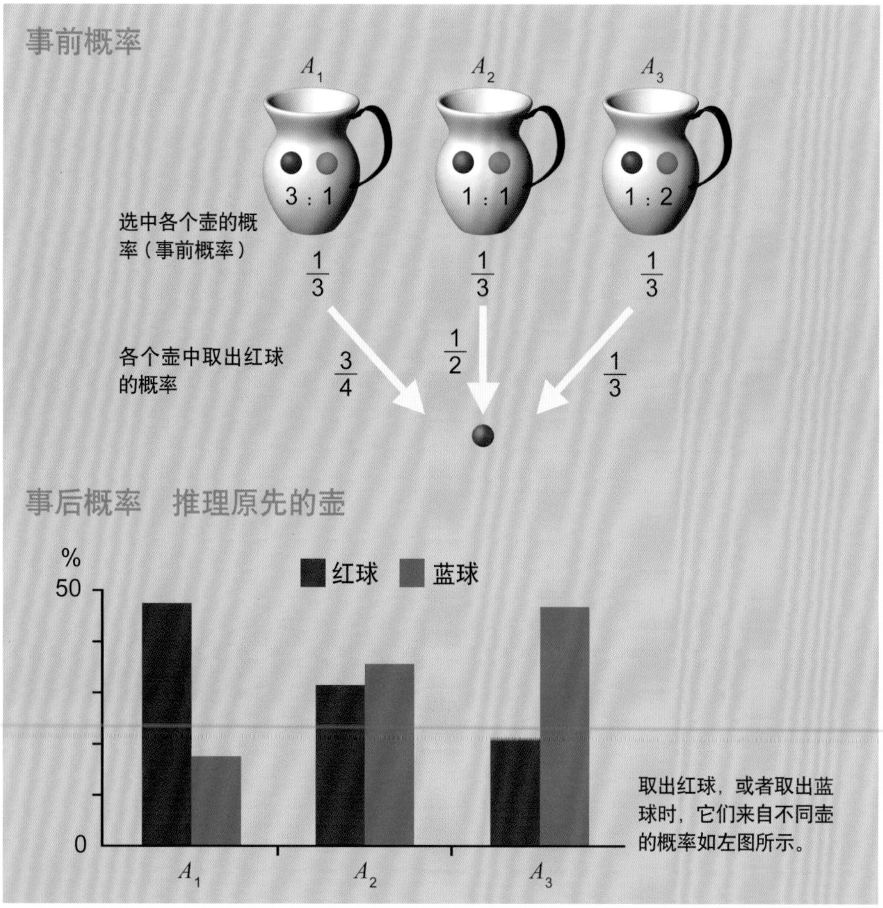

在这里，选到A_1、A_2、A_3的概率各为$\frac{1}{3}$、$\frac{1}{3}$、$\frac{1}{3}$。如果除似乎相等之外没有其他理由，那就认为选中的概率是相等的。这在概率论中被称为“不充分理由原则”。但是，如果知道更准确的概率，就采用那个概率。

如果壶已经选定，那么从A_1、A_2、A_3中选出红球的概率分别为$\frac{3}{4}$、$\frac{1}{2}$、$\frac{1}{3}$。合起来（壶，红球）的组合概率，分别为$\frac{1}{3}\times\frac{3}{4}$、$\frac{1}{3}\times\frac{1}{2}$、$\frac{1}{3}\times\frac{1}{3}$。

它们的和$\left(\frac{1}{3}\times\frac{3}{4}\right)+\left(\frac{1}{3}\times\frac{1}{2}\right)+\left(\frac{1}{3}\times\frac{1}{3}\right)$就是“抽出红球”的概率，其中要求出从$A_1$中取出的概率，得到答案是

$$=\frac{\frac{1}{3}\times\frac{3}{4}}{\left(\frac{1}{3}\times\frac{3}{4}\right)+\left(\frac{1}{3}\times\frac{1}{2}\right)+\left(\frac{1}{3}\times\frac{1}{3}\right)}$$

$$=\frac{9}{19}\approx0.474$$

对于从壶A_2或A_3中取出红球的概率，分别代入分子，得到$\frac{6}{19}\approx0.316$、$\frac{4}{19}\approx0.21$，三者的

和当然为 1。

这个计算的规律总结起来就是“贝叶斯定理”。在判断球之前的阶段选择壶的概率（$\frac{1}{3}$、$\frac{1}{3}$、$\frac{1}{3}$）和判断球之后的阶段选择壶的概率（$\frac{9}{19}$、$\frac{6}{19}$、$\frac{4}{19}$）分别称为“事前概率”和“事后概率”。事前概率如果还包含其他概率，则采用那个概率。

贝叶斯统计学中更重要的是事后概率。在上述案例（$\frac{9}{19}$、$\frac{6}{19}$、$\frac{4}{19}$）中，A_1 的概率最大，A_3 的概率最小，但因为 A_1 中的红球原本就多（A_3 中的红球少），因此直观感觉是“理所当然”的。计算结果用数字比依靠感觉的判断显得更准确。

利用贝叶斯定理的统计学适用于人工智能的数据库进行数据分析的原因也在于此。

AI 领域中引人注目的“模式识别”的原型——“贝叶斯判别”，是什么？

一般的数学定理排列着困难的专用符号和难以理解的数学式，其意义也与日常生活关系不大，很难“接近”。但贝叶斯定理即使从形态上来看也是很简单的，得出的结果也与人的感觉和决策相符合。并且与其说是“定理”，更应该说是“原理”“法则”，即使应用在更为复杂的概率问题（如正态分布，或者是多维空间中的概率事件）时也同样成立。其中之一就是现在 AI 领域中备受关注的“模式识别”的原型之一——“贝叶斯判别”。

以下显示的是用于统计分析参照的数据“鸢尾”，用贝叶斯判别所得的结果。鸢尾的数据是由英国统计学家罗纳德·费希尔（1890～1962）所关注的三种鸢尾（A_1: *Virginica*，A_2:*Versicolor*，A_3:*Setosa*）各 50 朵花的 4 个部位（x_1：萼片长度，x_2：萼片宽度，x_3：花瓣长，x_4：花瓣宽）的测量数据（采集、测量由埃德加·安德森完成）。

略去详细的解释，把先前问题中的“3 个壶”“球的颜色（红，蓝）出现的概率”分别替换为“3 种鸢尾”“鸢尾的 4 个部位出现的概率”，利用贝叶斯定理，会出现哪一种鸢尾的事前概率为（$\frac{1}{3}$、$\frac{1}{3}$、$\frac{1}{3}$）。

以已经知道种别的 4 个案例为例，以（x_1、x_2、x_3、x_4）的值为基础，这是来自于哪个品种，计算出的各品种的事后概率，如表 1 所示。以最大的事后概率所表示的品种作为判定结果，就可以知道判别的正误了。让我们来看所有样本的判别结果（表 2）。

表1　费希尔对鸢尾的判别结果（4个案例）

案例编号	测量结果 x_1 萼片长度	x_2 萼片宽度	x_3 花瓣长	x_4 花瓣宽	各种事后概率 A_1 Virginica	A_2 Versicolor	A_3 Setosa	判别结果	正确种	正误
1	6.3	3.3	6.0	2.5	0.915	0.068	0.017	*Virginica*	*Virginica*	○
51	7.0	3.2	4.7	1.4	0.401	0.438	0.161	*Versicolor*	*Versicolor*	○
52	6.4	3.2	4.5	1.5	0.495	0.347	0.158	*Virginica*	*Versicolor*	×
101	5.1	3.5	1.4	0.2	大约为0	大约为0	1.000	*Setosa*	*Setosa*	○

合计150个鸢尾案例的数据库中的其中4个案例，以花的形态的测量结果（x_1～x_4）为依据，分别求得是哪个品种的概率（A_1～A_3）。以最大的概率（表中红色）的种作为判别结果，可以发现4个案例中有3个案例得到正确的结果。

表2　鸢尾的判别结果（全体）

正确品种	判别结果 *Virginica*	*Versicolor*	*Setosa*
Virginica	41	9	0
Versicolor	6	44	0
Setosa	0	0	50

判别效率 =135/150=90（%）

150个案例的判别结果中，有41+44+50=135个案例（90%）判别结果正确。

※：假设鸢尾的4个部位的出现概率符合四维正态分布。四维正态分布是符合样本数据确定了均值、标准差和相关系数。

作为 AI 核心的函数

人工智能和统计学的深厚关系

身高 x 和体重 y 似乎有关系（存在相关性）。假设有相关性的话，是正相关吧。另外，因为也存在 x 大而 y 小的相反案例，因此也未必能这样断言。而通过研究散点图，计算相关系数可以解决这个问题。

但是，相关性只显示“相互有关系”，但关系的方向，也就是哪个是原因、哪个是结果，没有显示。当知道两个量 x 和 y 之间，x 是原因，y 是结果时，我们一般称为“因果关系”。在统计学上多会设想几种因果关系，适合这个假定分析的是“线性回归模型”。

比如，可以表述为 $y=bx+a$，或者原因有 2 个的话，$y=b_1x_1+b_2x_2+b_0$。这分别是“简单回归模型”和“多元回归模型”的案例。x 称为“自变量”，y 称为“依变量”，b、b_1、b_2 等称为“回归系数”。求符合数据的回归系数（决定模型）称为“回归分析”。

先前两个回归模型的案例表示为“线性（linear）”。在数学上容易理解，使用也比较简单（但计算常常很复杂）。因此，线性回归分析是统计分析的“必需模型”。在 Excel 中也可以在“数据分析”页面进行“回归分析”。分别输入“自变数”和“依变数”的数据，就可以直接算出 b、b_1、b_2 那样的回归系数。此外，在回归分析中，为使误差最小化常使用“最小二乘法”。

人工智能的“学习”就是统计学的“回归分析”

然而考虑到广泛应用，线性回归分析多有不充分、不自由的情况。原本线性关系就是为了使分析简单化而假设出来的，因此将其进行“非线性”模型处理，在进行分析时也有很多好处。

在二维平面上，直线在纵（y）轴方向如同铁丝一样上下曲折，y 似乎弯曲嵌在 0～1 之间，整体像字母 S 或积分符号 $\int$，横向伸展的形状——这是“Sigmoid 形”。分析某种成长或学习的情况，画成图

这个世界是由因果关系而成立的

示意图为因果关系的案例

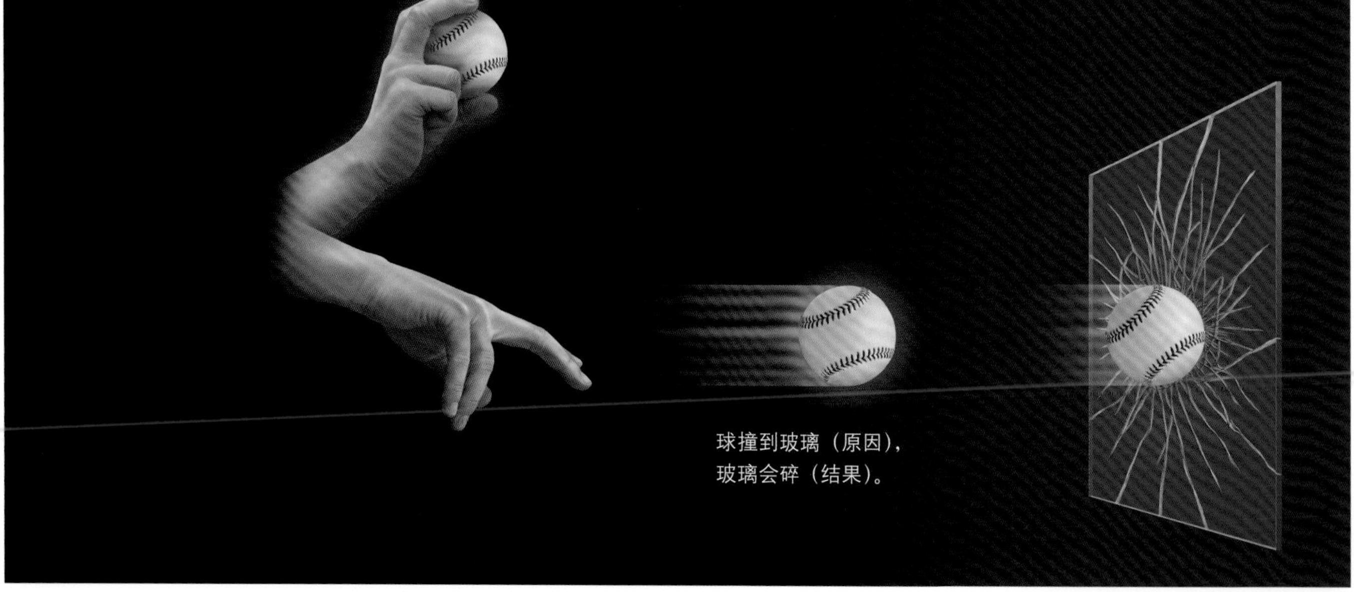

表就是下图这个样子。

Sigmoid 形的函数不只有一种，有各种各样的形式。为了今后对于 AI 的进一步学习，在这里对 Sigmoid 形函数的代表应用于 AI 领域的“Logistic 函数”进行省略解说。

首先，把这个函数的 x 替换为 $b_1x_1+b_2x_2+b_0$，也就是通过这个函数使“线性回归”转变成“非线性回归模型”。这被称为“Logistic 回归”。Logistic 回归分析在医学数据分析和生物统计学中是必需的。

下页中会详细介绍 Logistic 函数现在成为在“人工神经网络”(Artificial Neural Network，ANN) 中联系上下层的重要函数。ANN 是通过众多构成网络的 logistic 函数群寻找最适合系数的“误差逆传播算法”进行学习的。logistic 函数是 AI，特别是机器学习，以及与其有深厚关系的深度学习的核心要素。换个说法，机器学习、深度学习是可以通过学习到最适合结果的大规模“Logistic 回归”系统。

其实，Logistic 函数是可以通过贝叶斯定理的事后概率公式推理出来的，无论在理论上，还是现实意义上，贝叶斯定理都是 AI 设计的开端（详细内容可参考松原望所著的《贝叶斯的誓言》，日本圣学院大学出版社出版）。

Sigmoid 形的函数案例

1 Logistic 函数

参照上方的内容。

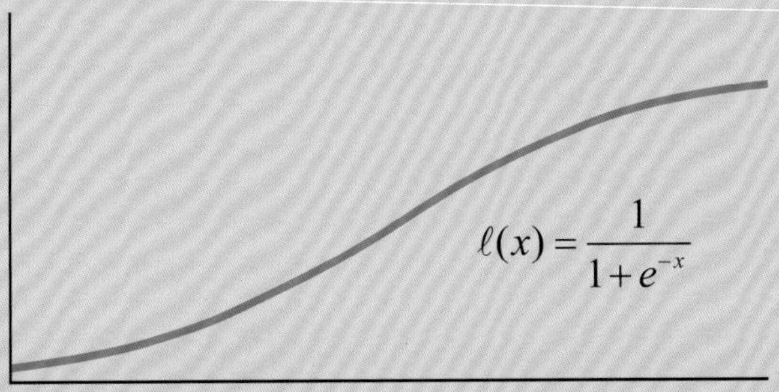

$$\ell(x)=\frac{1}{1+e^{-x}}$$

2 标准正态分布的累积分布函数

这个函数的名称很长，是数理统计学的基础，也被称为“常态肩形曲线”(Normal Ogive)。

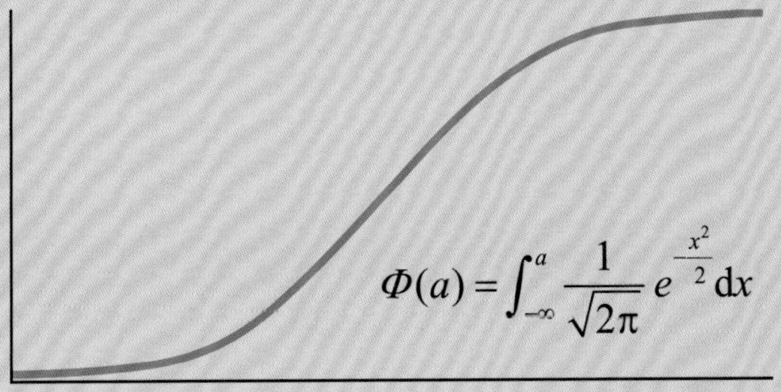

$$\Phi(a)=\int_{-\infty}^{a}\frac{1}{\sqrt{2\pi}}e^{-\frac{x^2}{2}}\mathrm{d}x$$

3 阶梯函数

特殊的 Sigmoid 形态，当 x=0 时，跳跃增加的函数。

$$\mathrm{Step}(x)=0(x<0),1(x\geqslant 0)$$

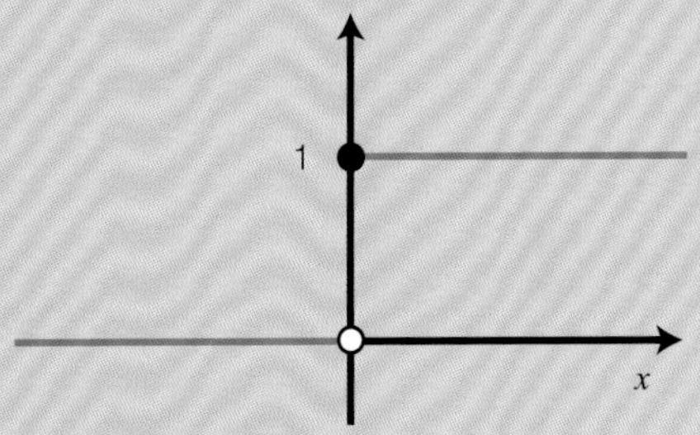

4 符号函数

用 ±1 的函数值来表示变量符号的函数。

$$\mathrm{Sig}(x)=\begin{cases}1(x>0)\\0(x=0)\\-1(x<0)\end{cases}$$

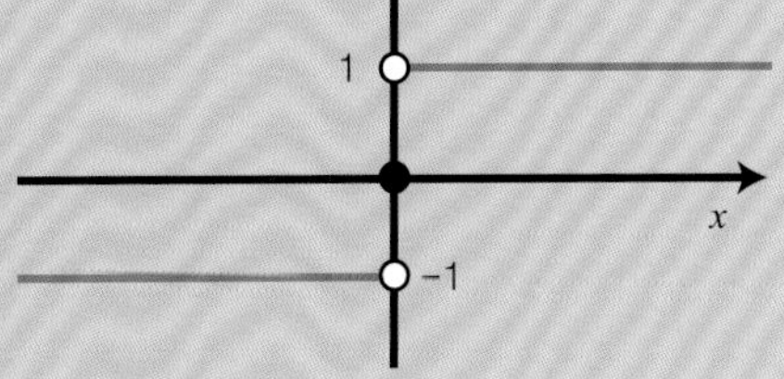

※：Sigmoid，由希腊语中罗马字符 S 所对应的“sigma（σ）”结合“-oid”（相似的意思），含义是“像英文字母 S”。

"机器学习"的开端

人类和机器

半个世纪之前，购买火车票需要乘客到售票窗口告诉售票员目的地，然后付钱才能购买到。售票员的面前按照目的地分类放着许多火车票格，售票员需要从格子中取出火车票给乘客。检票也是用剪刀在票上打一个洞。所有工序都是手动的，火车票本身也是厚达 1 毫米的又硬又厚的"硬票"。

现在购买火车票和检票不必是人工办理，即使计算本身，也不再依靠人工，而是计算机化了，可以说是人类智慧（human intelligence）的"机器化"。这里所说的"机器"，其最大特征是"没有人类的介入，自动运作"，"机器学习"也是"即使没有特别的程序也可以自主学习的计算机"。在机器学习中，最常使用的是"神经网络"。

神经网络

"神经网络"（Artificial Neural Network，ANN）是在计算机上模拟人的神经网络。其原理是连接无数层次的输入和输出系统，是采用了体现神经作用（"激活"）的主要函数，就是在神经生物学中被称为"激活函数"的一种非线性 Sigmoid 函数。

ANN 的功能虽还远不及实际的神经元，但经过学习可以达到令人惊奇的表现。非线性函数与线性函数不同，即使大量同步使用，也可以互相独立运行，累积的效果会大比例提升。

左图是 3 层 ANN 的案例。输入的层称为"输入层"，和神经元类似，由几个"节点"组成。它们与中间的层（隐藏层）连接，然后再与输出层相连。这些节点宛如神经元一般依靠 Sigmoid 函数运行。

节点的连接会进行"加权"，值用权重系数（weight parameter）w 表示。信息以什么程度传递到下一个节点就由这个值来决定。

如果用简单的 2-2-1 的情况来说明，输入层和隐藏层之间存在以下关系。以输入 x_1、x_2 为基础，从输入层到隐藏层的各个节点（用 j 来表示节点编号，j=1,2）输入

$$n_j=w_{j1}x_1+w_{j2}x_2+w_{j0} \quad (j=1,2)$$

根据 Sigmoid 函数 f（多为 logistic 函数）得到 $f(nj)$，也就是会输出

$$y_j=f(w_{j1}x_1+w_{j2}x_2+w_{j0}) \quad (j=1,2)$$

这样一来隐藏层的输出就确

三层神经网络的案例

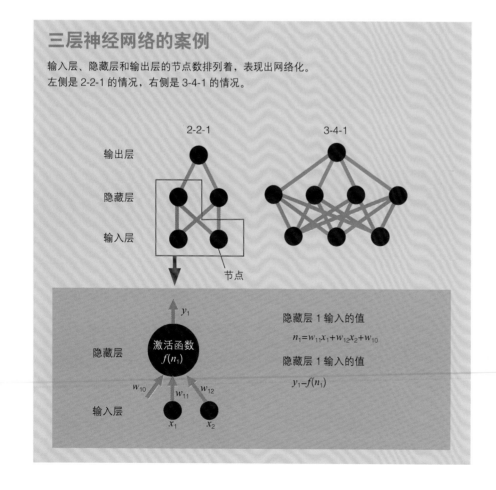

输入层、隐藏层和输出层的节点数排列着，表现出网络化。
左侧是 2-2-1 的情况，右侧是 3-4-1 的情况。

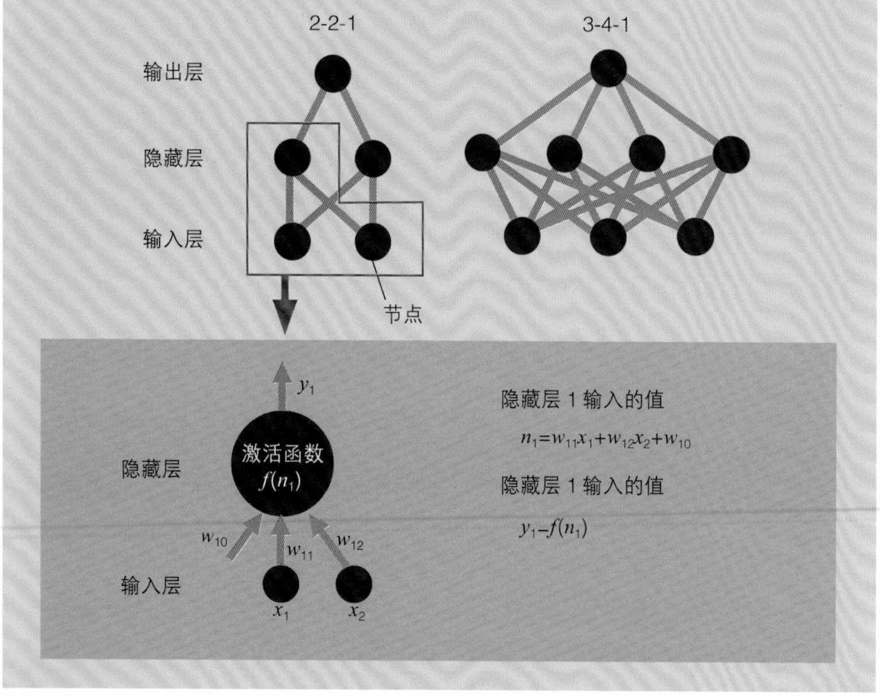

定了。

隐藏层两个节点传向输出层的信息，以及最终的输出 z 都是确定的。一般而言，输出会有 z_1, z_2，…等多个值。

学习方法

下图是用于输出练习的模型，如要认识数字，就有写着 0、1、…、9 的模型（这称为“教师”）。当输入 4 时，输出 z_4 接近 1，需要改变 w。使和 1 的误差变小，依靠的是“教师”的训练（训练误差：training error）。上层的 w 改变，会给下一层带来影响。需要识别的输入信息是自下而上的，而减小误差的 w 改变却是反方向的。这样的计算方法称为“误差逆传播算法”。

线性关系中如果 w 的个数比较少，则可以用“最小二乘法”（Least squares）来解。误差逆传播算法对于有多个 w 的问题，把最小二乘法改造为非线性版本的小发明，在编程语言“Python”上的“Tensor Flow” 或“Chainer” 中进行利用，这在年轻人中是比较先进的一种方法。

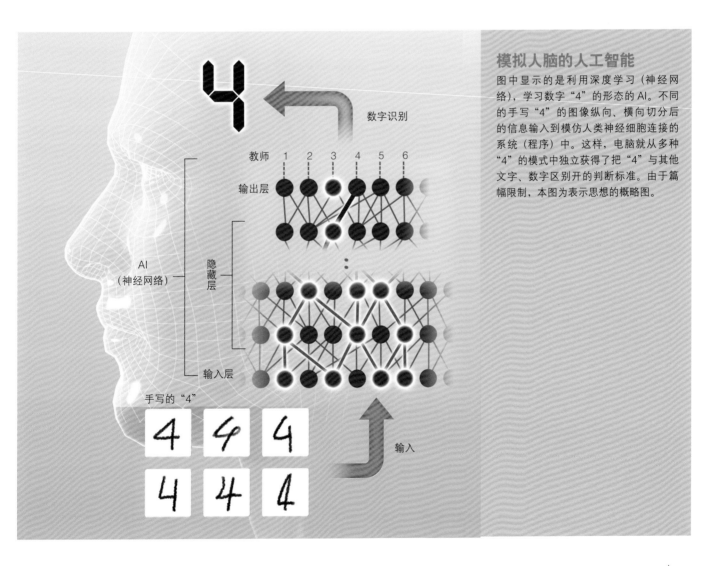

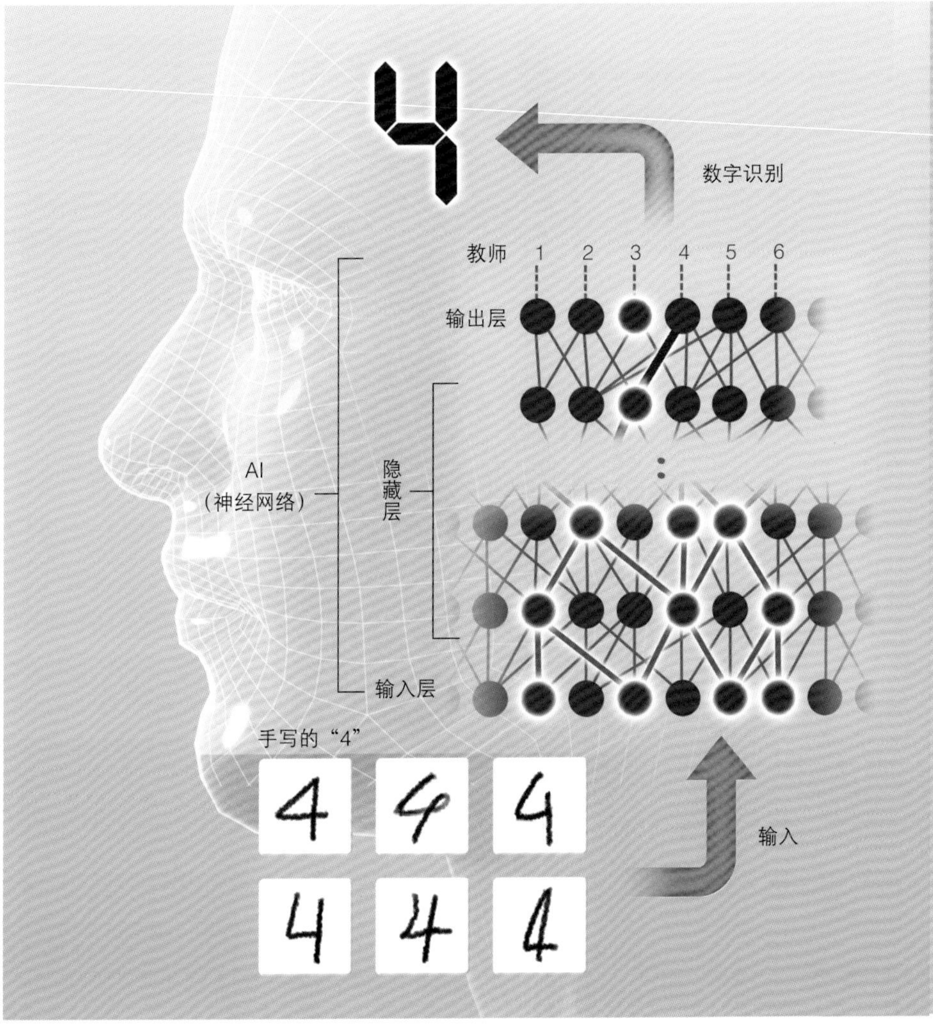

模拟人脑的人工智能

图中显示的是利用深度学习（神经网络），学习数字“4”的形态的AI。不同的手写“4”的图像纵向、横向切分后的信息输入到模仿人类神经细胞连接的系统（程序）中。这样，电脑就从多种“4”的模式中独立获得了把“4”与其他文字、数字区别开的判断标准。由于篇幅限制，本图为表示思想的概略图。

卷末资料

标准正态分布表（上侧概率）

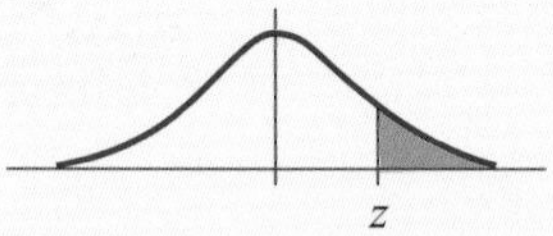

表中表示 z=0.00～3.99 所对应的标准正态分布的上侧概率（上图中红色区域）。比如，当 z=1.96 时，看“1.9”这一行和“.06”这一列交叉的数字（0.02500）即可。

z	.00	.01	.02	.03	.04	.05	.06	.07	.08	.09
0.0	0.50000	0.49601	0.49202	0.48803	0.48405	0.48006	0.47608	0.47210	0.46812	0.46414
0.1	0.46017	0.45620	0.45224	0.44828	0.44433	0.44038	0.43644	0.43251	0.42858	0.42465
0.2	0.42074	0.41683	0.41294	0.40905	0.40517	0.40129	0.39743	0.39358	0.38974	0.38591
0.3	0.38209	0.37828	0.37448	0.37070	0.36693	0.36317	0.35942	0.35569	0.35197	0.34827
0.4	0.34458	0.34090	0.33724	0.33360	0.32997	0.32636	0.32276	0.31918	0.31561	0.31207
0.5	0.30854	0.30503	0.30153	0.29806	0.29460	0.29116	0.28774	0.28434	0.28096	0.27760
0.6	0.27425	0.27093	0.26763	0.26435	0.26109	0.25785	0.25463	0.25143	0.24825	0.24510
0.7	0.24196	0.23885	0.23576	0.23270	0.22965	0.22663	0.22363	0.22065	0.21770	0.21476
0.8	0.21186	0.20897	0.20611	0.20327	0.20045	0.19766	0.19489	0.19215	0.18943	0.18673
0.9	0.18406	0.18141	0.17879	0.17619	0.17361	0.17106	0.16853	0.16602	0.16354	0.16109
1.0	0.15866	0.15625	0.15386	0.15151	0.14917	0.14686	0.14457	0.14231	0.14007	0.13786
1.1	0.13567	0.13350	0.13136	0.12924	0.12714	0.12507	0.12302	0.12100	0.11900	0.11702
1.2	0.11507	0.11314	0.11123	0.10935	0.10749	0.10565	0.10383	0.10204	0.10027	0.09853
1.3	0.09680	0.09510	0.09342	0.09176	0.09012	0.08851	0.08691	0.08534	0.08379	0.08226
1.4	0.08076	0.07927	0.07780	0.07636	0.07493	0.07353	0.07215	0.07078	0.06944	0.06811
1.5	0.06681	0.06552	0.06426	0.06301	0.06178	0.06057	0.05938	0.05821	0.05705	0.05592
1.6	0.05480	0.05370	0.05262	0.05155	0.05050	0.04947	0.04846	0.04746	0.04648	0.04551
1.7	0.04457	0.04363	0.04272	0.04182	0.04093	0.04006	0.03920	0.03836	0.03754	0.03673
1.8	0.03593	0.03515	0.03438	0.03362	0.03288	0.03216	0.03144	0.03074	0.03005	0.02938
1.9	0.02872	0.02807	0.02743	0.02680	0.02619	0.02559	0.02500	0.02442	0.02385	0.02330
2.0	0.02275	0.02222	0.02169	0.02118	0.02068	0.02018	0.01970	0.01923	0.01876	0.01831
2.1	0.01786	0.01743	0.01700	0.01659	0.01618	0.01578	0.01539	0.01500	0.01463	0.01426
2.2	0.01390	0.01355	0.01321	0.01287	0.01255	0.01222	0.01191	0.01160	0.01130	0.01101
2.3	0.01072	0.01044	0.01017	0.00990	0.00964	0.00939	0.00914	0.00889	0.00866	0.00842
2.4	0.00820	0.00798	0.00776	0.00755	0.00734	0.00714	0.00695	0.00676	0.00657	0.00639
2.5	0.00621	0.00604	0.00587	0.00570	0.00554	0.00539	0.00523	0.00508	0.00494	0.00480
2.6	0.00466	0.00453	0.00440	0.00427	0.00415	0.00402	0.00391	0.00379	0.00368	0.00357
2.7	0.00347	0.00336	0.00326	0.00317	0.00307	0.00298	0.00289	0.00280	0.00272	0.00264
2.8	0.00256	0.00248	0.00240	0.00233	0.00226	0.00219	0.00212	0.00205	0.00199	0.00193
2.9	0.00187	0.00181	0.00175	0.00169	0.00164	0.00159	0.00154	0.00149	0.00144	0.00139
3.0	0.00135	0.00131	0.00126	0.00122	0.00118	0.00114	0.00111	0.00107	0.00104	0.00100
3.1	0.00097	0.00094	0.00090	0.00087	0.00084	0.00082	0.00079	0.00076	0.00074	0.00071
3.2	0.00069	0.00066	0.00064	0.00062	0.00060	0.00058	0.00056	0.00054	0.00052	0.00050
3.3	0.00048	0.00047	0.00045	0.00043	0.00042	0.00040	0.00039	0.00038	0.00036	0.00035
3.4	0.00034	0.00032	0.00031	0.00030	0.00029	0.00028	0.00027	0.00026	0.00025	0.00024
3.5	0.00023	0.00022	0.00022	0.00021	0.00020	0.00019	0.00019	0.00018	0.00017	0.00017
3.6	0.00016	0.00015	0.00015	0.00014	0.00014	0.00013	0.00013	0.00012	0.00012	0.00011
3.7	0.00011	0.00010	0.00010	0.00010	0.00009	0.00009	0.00008	0.00008	0.00008	0.00008
3.8	0.00007	0.00007	0.00007	0.00006	0.00006	0.00006	0.00006	0.00005	0.00005	0.00005
3.9	0.00005	0.00005	0.00004	0.00004	0.00004	0.00004	0.00004	0.00004	0.00003	0.00003

t 分布表（上侧概率）

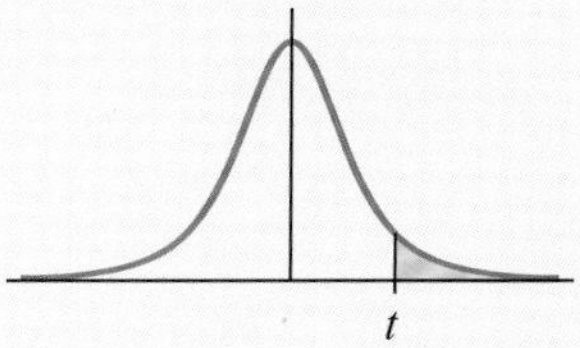

表中表示的是关于各自由度 v（v 为样本规模减去 1）的 t 分布，对应上侧概率 α（上图中红色区域）的 t 值。比如，当上侧概率为 0.025 时，自由度如果是 20，那么 t=2.086；如果自由度是∞，则 t=1.960。t 分布随着自由度变大，越接近标准正态分布。

v \ α	0.250	0.200	0.150	0.100	0.050	0.025	0.010	0.005	0.0005
1	1.000	1.376	1.963	3.078	6.314	12.706	31.821	63.657	509.295
2	0.817	1.061	1.386	1.886	2.920	4.303	6.965	9.925	28.26
3	0.765	0.979	1.250	1.638	2.353	3.182	4.541	5.841	11.98
4	0.741	0.941	1.190	1.533	2.132	2.776	3.747	4.604	8.12
5	0.727	0.920	1.156	1.476	2.015	2.571	3.365	4.032	6.54
6	0.718	0.906	1.134	1.440	1.943	2.447	3.143	3.707	5.71
7	0.711	0.896	1.119	1.415	1.895	2.365	2.998	3.500	5.2
8	0.706	0.889	1.108	1.397	1.860	2.306	2.897	3.355	4.86
9	0.703	0.883	1.100	1.383	1.833	2.262	2.821	3.250	4.62
10	0.700	0.879	1.093	1.372	1.813	2.228	2.764	3.169	4.44
11	0.697	0.876	1.088	1.363	1.796	2.201	2.718	3.106	4.3
12	0.696	0.873	1.083	1.356	1.782	2.179	2.681	3.055	4.19
13	0.694	0.870	1.080	1.350	1.771	2.160	2.650	3.012	4.1
14	0.692	0.868	1.076	1.345	1.761	2.145	2.625	2.977	4.03
15	0.691	0.866	1.074	1.341	1.753	2.131	2.603	2.947	3.96
16	0.690	0.865	1.071	1.337	1.746	2.120	2.584	2.921	3.91
17	0.689	0.863	1.069	1.333	1.740	2.110	2.567	2.898	3.86
18	0.688	0.862	1.067	1.330	1.734	2.101	2.552	2.878	3.82
19	0.688	0.861	1.066	1.328	1.729	2.093	2.540	2.861	3.79
20	0.687	0.860	1.064	1.325	1.725	2.086	2.528	2.845	3.75
21	0.686	0.859	1.063	1.323	1.721	2.080	2.518	2.831	3.73
22	0.686	0.858	1.061	1.321	1.717	2.074	2.508	2.819	3.7
23	0.685	0.858	1.060	1.320	1.714	2.069	2.500	2.807	3.68
24	0.685	0.857	1.059	1.318	1.711	2.064	2.492	2.797	3.66
25	0.684	0.856	1.058	1.316	1.708	2.060	2.485	2.787	3.64
26	0.684	0.856	1.058	1.315	1.706	2.056	2.479	2.779	3.62
27	0.684	0.855	1.057	1.314	1.703	2.052	2.473	2.771	3.6
28	0.683	0.855	1.056	1.313	1.701	2.048	2.467	2.763	3.59
29	0.683	0.854	1.055	1.311	1.699	2.045	2.462	2.756	3.58
30	0.683	0.854	1.055	1.310	1.697	2.042	2.457	2.750	3.56
50	0.679	0.849	1.047	1.299	1.676	2.009	2.403	2.678	3.42
60	0.679	0.848	1.046	1.296	1.671	2.000	2.390	2.660	3.39
80	0.678	0.846	1.043	1.292	1.664	1.990	2.374	2.639	3.35
99	0.677	0.845	1.042	1.290	1.660	1.984	2.365	2.626	3.32
100	0.677	0.845	1.042	1.290	1.660	1.984	2.364	2.626	3.32
120	0.677	0.845	1.041	1.289	1.658	1.980	2.358	2.617	3.31
240	0.676	0.843	1.039	1.285	1.651	1.970	2.342	2.597	3.266
∞	0.694	0.842	1.036	1.282	1.645	1.960	2.326	2.576	3.291

原版图书编辑人员

主　　编　木村直之
设计总监　米仓英弘（细山田设计事务所）
编　　辑　远津早纪子　疋田朗子
撰　　稿　山田久美（10～25 页）

图片版权说明

5	Shestakoff/Shutterstock.com
51	© william87 - Fotolia.com
62	CORBIS/Corbis via Getty Images
63	广岛大学 松本真
66	日本统计数理研究所
67	Newton Press，日本统计数理研究所
84	Spiroview Inc/Shutterstock.com
87	Sittipong Phokawattana/Shutterstock.com，Tatiana Gorlova/Shutterstock.com
116	© Olga Czajkowska - Fotolia.com
120	Bernd Lammel/Newton Press
122 ～ 125	Gapminder Foundation
151	Nikolay Kurzenko/Shutterstock.com
158	© User Wujaszek on pl.wikipedia
161	Pavel_D/shutterstock.com

插图版权说明

封面设计	宫川爱理(插图：Newton Press)
1	Newton Press
2 ～ 4	Newton Press
5	Newton Press，荻野瑶海
6～29	Newton Press
30～31	Newton Press，[伽利略] 小崎哲太郎
32～33	Newton Press
34～35	Newton Press，[帕斯卡，费马] 小崎哲太郎
36～50	Newton Press
53～83	Newton Press
62～63	Newton Press
64～65	Newton Press
66～67	Newton Press
84～85	Newton Press
86～87	Newton Press
88～115	Newton Press
118～119	Newton Press
127～149	Newton Press
151	Newton Press
152～157	Newton Press
158～161	Newton Press
162～170	Newton Press